DIE TALSPERREN ÖSTERREICHS

SCHRIFTENREIHE / HERAUSGEGEBEN VON DER ÖSTERREICHISCHEN STAUBECKENKOMMISSION UND DEM ÖSTERREICHISCHEN WASSERWIRTSCHAFTSVERBAND WIEN / SCHRIFTLEITUNG: PROF. DR. HERMANN GRENGG

HEFT 12
STATISTIK 1961

WIEN 1962 - IM SELBSTVERLAG DES ÖSTERREICHISCHEN WASSERWIRTSCHAFTSVERBANDES

ISBN 978-3-7091-5547-9   ISBN 978-3-7091-5546-2 (eBook)
DOI 10.1007/978-3-7091-5546-2

Softcover reprint of the hardcover 1st edition 1962
Additional material to this book can be downloaded from http://extras.springer.com

„STATISTIK DER ÖSTERREICHISCHEN TALSPERREN"

Vorwort

Wie überall, hat auch in Österreich die Zahl der Talsperren in den letzten Jahrzehnten stark zugenommen. Ein Land wie Österreich, in dem der Wasserkraft und dem Hochwasserschutz eine so wichtige Rolle zukommt, bedarf von Zeit zu Zeit einer zusammenfassenden statistischen Darstellung dieses technischen Sondergebietes.

Die Staubeckenkommission im Bundesministerium für Land- und Forstwirtschaft hat sich schon früh auf Grund der Anregungen des Geschäftsführers, Min.-Rat Dr. Otto Lanser, mit der Statistik der österreichischen Talsperren befaßt. Mit dem Inkrafttreten der Wasserrechtsnovelle 1959 und der darin gesetzlich verankerten schärferen Gewässeraufsicht sowie strengeren Überwachung der Talsperren ist deren statistische Erfassung nach dem heutigen Stande zu einer dringenden Notwendigkeit geworden.

Prof. Dr. Hermann Grengg hat sich nun auf Grund der Anregung und Bitte der Staubeckenkommission der mühevollen Aufgabe unterzogen, alle wesentlichen technischen Einzelheiten der österreichischen Talsperren zu erheben und zu einer umfassenden, mit Plänen und Bildern ausgestatteten Statistik zu verarbeiten. Die Kennziffern und Begriffe, die darin aufscheinen, gehen wesentlich über das hinaus, was bei anderen Aufstellungen solcher Art bisher üblich war; die Statistik gibt in der vorliegenden Form nicht nur ein nahezu erschöpfendes Bild der wasserwirtschaftlichen und energiewirtschaftlichen Bedeutung der einzelnen Sperren, sondern kennzeichnet auch ihre statische Eigenart und Beanspruchung. Schließlich dürften auch die technisch-geschichtlichen Einführungen, die der eigentlichen Statistik vorangestellt sind, die Aufmerksamkeit vieler Fachkollegen aus dem Gebiete des Wasserbaues beanspruchen.

Beiden obgenannten Herren, ihren Dienststellen und Mitarbeitern gebührt hiefür der Dank der Öffentlichkeit.

Die Herausgabe der österreichischen Talsperrenstatistik wurde ermöglicht durch maßgebliche Beistellung von Mitteln des Bundesministeriums für Land- und Forstwirtschaft und durch den Österreichischen Wasserwirtschaftsverband. Sie erscheint nun als Veröffentlichung im Rahmen der Schriftenreihe „Die Talsperren Österreichs".

Es ist beabsichtigt, durch ein Ergänzungsblatt die Statistik weiterzuführen.

Wien, im Februar 1962

<table>
<tr><td>Für die
STAUBECKENKOMMISSION</td><td>Für den
ÖSTERREICHISCHEN
WASSERWIRTSCHAFTSVERBAND</td></tr>
<tr><td>Der Vorsitzende:</td><td>Der Präsident:</td></tr>
<tr><td>Sekt.-Chef Dr. Ernst Güntschl</td><td>Baurat h. c. Dipl.-Ing. Georg Beurle</td></tr>
</table>

Die Anfänge des österreichischen Talsperrenbaues

Von Dr. techn. Otto LANSER

Vor Jahrhunderten, ja, wie der Mörissee in Ägypten zu beweisen scheint, vielleicht schon vor Jahrtausenden, sind in den Trockengebieten des näheren und ferneren Orients Speicher angelegt und Sperren errichtet worden zu dem Zwecke, das nur zu gewissen Jahreszeiten reichlicher vorhandene Wasser für die Monate der Dürre und Regenlosigkeit zu sammeln. Anlagen solcher Art und Zweckbestimmung fehlen aus früherer Zeit in unserem Lande. In den Ostalpen sind die Niederschläge in den Sommermonaten am ergiebigsten, also gerade dann, wenn das Wachstum der Pflanzen nach viel Feuchtigkeit verlangt; selbst in jenen Alpentälern, die im Windschatten der großen Gebirge liegen und in denen daher künstliche Bewässerung seit altersher üblich ist, wie etwa in Westtirol und im Vintschgau, liefern die aus den Gletschern gespeisten und daher gerade im Sommer wasserreichen Bäche genügend von dem unentbehrlichen Naß; die Aufgabe, vor die die Bewässerungstechnik sich hier gestellt sieht, besteht daher nicht im Bau von Speichern, sondern in der Anlage von oft sehr langen und durch schwieriges Felsgelände führenden Zuleitungsgerinnen.

Dennoch sind Speicher, Sperren und ähnliche Anlagen auch in unserem Lande schon in früherer Zeit errichtet worden, sie dienten jedoch anderen Zwecken. Recht weit in die Vergangenheit zurück reicht z. B. die Anlage von Fischteichen; der Bedarf an Speisefischen war in früheren Jahrhunderten, die sich an die damals strengen Fastenvorschriften der Kirche gebunden hielten, erstaunlich hoch; er konnte weder durch die Einfuhr von Seefischen, noch aus den damals reinen und klaren, aber auch an Fischnahrung armen Bächen und Bergseen des Alpenlandes gedeckt werden. Schon frühe war man daher bedacht, künstliche Weiher und Fischteiche anzulegen, wozu freilich meist keine großen Bauwerke erforderlich waren. Immerhin gab es Ausnahmen, so etwa den von Herzog Sigismund „dem Münzreichen" um 1460 angelegten Spiegelfreuder See bei Tarrenz in Tirol. (1) Er wurde durch einen, das ziemlich breite Gurgltal durchquerenden Damm von rund 250 m Kronenlänge gebildet, der heute noch besteht. Die größte Höhe des Dammes über der Bachsohle beträgt etwa 8 m, seine Kronenbreite rund 15 m.

Nicht unerwähnt bleibe, daß diese naturnähere Zeit die Schädlichkeit gewerblicher Abwässer vielleicht stärker beachtete und scheute, als es heute der Fall ist. Im Einzugsgebiet dieses Sees bestand damals ein heute aufgelassenes Blei- und Galmeibergwerk im Gafleintal; die aus seinen Stollen kommenden Wässer, die, wie wir heute wissen, gelöste Bleisalze enthalten können, wurden nicht in den See, sondern in einem langen Graben um denselben herumgeleitet, damit die Fische und die menschliche Nahrung nicht vergiftet würden.

Ein weiteres Gebiet wasserbaulicher Betätigung, auf dem sperrenähnliche Bauwerke schon in früherer Zeit errichtet wurden, ist das der Wildbachverbauung. Hier handelt es sich allerdings nicht um Bauwerke zur Aufspeicherung von Wasser, sondern um solche, die Geschiebe zurückhalten oder überhaupt schon die Bildung von Geschiebeherden, von Anrissen und Sohlvertiefungen verhindern sollen. Die erste Anregung zum Bau solcher Sohlstufen holte sich der Mensch zweifellos an jenen Steilstrecken der Gebirgsbäche, in denen der Fließvorgang in eine Aneinanderreihung von Abstürzen und

Kaskaden aufgelöst ist. Dort aber, wo natürliche Wehrschwellen in Form von Felsblöcken und Gesteinstrümmern oder gar anstehendem Fels nicht vorhanden sind und die Erosionskraft des Gewässers daher zu einer fortschreitenden Eintiefung führte, ahmte der Wasserbauer die Natur nach, indem er künstliche Schwellen errichtete, um die Sohle gegen weitere Vertiefung zu schützen. Nicht scharf zu trennen von der Aufgabe einer bloßen Sohlenfesthaltung ist die darüber hinausgehende, vermittels solcher Grundwerke eine Rückbildung der bereits zu weit vorgeschrittenen Eintiefung, eine allmähliche Sohlhebung durch Verlandung des Stauraumes der Sperren herbeizuführen und damit auch in den Querprofilen eine Verflachung übersteiler Lehnen und eine Sicherung ihres Fußes zu erreichen.

Liegen an einem Gewässer nur einzelne, gefährliche Bruchlehnen, dann genügen vielleicht wenige oder gar nur eine einzige Sperre an einer geschickt gewählten Stelle, wenn der Fuß des Rutschhanges im Verlandungsraum der Sperre liegt und durch sie geschützt wird. Oft aber bedecken glaziale oder auch fluviatile Schotter in großer

Geschiebe-Rückhaltesperre im Bretterwandbach bei Matrei in Osttirol

Mächtigkeit über Hunderte von Höhenmetern das Felsgerüst des Gebirges, oft auch — besonders in der Schieferzone — ist dieses selbst in größtem Ausmaß zu rutschgefährlichen Hängen und Halden verwittert. In solchen Gebieten genügen dann nicht mehr einzelne Sperren, hier sind vielmehr ganze Sperrentreppen, ist eine durchgehende Staffelung der Bachläufe vonnöten.

Die Verbauung der Wildbäche eines größeren Bereiches und die Bekämpfung der übermäßigen Geschiebeabfuhr mittels solcher Abtreppungen dauert, selbst wenn die Geldmittel gesichert sind, doch schon aus technischen Gründen oft Jahrzehnte. Manchmal erlauben die Verhältnisse am Vorfluter im Haupttal aber nicht, so lange zuzuwarten. In solchen Fällen bleibt dann nichts anderes übrig, als zu einem gewaltsameren Mittel Zuflucht zu nehmen, zur Errichtung von Geschiebe-Rückhalt-Sperren im Unterlauf der Wildbäche, die keine andere Aufgabe haben, als das von weiter oben kommende Geschiebe des betreffenden Zubringers aufzufangen und in ihrem Verladungsraum zurückzuhalten. Die Geschiebequellen selbst zu verstopfen und die Geschiebezufuhr zu verhindern oder herabzudrücken, sind solche Sperren naturgemäß nicht in der Lage; auch liegt es auf der Hand, daß ihre Wirksamkeit zeitlich begrenzt und mit der, wenn auch vielleicht erst nach Jahren zu erwartenden Auffüllung ihres Stauraumes im wesentlichen erschöpft ist.

Verzögert werden kann diese Verlandung dadurch, daß im Sperrenkörper torartige Öffnungen gelassen werden, die auf der Bergseite meist noch eine Art Korb oder Gitter aus Eisen oder kräftigen Rundhölzern erhalten; diese lassen zwar das Geschiebe durch, halten jedoch Bäume, Äste und große Blöcke zurück, so daß vor der Toröffnung eine Art Fallschacht frei bleibt und dem Wasser bei jeder Höhe der Verlandung der Abfluß durch die Toröffnungen gewahrt ist. Nach Ablauen des Hochwassers oder Murganges gräbt sich daher das nun nicht mehr geschiebebeschwerte Wasser durch seine eigenen Anlandungen hinter der Sperre hindurch und nimmt dabei zumindest das kleinere Geschiebe und den Sand wieder mit, so daß der Rückhalteraum für neuerliche Geschiebeeinstöße aufnahmebereit wird. Dieser allmähliche Abbau der Anlandungen vergleichmäßigt auch die Feststofführung im Unterwasser und schützt diese Strecke vor allzustarken Angriffen und Eintiefungen.

Sperrentreppe am Bretterwandbach, Osttirol

Die Anfänge der Wildbachverbauung und damit auch des Baues von Sohlschwellen, Abtreppungen und Geschiebesperren reichen in den österreichischen Alpenländern schon Jahrhunderte zurück; es sei z. B. auf die unter der Regierung des Fürstbischofs Anton KROSIN ausgeführte Verbauung der steilen, in Glazialschutt eingeschnittenen Spital- und Weißlahn bei Brixen in Deutsch-Südtirol hingewiesen, die so gut gelungen ist, daß die Gefährlichkeit dieses Wildbaches und die ausgeführten Verbauungswerke im Laufe der Zeit selbst bei den Einheimischen in Vergessenheit gerieten.

Die Erkenntnis von der Notwendigkeit planmäßiger Verbauungen, aber auch eines Eindringens in die geologischen, morphologischen und nicht zuletzt auch forstwirtschaftlichen Grundlagen des Gebirgswasserbaues blieb aber dem beginnenden ingenieurtechnischen Zeitalter vorbehalten. Als einer der ersten hat um 1780 der Professor der Physik an der Innsbrucker Universität Dr. Franz ZALLINGER von Thurn sich um solche Erkenntnisse bemüht und praktische Folgerungen daraus gezogen. Vor

Madruzza-Sperre

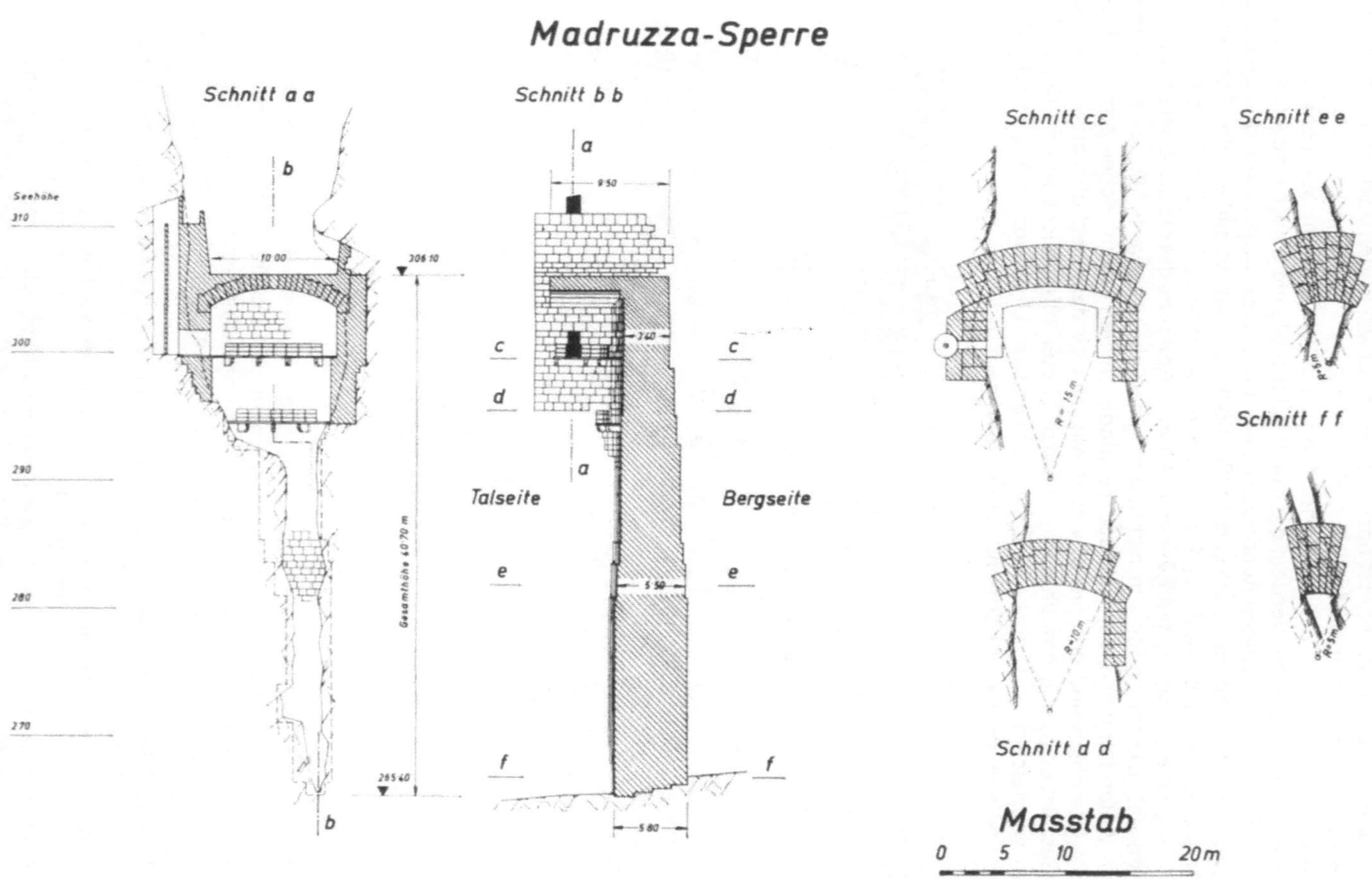

Arsicht und Schnitte der Madruzza-Sperre an der Fersina bei Trient (erbaut 1885/86)

allem aber war es Josef DUILE, geboren 1776 zu Graun im Obervintschgau, gestorben 1863 zu Innsbruck, der auf Grund reicher praktischer Erfahrungen das erste systematische Lehrbuch der Wildbachverbauung herausgegeben und damit auch technische Anleitungen für den Bau von Wildbachsperren veröffentlicht hat. (2) Bis in diese Zeit und z. T. noch etwas früher zurück reicht die Verbauung des Bretterwandbaches bei Matrei in Osttirol, an dem recht ansehnliche Sperrenbauwerke, ja ganze Sperrentreppen zur Sohlfestigung und Bekämpfung des Tiefenschurfes ausgeführt worden sind.

Das klassische Gebiet der Wildbachverbauung, in dem man zuerst in Österreich an großzügige und systematische Arbeiten schritt, ist aber das alpine Etschbecken, das heißt das ehemals österreichische Südtirol, und zwar sowohl dessen deutscher wie dessen italienischsprachiger Teil. Nachdem man schon von der Mitte des vorigen Jahrhunderts an begonnen hatte, den Hauptfluß selbst planmäßig zu regulieren — z. T. im Zusammenhange mit dem Bau der Eisenbahn Verona—Bozen (eröffnet 1859)—, hatte man bald erkannt, daß diese Maßnahmen ohne gleichzeitige Arbeiten an den oft überaus geschiebereichen Zubringern nicht von dauerndem Erfolg sein können. So

Georg-Strele-Sperre am Fischbach (Ötztal, Tirol). Ansicht der Oberwasserseite mit Fangrechen vor den Durchflußöffnungen

entstanden besonders nach der Hochwasserkatastrophe des Jahres 1882 zahlreiche Verbauungen an den Nebenflüssen und Wildbächen und darunter auch eine Reihe größerer Talsperren, von denen nur die an der Fersina bei Trient, am Leno bei Rovereto und am Avisio erwähnt seien. In der wilden Schlucht der aus dem deutsch besiedelten Fersentale kommenden Fersina, die die Stadt Trient im Laufe der Jahrhunderte schon wiederholt mit Zerstörung bedroht hatte, errichtete die österreichische Wasserbauverwaltung 1885/86 zur Entlastung eines bis ins 16. Jahrhundert zurückreichenden, wiederholt beschädigten und wiederhergestellten Bauwerks die 41 m hohe Madruzza-Sperre, die besonders deshalb bemerkenswert ist, weil das statische Prinzip, das ihrem Entwurf zugrunde liegt, eindeutig das einer Gewölbemauer ist (Abb. S. 10). Ihre Errichtung war um so dringender, aber auch um so kühner, als sich hinter der einsturzgefährdeten alten Mauer ungeheure Geschiebemassen angesammelt hatten, die bei einem Bruche in Bewegung geraten wären und unabsehbares Unheil angerichtet hätten*). (3)

Die am Avisio (der alte deutsche Name lautete Eveys; er bildete von alters her die Sprachgrenze zwischen Deutsch- und Welschtirol) oberhalb von Lavis 1884/86 erbaute San-Giorgio-Sperre, die eine Höhe von 26 m über Fundamentsohle, eine Kronenlänge von 80 m und einen Mauerinhalt von 70.000 m³ besaß, war damals eines der größten Sperrenbauwerke. Der nutzbare Verlandungsraum umfaßte mehr als 1,5 hm³ war jedoch schon nach etwa 2 Jahrzehnten so weit aufgefüllt, daß nur mehr sehr grobes Geschiebe darin liegen blieb.

Das Hochwasser von 1882 hatte auch eine wohltätige Folge insofern, als es die parlamentarische Genehmigung für mehrere, schon seit längerem vorbereitete Gesetze zur Förderung des Wasserbaues endlich herbeiführte. Nachdem damit eine tragfähige gesetzliche und finanzielle Grundlage geschaffen war, nahm die Wildbach-

Wildbachsperre am Dürnbach bei Neukirchen im Pinzgau

verbauung auch in den anderen Reichsteilen, selbst in den Sudeten- und Karpatenländern einen großen Aufschwung. Obwohl dann zwei Weltkriege und schwere wirtschaftliche Krisen diese Tätigkeit unterbrochen und gehemmt haben, ist ihr in den seither verflossenen Jahrzehnten dennoch eine fast unübersehbare Anzahl von Regulierungen und Wildbachverbauungen, darunter auch der Bau zahlreicher größerer Sperren zu verdanken. Unter den Bauwerken dieser Art seien unter vielen anderen etwa die großen Sperrentreppen im Scesatobel bei Bludenz (Vorarlberg), die Georg-

---

*) Als Vorbild für diese Gewölbesperre diente offenbar die vorerwähnte, 1537 errichtete sogenannte Pontalto-Sperre, die von Semenza (4) als die älteste Gewölbemauer angeführt und für Italien in Anspruch genommen wird. Zweifellos liegt sie auf italienischem Siedlungsgebiet. Ob auch ihr Bauherr, der einem alten Nonstaler Geschlecht entstammende Kardinal Bernhard von Cles, Fürstbischof von Trient und Brixen und damit geistlicher Reichsfürst, sich als Italiener gefühlt hat, sei dahingestellt.

Strele-Sperre am Fischbach bei Längenfeld im Ötztal und diejenigen an einer größeren Zahl von Salzburger Wildbächen (Reichhofgraben, Kalmbach, Dürrenbach, Öfenbach usw.) besonders erwähnt.

*

Zum Arbeitsgebiet der Wildbachverbauung gehört auch noch ein weiterer, seltener Typ von Sperren, der eine Aufgabe zu erfüllen hat, die sich nur im vergletscherten Hochgebirge stellt. Die historische Geographie der Alpen kennt zahlreiche Beispiele sogenannter Gletscherseen; ihr Auftreten ist an gewisse topographische Voraussetzungen gebunden. Die Seehöhen, bis zu welchen die Zungen sogar benachbarter Gletscher herabreichen, sind oft sehr verschieden und hauptsächlich abhängig von der Größe des Einzugsgebietes; je größere Eismassen in der Zeiteinheit von oben zufließen, desto tiefer reicht auch die Zunge hinab. Es kann also durchaus vorkommen, daß der Abfluß eines unvergletscherten Hochtales oder eines weiter oben endigenden, kleineren Gletschers seinen Lauf durch den Eiskörper eines tiefer herabreichenden Gletscherstromes versperrt findet und sich dahinter zu einem größeren oder kleineren See anstaut. Das den Gletscher bespülende und in seine Klüfte und Spalten eindringende Seewasser ist bei Eintritt der wärmeren Jahreszeit und höherer Temperatur der Zuflüsse imstande, diese Klüfte durch Abschmelzung auszuweiten und die gesamte Eisbarre mehr oder weniger in lockeres Blockwerk aufzulösen, so daß sie dem Wasserdruck schließlich keinen Widerstand mehr zu leisten vermag. Unter Zerstörung des abdämmenden Eisriegels erfolgt dann eine oft fast plötzliche Entleerung des Stausees. (5)

Begreiflicherweise sind schon in früherer Zeit die mannigfaltigsten Vorschläge aufgetaucht, solche Gletscherseeausbrüche und ihre verheerenden Folgen zu unterbinden; die meisten dieser Vorschläge überstiegen aber die damaligen technischen Möglichkeiten bei weitem.

Umsomehr Beachtung verdient ein Bauwerk, das schon 1745 am Aglsboden (auch Agglsboden) im innersten Ridnauntale bei Sterzing bestanden hat; am Ausgange eines Felsenkessels war hier eine Sperre errichtet worden, die die Aufgabe hatte, die aus einem Gletschersee am Übeltalferner von Zeit zu Zeit ausbrechenden Wassermassen aufzufangen und allmählich und unschädlich an den Unterlauf abzugeben.

Bei dieser älteren Sperre scheint es sich um ein hölzernes Bauwerk ähnlich den später noch zu behandelnden Triftklausen gehandelt zu haben. In den Jahren 1879 bis 1881 wurde an seiner Stelle eine neue Sperre von rund 12 m Höhe aus Quadermauerwerk errichtet. Der Speicherraum dieser sogenannten „Wasserstube" umfaßte etwa 0,5 hm³, das Volumen des Gletschersees, das vermutlich erheblichen Schwankungen unterworfen war, ist nicht näher bekannt. Drei Reihen von je 3 Öffnungen im Sperrenkörper ließen bei gefülltem Becken zusammen nur rund 25 m³/s ausströmen, so daß der Wasserschwall eines Seeausbruches wirksam abgebremst wurde.

Abgesehen von der Zweckbestimmung bot dieses Bauwerk an sich kaum viel Bemerkenswertes, es wäre denn der Umstand, daß man bewußt die Gewölbewirkung dieses nach einem Radius von 30 m gekrümmten und beiderseits in die Felsflanken eingespannten Sperrenkörpers in Rechnung gestellt hat.

Bekannter und verheerender als die Ausbrüche des erwähnten Übeltalferners waren diejenigen eines ganz ähnlichen Eissees, der sich am Zufallferner im Martelltal (Nebental des Vintschgaues, Südtirol) in 3 aufeinanderfolgenden Jahren (1889, 1890 und 1891) gebildet und bei seiner Entleerung jedesmal furchtbare Verheerungen angerichtet hat. Der Scheitelwert der Flutwelle vom 17. Juni 1891 konnte mit ziemlicher Genauigkeit auf etwa 200 m³/s berechnet werden.

Die damalige Verwaltung der österreichischen Wildbachverbauung war aber nicht gewillt, weitere zerstörende Ausbrüche hinzunehmen und wendete zur Dämpfung der Hochwasserquellen die gleiche Methode an, die sich am Aglsboden offenbar bewährt

13

hatte. An geeigneter Stelle unterhalb des Gletschers, am sogenannten Zufallboden, errichtete sie 1891 ebenfalls ein Auffangbecken. Die aus Trockenmauerwerk hergestellte Sperre hatte eine Kronenlänge von 332 m, einen Inhalt von 12.350 m³ und bildete damit einen Stauraum von 720.000 m³. Die allmähliche Entleerung erfolgte hier nicht durch Kanäle im Mauerkörper, sondern durch einen Umlaufstollen, dessen Querschnitt so bemessen war, daß nur unschädliche Anschwellungen des Talbaches zustandekommen konnten.

Die Wassermassen, um die es sich in den vorerwähnten Fällen von Gletscherseeausbrüchen handelte, waren aber immer noch vergleichsweise gering gegenüber jenen, die bei anderen Ereignissen dieser Art entfesselt worden sind. So enthielt der bestbekannte unter den Gletscherseen der Ostalpen, der Rofner Eissee im Venter Tale (Ötztal, Nordtirol) nach verläßlichen Angaben bei seiner letztmaligen Bildung im Jahre 1848 rund 3 hm³ Wasser; auch dieses Maß würde aber noch weitaus übertroffen von einigen Eisseen in den Westalpen, z. B. von dem, der im Val de Bagne (Wallis) durch den Giétrozgletscher gebildet worden ist und der rund 20 hm³ Wasser enthalten hat. Sein Ausbruch am 16. Juni 1818 rief eine der größten Wasserkatastrophen hervor, die sich überhaupt in historischer Zeit in den Alpen ereignet haben. Solchen Naturgewalten wirksame Schutzbauten entgegenzusetzen, hat sich die Technik der damaligen Zeit noch völlig außerstande gesehen; erst die neuzeitliche Wasserkraftnutzung mit ihren gewaltigen Sperrenbauten vermöchte es hier wie anderwärts, solche Gefahren zu bannen und selbst so bedeutende Wassermassen in ihren Stauräumen abzufangen. Durch den ständigen Rückgang der Alpengletscher sind freilich diese gefährlichen Gletscherseen verschwunden, wenigstens so weit es sich um solche größeren Ausmaßes gehandelt hat. Erst bei einem neuerlichen Vorstoße könnte diese Gefahr wieder drohen, doch wird man ihr nunmehr, wie gesagt, mit Erfolg begegnen können.

*

Die vorangegangenen Ausführungen haben über die Grenzen unseres heutigen Staatsgebietes hinausgegriffen; wer immer aber sich mit dem Anteil und Beitrag Österreichs zur Entwicklung der Technik beschäftigt, muß den gesamten Kulturraum in Betracht ziehen, der durch Jahrhunderte hindurch im wesentlichen von den deutschen Stämmen des Kaiserstaates geformt und geprägt worden ist und der eben von Galizien bis Dalmatien und vom Sudetenland bis Südtirol reicht. Besonders dieses letztere hat ja wegen der Großartigkeit seiner Gebirgsnatur, aber auch wegen der Hindernisse, die gerade sie der wirtschaftlichen Entwicklung entgegenstellt, auch auf mancherlei anderen technischen Teilgebieten schon früh zu bedeutenden Leistungen Anlaß gegeben (Stilfserjochstraße, Dolomitenstraßen!). Es ist daher nicht verwunderlich, daß auch die Wildbachverbauung gerade dort auf Werke hinweisen kann, die aus einer österreichischen Technikgeschichte nicht wegzudenken sind.

Ähnliches gilt aber, wenn auch z. T. aus anderen Gründen, von den ebenfalls einst österreichischen Sudetenländern; hier hat — eher im Gegensatze zu Südtirol — gerade die dichte Besiedlung, der schon früh erreichte hohe Stand der Industrialisierung und die Dichte des Verkehrsnetzes Anlaß gegeben, gegen Hochwasserschäden mit starken Mitteln anzukämpfen. Während sich aber im Gebirge sperrenähnliche Bauwerke im Dienste der Wildbachverbauung und Flußregulierung im allgemeinen nur in der früher behandelten Form von Geschiebesperren eingebürgert haben, bietet ein Hügelland auch in topographischer Hinsicht günstige Voraussetzungen für eine Zurückhaltung der Wassermengen selbst. Hier ist es ja auch nicht so sehr die lebendige Kraft des Wassers, die bei außerordentlichen Abflüssen die Schäden hervorruft, als eben die Wassermenge an sich, die von den Flußbetten nicht mehr aufgenommen werden kann, die angrenzenden Kulturflächen überflutet und dort zu großen Ernteschäden, Verkehrsunterbrechungen u. ä. Anlaß gibt.

Bloße Eindeichungen und Hochwasserdämme ändern am Hochwasserereignis selbst nichts oder höchstens in dem Sinne, daß sie die Flutspitzen noch vergrößern. Es ist nun sehr bemerkenswert, daß diese Erkenntnisse schon früh fester Besitz österreichischer Wasserbauer waren, wie z. B. aus Ausführungen des Professors der Wiener Hochschule für Bodenkultur A. FRIEDRICH hervorgeht (6), in denen es heißt: „Es soll nicht getrachtet werden, den ankommenden Hochwasserfluten in ihrer unverkürzten Größe die Wege zu ebnen, damit sie nur so rasch als möglich aus dem Lande geschafft werden, wodurch auch die Nieder- und Mittelwässer, dem Beispiele ihrer mächtigeren Genossen folgend, sich bemühen, nach Kräften baldigst ihre heimatliche Stätte zu verlassen... Die rationelle Lösung besteht vielmehr darin, nicht nur die schädlichen Wirkungen großer Wassermengen hintanzuhalten, sondern auch die nützlichen Seiten auszunützen... Dies ist jedoch nur dann ausführbar, wenn ein Ausgleich zwischen den Niederschlägen und den hiedurch bewirkten Abflüssen erzielt wird, so zwar, daß... das zur Zeit des Überflusses vorhandene Wasser teilweise gesammelt wird, um es zur Zeit der Not, also mangelnder Niederschläge, nutzbringend zu verwenden für Bewässerungs-, industrielle Zwecke und dgl.".

Nach solchen sehr neuzeitlichen Grundsätzen wurde z. B. der Jaispitzbach, ein Nebenfluß der Thaya in Südmähren, verbaut, der sein landwirtschaftlich hochwertiges Einzugsgebiet immer wieder durch schwere Überschwemmungen geschädigt hatte. Eine große Zahl ursprünglich vorhandener Teiche war im Laufe der Zeit aufgelassen worden, wodurch offenbar die Abflußwellen eine ständig zunehmende Verschärfung erfahren hatten. Mit einer 1895 bei Jaispitz fertiggestellten Staumauer und mit einem weiteren Erddamm wurden Rückhalteräume von zusammen rund 0,75 hm³ geschaffen, die durch weitere Sperrenbauten auf 2,5 hm³ Inhalt gebracht werden sollten; es ist aber nicht das ganze Projekt zur Ausführung gekommen. Bei der Staumauer von Jaispitz handelte es sich um eine aus Bruchsteinmauerwerk in Zementmörtel errichtete Gewichtsmauer von rund 34 m Höhe über Fundamentsohle.

In erheblich größerem Maßstabe bewegte sich das von Prof. O. INTZE in Aachen, dem bekannten Talsperrenbauer, entworfene Projekt zur Rückhaltung der Hochwässer der Görlitzer Neiße, die im damals österreichischen Böhmen im Isergebirge entspringt und an den sudetendeutschen Städten Gablonz und Reichenberg vorbeiführt, ehe sie auf das ehemals preußische Staatsgebiet übertritt. Ein großes Hochwasser hatte in ihrem und in den benachbarten schlesischen Flußgebieten im Jahre 1897 gewaltige Schäden angerichtet; einer Wiederkehr solcher Ereignisse sollte nun durch die Anlage von Talsperren auf deutschem wie österreischichem Boden vorgebeugt werden. Der Entwurf sah hier den Bau von 6 Talsperren mit einem Fassungsraum von zusammen rund 8 hm³ vor, die zur Zeit der größten Hochfluten 100 m³/s zurückhalten, in der wasserarmen Zeit dagegen 1 m³/s zuschießen sollten. Das Projekt kam in den Jahren 1902 bis 1910 fast im vollen Umfange mit erheblichen Beiträgen des Staates und des Landes, aber auch der sächsischen und preußischen Unterlieger zur Ausführung.

Das bedeutendste Bauwerk ist die Grünwalder Talsperre bei Gablonz (7). Sie ist ebenfalls eine aus Bruchsteinmauerwerk in Zement-Traß-Mörtel errichtete Gewichtsmauer von rund 21 m Höhe über der Fundamentsohle und einer Kronenlänge von 430 m; sie ist im Grundriß nach einem Radius von 350 m gekrümmt. Der vorerst durch Bohrungen erkundete Baugrund bestand unter einer 2—4 m mächtigen Überlagerung aus anstehendem, aber stark verwittertem Granit, der bis zu mehr als 6 m Tiefe weggeräumt werden mußte. Beim Bauvorgang wurden durchaus Grundsätze eingehalten, die auch heute noch Geltung haben: Abspritzen der Felssohle mit Druckwasser, fortlaufende Vornahme von Druckproben am verwendeten Mörtel usw. Auch der architektonische Eindruck des Bauwerkes kann noch nach heutigen Anschauungen als durchaus befriedigend bezeichnet werden.

Es sei schließlich einer dritten Talsperrenanlage im ehemals österreichischen Sudetenland gedacht, der Talsperre der Stadt Brüx, die der Trinkwasserversorgung diente. Der hohe wirtschaftliche Entwicklungsstand dieser Gebiete hat dort schon früh jene wasserwirtschaftlichen Fragen in aller Schärfe auftauchen lassen, die uns heute auch anderwärts überall beschäftigen, z. B. jene der ausreichenden Wasserversorgung, die es notwendig machte, auch schon Tagwässer heranzuziehen. Die Stadt Brüx war bis dahin allein auf Quellen angewiesen gewesen die aber den wachsenden Verbrauch nicht mehr zu befriedigen vermochten. Um die schon durch Drosselungen beeinträchtigte Versorgung sicherzustellen, wurde der Abfluß aus einem bewaldeten, unbewohnten Einzugsgebiet von 8,5 km² Größe, das in etwa 12 km Entfernung von der Stadt zur Verfügung stand und günstige Voraussetzungen zur Anlage einer Talsperre bot, herangezogen. Der als erforderlich berechnete Speicherraum von 1,5 hm³, von dem 0,2 hm³ für die Hochwasserrückhaltung frei bleiben mußten, machte allerdings eine Stauhöhe von rund 45 m erforderlich; die Gesamthöhe der Mauer über der Fundamentsohle erreichte damit das für die damalige Zeit recht beträchtliche Maß von 53 m. Auch diese Talsperre war wie die früher erwähnten eine gemauerte Gewichtssperre mit einer zusätzlichen Gewölbewirkung infolge einer Krümmung von 250 m Radius. Die Aufstandsfläche der Sperre bildete ein in etwa 6 m Tiefe anstehender, grobbankiger und oberflächlich ziemlich stark verwitterter Gneis, der Einbindetiefen von teilweise mehr als 10 m erforderlich machte. Die Sperre erhielt einen Revisionsgang, in den Mauerdränagen einmündeten, sowie eine Sohlendränung. Das mit aller Sorgfalt und allem der damaligen Zeit zur Verfügung stehenden technischen Aufwand errichtete Bauwerk stellt zweifellos einen bedeutsamen Markstein nicht nur des österreichischen, sondern auch des europäischen Talsperrenbaues dar. (8).

*

Die vorangegangen Ausführungen haben dem Gang der Entwicklung weit vorgegriffen. Es ist deshalb nunmehr wohl geboten, noch einer dritten Wurzel des österreichischen Talsperrenbaues Erwähnung zu tun, die — ebenso wie die Wildbachsperren und wie die Staudämme an Fischweihern — noch vor den Beginn des eigentlichen Ingenieurzeitalters zurückreicht: es sind dies die sogenannten Triftklausen.

Das Holz spielte in den waldreichen Alpenländern immer schon eine große Rolle als Baustoff wie als Brennstoff, letzteres insbesondere dort, wo der Bergbau die Aufgabe stellte, die gewonnenen Rohstoffe zu verhütten oder zu veredeln. Da man damals mineralische Kohle ja nicht kannte, war man für das Schmelzen der Erze, das Schmieden des Eisens, das Sieden des Salzes ausschließlich auf das Holz als Brennstoff angewiesen. Die Hauptschwierigkeit stellte aber zu einer Zeit, die weder Waldbahnen noch Lastkraftwagen kannte, der Transport der Stämme aus den oft nur schwer zugänglichen, weit entlegenen und vielfach noch fast urwaldartigen Forsten zu den Verbrauchsstätten dar. Als Transportweg kamen fast ausschließlich die Bäche und Flüsse in Betracht, auf denen das Holz teils in einzelnen Stämmen getriftet, teils zu Flößen gebunden verfrachtet wurde. Für das Flößen kamen naturgemäß nur die größeren, wasserreichen Flüsse in Betracht, zur Trift wurden dagegen auch kleine Bäche aus den entlegensten Gräben benützt, auch wenn ihre Wasserführung sehr zu wünschen übrig ließ und zumindest zeitweilig für eine geregelte Trift nicht ausreichte. Man war daher schon früher bestrebt, ja geradezu darauf angewiesen, ihren Abfluß in Staubecken zu speichern, um ihn dann in Form von Schwallwellen abzugeben, die das zu triftende oder zu flößende Holz mit sich nahmen.

Es bildet daher eine Eigentümlichkeit dieser forsttechnischen Stauwerke, daß sie mit Einrichtungen versehen sind, um dem gespeicherten Wasser fast plötzlich den Weg freizugeben und dergestalt Schwallwellen mit hoher Wasserführung zu erzeugen. Diese Stauwerke, meist aus Holz, zum Teil aber auch in Mauerwerk errichtet, hießen Triftklausen, die Grundablässe, die mit eigenartig konstruierten, plötzlich zu öffnenden Verschlüssen ausgerüstet waren, wurden in der Fachsprache Klaustore genannt, der Speicherraum selbst hieß Klaushof; er umfaßte je nach Größe des Bauwerkes und des Wasserlaufes einen Inhalt, der von einigen tausend bis zu mehreren hunderttausend Kubikmetern reichte.

Solche Triftklausen gab es in fast allen österreichischen Alpenländern, doch kommen sie in manchen Gegenden gehäuft vor, so z. B. im Salzkammergut, das deren bei 80 besaß. Der hohe Stand der Holzbringungstechnik in diesem Gebiete ist auf den gewaltigen Brennstoffbedarf der uralten Salinen von Hallstatt, Ischl und Ebensee zurückzuführen, wie denn überhaupt die Ausnützung dieses Naturschatzes hier schon früh zum Aufbau eines fast einzigartigen Zusammenwirkens bergbaulicher und verkehrstechnischer Anlagen sowie eines gut durchgebildeten wirtschaftlich-technischen Verwaltungsapparates geführt hat. Schließlich ist ja auch der Bau der ersten österreichischen Eisenbahn, der Pferdebahn Linz-Budweis mit ihrer bald als Lokomotivbahn betriebenen Fortsetzung von Linz nach Gmunden, also bis zur Schwelle des Salzkammergutes, durch die Notwendigkeiten der Salzwirtschaft, nämlich die Abfuhr großer Salzmengen zur Donau und nach Böhmen, veranlaßt worden. (9)

Hauptklause in Klausen-Leopoldsdorf an der Schwechat (N.-Ö.). Blick vom Unterstrom auf den Sperrenkörper mit den Klaustoren

Ein ganzes System von Triftwegen und Klausen bestand auch im südlichen Wienerwald an der Schwechat; ihren Mittelpunkt bezeichnet der eben danach benannte Ort Klausen-Leopoldsdorf mit seiner „Hauptklause", die das erste Massivbauwerk dieser Art sein soll und an Stelle einer alten hölzernen 1756 unter Maria Theresia errichtet worden ist. Der allerdings nur rund 5,5 m hohe Sperrenkörper, der rund 80.000 m³ Wasser zurückhielt, besteht aus einem Lehmkern zwischen mächtigen Quadermauern, deren Steine durch Eisenanker gegenseitig verbunden sind. Im Zusammenspiel mit 13 Nebenklausen, die insgesamt fast 300.000 m³ Wasser speicherten, lieferte sie die erforderliche Abflußmenge für die Brennholztrift auf der Schwechat.

Oberhalb der Klaustore sind an der Talseite Inschriftsteine mit je einer ungefähr gleichlautenden deutschen und lateinischen Inschrift angebracht, die im Urtext und in einer etwas neuzeitlicheren deutschen Übersetzung lautet:

Aug. Aug.
Francisco I ac Maria Theresia
glorios. Imper.
ex mandato
III^{mi} ac Excell^{mi} D^{mi} D^{mi} Rodolphi S. R. I.
Comitis Chotek a Chottowa SSMM Camer.
Consil. Status Intimi Minist. Banc. Deput. Prae-
sidis et haerediatariarum Provinciarum
Commercy Directoris
Opus hoc
antea ligneum
in perenne Rei publicae Commodum
lapideum restitutum
Anno salutis
M D C C L V I

*

Unter der glorreichen Regierung
Ihrer Majestäten
Franz des Ersten*) und Maria Theresias
ist über Auftrag
des Durchlauchtigsten und Hochedlen Herrn
Rudolf Reichsgrafen Chotek von Chottowa, Kämmerers
Ihrer Majestäten
Ministers des Geheimen Staatsrates, Vorsitzenden
der Banc-Deputation und Direktors der Handels-
angelegenheiten der Erbprovinzen
dieses Bauwerk,
das vordem aus Holz bestanden hat,
zum dauernden Vorteil des Gemeinwohls
in Stein wiederhergestellt worden
im Jahre des Heils
1 7 5 6

*

Das größte forsttechnische Stauwerk in Österreich ist die sogenannte Presceny-klause an der niederösterreichisch-steirischen Salza im Forstbezirk Wildalpen, die an Stelle einer angeblich seit Beginn des 18. Jahrhunderts bestandenen Holzklause 1840—1842 mit einem Kostenaufwand von 40.000 Gulden erbaut worden ist. Auch diese Sperre besteht aus mächtigen Quadermauern an der Luft- und Wasserseite, die durch Quermauern miteinander verbunden sind; die Hohlräume sind mit Schutt gefüllt, die Krone mit dem Hochwasserüberfall ist mit Quadern abgedeckt. Drei große Öffnungen im Sperrenkörper, die normalerweise durch Hub- und sogenannte „Schlagtore" verschlossen sind, dienen zur Entleerung des Speichers und zur Erzeugung der Flutwelle für die Flößerei. Der Speicherraum umfaßt rund 650.000 m³; er kann mit Hilfe der erwähnten Klaustore in wenigen Stunden entleert werden.

Das wohl bedeutendste unter den noch bestehenden, in Holz konstruierten forstlichen Stauwerken ist die Erzherzog-Johann-Klause an der Brandenberger Ache in Tirol. Dieser Nebenfluß des Inn durchbricht in stundenlangen Schluchten, durch die nur ein Fußsteig führt, die das Unterinntal begleitenden nördlichen Kalkalpen

---

*) Franz von Lothringen, Gemahl Maria Theresias, als römisch-deutscher Kaiser (1745—1765) Franz I.

und die hier seit altersher geübte Holztrift ist bis heute die einzige Möglichkeit, den reichen Holzertrag der staatlichen Forste an der bayerischen Grenze ins Landesinnere und zur Bahn zu bringen. Das Bauwerk, das in seiner heutigen Form nach einem Brande erst 1919/1920 errichtet worden ist, vermag bei einer Konstruktionshöhe von 11,50 m und einer Kronenlänge von rund 35 m insgesamt 230.000 m³ Wasser zurückzuhalten; diese Menge kann durch zwei Schlagtore innerhalb einer Stunde entleert werden.

Erzherzog-Johann-Klause an der Brandenberger Ache (Tirol)

Hier wie bei den übrigen Triftanlagen bildet übrigens das Gegenstück zur Klause eine Rechenanlage am unteren Ende der Triftstrecke; sie dient dazu, das getriftete Holz wieder aus dem Wasser herauszuholen. Auch eine solche Rechenanlage besteht aus einer Art von Stauwehr, hinter dem das oft mit großer Geschwindigkeit von den reißenden Fluten mitgeführte Holz zur Ruhe kommt, so daß es dann am eigentlichen Rechen ohne große Mühe und Gefahr an Land gebracht werden kann.

*

Die bisher besprochenen älteren Sperrenbauten dienten alle nicht eigentlich dem Ausgleich der Unregelmäßigkeiten des natürlichen Wasserdargebotes, sondern höchstens dazu, kurzfristige Wellen abzufangen oder zu erzeugen. Ein Ausgleich über längere Zeiträume, also etwa über das hydrologische Jahr, und damit jene Aufgabe, die die Speicher in der modernen Wasserwirtschaft vor allem zu erfüllen haben, wurde gar nicht angestrebt, weil eben, wie schon eingangs erwähnt, der

Wasserreichtum für die damaligen Triebwerke, für Mühlen, Schmieden, Sägemühlen, aber auch für die Zwecke der Flurbewässerung fast jederzeit ausreichte. Obwohl in den Alpenländern die Ausnützung der Wasserkräfte zur Erzeugung elektrischer Energie schon früh einsetzte, kamen daher auch diese Anlagen zunächst noch ohne Speicher aus; sie begnügten sich mit einem Ausbau auf Niederwasserführung und sahen als Aushilfe höchstens eine thermische Reserve vor.

Auch unter den bald nach der Jahrhundertwende errichteten, nun schon größeren und leistungsfähigeren Anlagen besaß zunächst nur das Kraftwerk Andelsbuch einen bescheidenen Speicher, der zum Tagesausgleich diente und rund 185.000 m³ faßte; das Werk nützt eine Gefällsstufe der Bregenzer Ache mit rund 60 m Fallhöhe und einem Ausbaudurchfluß von 12 m³/s aus; der Speicher liegt auf einer Terrasse oberhalb des tiefeingeschnittenen Flusses und wurde teils durch bergseitigen Aushub, teils durch talseitige Dämme gebildet.

Die Elektrifizierung der zwar schmalspurigen, aber stark benützten sowie landschaftlich reizvoll und kühn angelegten Mariazellerbahn gab in den Jahren 1908 bis 1910 Anlaß zum Bau der ersten größeren Gewichtsmauer Österreichs, die mit 35 m Höhe und rund 88 m Kronenlänge in einer Schluchtstrecke der Erlauf unweit von Mariazell errichtet wurde (Nr. 2 der Statistik). Nach STINI (10) ist die Klamm in ziemlich kleinklüftigen Triasdolomit eingeschnitten, den im Mauerbereich mehrere Zerrüttungsstreifen durchziehen. „Gründung, Einbindung und Dichtung des Mauerwerkes gestalteten sich daher für die damalige Zeit schwierig. Oberhalb der Felssohle waren 4,5 bis 5 m Lockermassen abzuräumen; in den Fels selbst greift die Aufstandsfläche 1 bis 1,5 m tief ein. Die mit etwa 50 cm Unebenheitshöchstmaß grobrauh belassene Sohle wurde mit einbetonierten alten Kleinbahnschienen in Entfernungen von rund 1 m mit dem Mauerkörper verheftet." Die Gewölbewirkung, die dank der Einspannung der Mauer in die Schluchtflanken mit einer Krümmung der Mauerachse nach einem Radius von 100 m erzielt wurde, wurde bei der Berechnung als Sicherheitsreserve nicht berücksichtigt, ebensowenig allerdings auch der Sohlwasserdruck. „Man verließ sich auf die angenommene gute Verbindung mit dem Untergrunde. Die Mauer ist aus Stampfbeton mit Dolomit als Zuschlagsstoff erbaut und luftseitig mit Bruchstein aus Kalk verkleidet. Auf der Wasserseite führte man einen Schirm aus vermörtelten Formsteinen mit."

Nicht unerwähnt bleibe die Hochwasserentlastung, die hier in Form eines frei im Stauraum stehenden kreisrunden Schachtturmes von 4,9 m lichtem Durchmesser ausgeführt wurde, dessen Krone als kreisförmige Überfallskante dient. Das überstürzende Wasser gelangt durch den Fallschacht in den Grundablaßstollen, der durch das rechtsufrige Gebirge um die Sperre herum ins Unterwasser führt. Auf die Kante des Schachtüberfalles ist ein stählernes Zylinderschütz aufgesetzt, das bei Hochwasser angehoben wird, sonst aber dazu dient, den Raum zwischen der festen Krone und dem Hochwasserstauspiegel für den Speicherbetrieb auszunützen.

Im Gegensatz zu modernen Ausführungen solcher Schachtüberfälle, die besonders im amerikanischen Talsperrenbau bei geschütteten Staudämmen häufig angewendet werden, fehlt hier die heute übliche trichterförmige Erweiterung des Schachtmundes, die allerdings in Bruchsteinmauerwerk schwer auszuführen wäre. Die hydraulische Wirksamkeit des Überfalles, für die damals Modellversuche wohl noch nicht angestellt worden sind, wird dadurch zwar etwas beeinträchtigt, als frühes Beispiel dieser Bauform ist die Anlage aber immerhin bemerkenswert.

Die Mauer schafft einen Speicherraum von 1,5 hm³ Nutzinhalt, der über eine Fallhöhe von 160 m gleichzeitig mit dem benachbarten, noch kleineren Speicher Wienerbruck (Nr. 1 der Statistik) im gleichnamigen Kraftwerk abgearbeitet wird. Von den heute dort aufgestellten vier Maschinensätzen von insgesamt 4,5 MW dienen drei der Bahnstromversorgung mit Einphasen-Wechselstrom mit der etwas ungewöhnlichen Frequenz von 25 Hertz.

Ungefähr um dieselbe Zeit baute die Elektrizitätsgesellschaft Stern & Hafferl, die Vorläuferin der heutigen Oö. Kraftwerke, ihre Anlagen aus und errichtete am Ausflusse des vorderen Gosausees einen 17 m hohen Staudamm mit Betonkern, der zusammen mit einer schwimmenden Pumpenanlage dank der großen Oberfläche dieses natürlichen Sees ein Speichervolumen von 25 hm³ auszunützen erlaubte. Der Damm ist auf der Wasserseite mit einer Bruchsteinpflasterung versehen, das Schüttungsmaterial ist mit Kalkmilch zur besseren Dichtung, für die der Betonkern allein offenbar nicht ausreichte, getränkt. Die unmittelbar anschließende, nach dem ursprünglichen Ausbauplan als Kraftwerk Gosau III bezeichnete Anlage nützt eine Rohfallhöhe von 135 m mit 6,6 MW Maschinenleistung aus. Der Gosausee, der mit Hilfe einer nachträglich anstelle der schwimmenden Pumpanlage errichteten Schachtpumpe bis zu 40 m unter den Stauspiegel abgesenkt werden kann, dient aber vor allem auch als Fernspeicher für das mit 14,2 MW ausgestattete Kraftwerk Steeg am Hallstättersee, das seinerzeit eine der größten österreichischen Kraftanlagen bildete. Dennoch bereitete die Ausnützung des Gosausees auch dem Techniker keine reine Freude, da die tiefe Absenkung und die dabei sichtbar werdenden breiten Schotterflächen ein herrliches Landschaftsbild, das der Dachstein im Hintergrund krönt, schwer beeinträchtigen.

Ähnlich wie Innsbruck, dessen erstes Elektrizitätswerk am Mühlauerbach schon 1888/1889 errichtet worden ist, hat auch die dem kommunalen Fortschritt und den Bedürfnissen des Fremdenverkehrs aufgeschlossene Stadtgemeinde Salzburg sich frühzeitig die Vorteile der elektrischen Energie zunutze gemacht. Schon 1887 hat hier eine kleine Dampfzentrale mit 200 PS Leistung die öffentliche Stromlieferung aufgenommen; sie mußte bald erweitert und durch eine größere Maschinenstation ersetzt werden; 1899 kam eine kleine Wasserkraftanlage am Almkanal hinzu, und 1904 tauchte dann der Gedanke einer Wasserkraftnutzung in großem Maßstabe auf, wofür die Hinterseer Alm sich als geeignetes Gewässer anbot. Nach Übernahme der bisher durch eine Aktiengesellschaft betriebenen Anlagen durch die Stadtgemeinde errichtete diese 1911/1913 an einer Engstelle dieses Baches die 35 m hohe Wiestalsperre, durch die ein auch landschaftlich sehr ansprechender Alpensee von rund 3,5 km Länge mit einem nutzbaren Inhalt von 7,5 hm³ gebildet wurde. Der aus Beton mit Quaderverkleidung errichtete Sperrenkörper kann als Bogen-Gewichtsmauer bezeichnet werden. Merkwürdigerweise sind sowohl Luft- wie Wasserseite im Vertikalschnitt konkav. Das Bauwerk ist auf guten Hauptdolomit gegründet, seine Kronenbreite beträgt 5 m, die Kronenlänge 65 m. Die anschließende Steilstrecke des Baches erlaubte es, eine Gesamtfallhöhe von 87 m mit einer Leistung von anfänglich rund 2,8 MW auszunützen, die später auf mehr als das Doppelte erhöht wurde.

Nach dem ersten Weltkrieg stieg der Strombedarf in ungeahntem Maße an, so daß diese seinerzeit recht großzügig ausgelegte Anlage sich bald als unzureichend erwies. Schon 1920 wurden daher die Bauarbeiten an einer dem Wiestalwerk vorgelagerten Oberstufe, dem Strubklammwerk, begonnen; sie konnten nach Überwindung großer finanzieller Schwierigkeiten bis Ende 1924 abgeschlossen werden. Am Eintritt des Almbaches in die Strubklamm wurde eine ebenfalls auf Hauptdolomit gegründete Sperre als Gewichtsmauer errichtet; sie erfaßt ein Einzugsgebiet von 100 km². Im Grundriß ist sie nach einem Bogen von bloß 75 m Radius gekrümmt, wofür jedoch nicht statische Erwägungen, sondern solche der Einbindung in den Fels der Talflanken maßgebend waren. Die größte Bauwerkshöhe beträgt 35,4 m, die Kronenlänge 86 m; die gesamte Mauerkubatur erreicht bloß knapp 10.000 m³. Ein zweifeldriger, durch ein hydraulisch gesteuertes Dachwehr verschlossener Hochwasserüberfall von 2 × 20 m lichter Weite schließt sich in der Mauerachse linksufrig an und ist imstande, etwa 300 m³/s ohne Überschreitung des Stauzieles abzuführen.

Eine wertvolle Ergänzung erfuhr der Strubklammspeicher, dessen Dichtheit zu wünschen übrig läßt, durch ein Pumpwerk an dem noch weiter talaufwärts gelegenen

Hintersee, mit dessen Hilfe dieser um 13 m abgesenkt werden kann. Zu den 2,5 hm³ Inhalt des Strubklammspeichers wird so ein zusätzliches Wasservolumen von 7,5 hm³ gewonnen, das in den beiden Stufen des Strub- und Wiestalwerkes abgearbeitet werden kann. Die Rohfallhöhe des ersteren beträgt 113 m, die dort verfügbare Maschinenleistung 9 MW.

*

Die ehemalige österreichisch-ungarische Monarchie hat hauptsächlich in den Sudetenländern über reiche Braun- und Steinkohlenvorkommen verfügt; die östlichen Teile der heutigen Republik, insbesondere Wien und sein Industriegebiet, waren daher in ihrer Energiewirtschaft auf diese mährische und schlesische Kohle eingestellt. Auch der Elektrizitätsbedarf der Reichshauptstadt wurde damals ausschließlich aus kalorischen Kraftwerken gedeckt. Für die Zufuhr der Kohle diente die Kaiser-Ferdinands-Nordbahn, die älteste und eben wegen der Kohlentransporte stärkstbelastete Bahnlinie der Monarchie, für die man daher einen 4-gleisigen Ausbau oder auch einen Ersatz durch eine Wasserstraße, den Donau-Oder-Kanal, plante.

Der unglückliche Ausgang des 1. Weltkrieges hat alle diese Absichten zunichte gemacht und Österreich von seiner Kohlenversorgung abgeschnitten. Einer hochentwickelten Industrie und einem dichten Verkehrsnetz war damit die Grundlage entzogen. Damals hat Österreich erfahren, wie sehr das wirtschaftliche, aber auch das kulturelle Leben von den Energiequellen abhängig ist, die einem Volke zur Verfügung stehen. In der Energienot dieser Nachkriegszeit wandten sich daher aller Augen auf jene gewaltigen Kraftquellen, die kein Friedensdiktat uns zu rauben vermochte, zu den Wasserkräften, die in den Alpen selbst wie auch an den Voralpenflüssen in so reichem Maße sich darboten. Vor allem schien es notwendig, die eisernen Adern des Wirtschaftslebens, die Eisenbahnen, von der Willkür ausländischer Kohlenlieferungen zu befreien und unter ihnen war es wieder die Arlbergbahn, die wegen ihrer schwierigen Betriebsverhältnisse für den elektrischen Betrieb besonders reif und geeignet schien. Schon vor dem Kriege hatte die damalige Staatsbahnverwaltung die Elektrifizierung dieser wichtigen Bahnlinie studiert und vorbereitet, so daß noch im Jahre 1919 die neue österreichische Volksvertretung das Gesetz zur Durchführung dieses Planes beschließen konnte. In mancher Hinsicht bildete hiebei die Elektrifizierung der Gotthardbahn, die noch im Kriege aus ähnlichen Gründen heraus begonnen worden war, ein technisches Vorbild; hier wie dort wurde die Energieversorgung einerseits einem Laufwerk anvertraut, das nur über eine sehr beschränkte Speichermöglichkeit verfügte, anderseits einem zur Spitzendeckung und zur Überbrückung der Winterlücke dienenden Speicherwerk. An der Gotthardbahn sind es die Kraftwerke Amsteg an der Reuß und das im Tessin gelegene Ritomwerk, für die Arlbergbahn wurde das schon 1912 für die damals neu erbaute Karwendelbahn errichtete Ruetzwerk am Ausgange des Stubaitales vergrößert und ein Speicherwerk westlich des Arlbergs neu angelegt, das den in 1800 m Seehöhe in den Lechtaler Alpen gelegenen Spullersee als Speicher benützt (Nr. 6 a und 6 b der Statistik).

Der natürliche Abfluß dieses Sees geht nach Süden, zur Alfenz und Ill, doch wird die Seewanne, die in einem quer durch den Gebirgszug streichenden Satteltal liegt, auch gegen Norden zu nur durch eine niedrige Schwelle, die hier die europäische Hauptwasserscheide verkörpert, abgeschlossen und damit vom Einzugsgebiet des Lechs getrennt. Um den See aufstauen zu können, war es daher notwendig, zwei Staumauern, eine niedrigere im Norden und eine höhere im Süden zu errichten. „Die nur in ihrem Mittelstücke leicht gekrümmte Südsperre erhebt sich auf einer schmalen, gerade noch genügend breiten Felsschwelle, welche vorwiegend aus nahezu saiger aufgerichteten Liasfleckenmergeln besteht; das zähe, wasserdichte Gestein gewährleistet einen ausgezeichneten Abschluß des Beckens" (10). Man hat es hier mit einer Gewichtsmauer von 36 m größter Höhe, 280 m Kronenlänge und 63.000 m³ Mauerkubatur zu tun. Der untere Teil der Luftseite hat eine Bruchsteinverkleidung erhalten, die man zunächst als Frost- und Witterungsschutz für erforderlich hielt, doch wurde diese später nicht mehr bis zur Krone hinaufgezogen.

Die 26 m hohe Nordsperre ist eine Gewichtsmauer mit einem Krümmungsradius von 400 m, doch wurde die geringfügig unterstützende Bogenwirkung nicht in Rechnung gestellt. Sie steht so wie die Südsperre hauptsächlich auf Liasfleckenmergeln.

Da der Speicherraum von rund 13,1 hm³ nicht nur durch Aufstau, sondern auch durch Absenkung des Sees unter seinen ursprünglichen Spiegel gewonnen werden sollte, war es zunächst notwendig, den See anzubohren. Der Felsriegel, auf dem die Südsperre steht, bricht knapp vor ihrem luftseitigen Fuß zu einem tiefer gelegenen kleinen Talboden ab und von diesem aus wurde daher unter dem künftigen Sperrenfundament hindurch der Stollen vorgetrieben, der zunächst zur Anzapfung und Ab-

Spullersee, Gesamtüberblick mit den beiden Sperren

senkung des Sees und später als Grundablaß zu dienen hatte. Die schwierige Anbohrrung gelang ohne Zwischenfall. Vom abgesenkten See aus konnte dann auch das am westlichen Ufer gelegene Entnahmebauwerk ausgeführt und der Entnahmestollen zum Wasserschloß vorgetrieben werden, das auf beherrschender Höhe über dem Tal der Alfenz auf dem sogenannten „Grafenspitz" liegt. Da das Kraftwasser schon in diesem horizontalen Leitungsteil bei Vollstau unter einem Drucke von rund 40 m Wassersäule steht, wagte man es angesichts der Klüftigkeit und Durchlässigkeit des durchörterten Kalkgebirges, das in diesem Teile der Lechtaler Alpen vielfach Karsterscheinungen, wie Karrenfelder, Dolinen und dgl., aufweist, nicht, diese Innendrücke einem mit Beton bloß ausgekleideten Stollen zuzumuten. Das Wasser fließt daher in einem auf Sätteln verlegten Stahlrohr durch den Stollen, das neben sich noch Raum zur Begehung läßt. Der eigentliche Kraftabstieg vom Grafenspitz zum Maschinenhaus, der in Form einer doppelstrangigen Druckrohrleitung eine Fallhöhe von mehr als 800

Höhenmetern überwindet, bildete damals eine Pionierleistung des Stahlwasserbaues. Das Kraftwerk wurde mit 4 Maschinensätzen mit zusammen 24 MW ausgerüstet.

Die elektrische Zugförderung auf der Arlbergbahn wurde auf der Strecke Innsbruck-Bludenz im Frühjahr 1925 aufgenommen, die Bauarbeiten an den Sperren konnten zu Ende desselben Jahres abgeschlossen werden.

Schon im nächsten Sommer wurde mit den Vorarbeiten für eine weitere Talsperre der Bundesbahnen, die Tauernmoossperre im Gebiete der Hohen Tauern (Salzburg), begonnen (Nr. 8 der Statistik). Sie sollte den Speicher für eine dreistufige Kraftwerkstreppe bilden, die die Energie für die östlich von Innsbruck gelegenen elektrifizierten Strecken liefert. Es handelt sich hier um denselben Sperrentyp wie am Spullersee, eine aus plastischem Beton errichtete Gewichtsmauer von 28 m größter Höhe, 190 m Kronenlänge und 28.500 m³ Mauerinhalt, die dank der Gunst der topographischen Verhältnisse 21,4 hm³ Wasser zu speichern erlaubt. Die Staukote erreicht 2003 m Seehöhe. Die unmittelbar anschließende erste Stufe arbeitet das Wasser über eine

Spullersee, Südsperre mit Blick auf die Betonfabrik

Rohfallhöhe von 520 m ab, während die freilich erst viel später vollendete Kraftwerkstreppe über eine Gesamtfallhöhe von 1200 m verfügt; in den letzten Jahren ist sie auch noch nach oben durch Errichtung der noch höher gelegenen Weißseesperre (Nr. 23 der Statistik) und durch Beileitungen aus benachbarten Einzugsgebieten ergänzt worden.

Wenn damals Sperrenbauten nur für Bahnstromwerke errichtet wurden, so liegt das zunächst daran, daß das erste große Speicherwerk, das der allgemeinen Elektrizitätsversorgung diente, nämlich des 1924—1927 ausgebaute Achenseewerk, ganz ohne Talsperre auskam. Es gewinnt seinen Speicherraum von fast 80 hm³ ausschließlich durch Absenkung eines natürlichen Sees. Die Anzapfung der Seewanne mittels eines zum Inntal führenden Druckstollens von 4,6 km Länge stellte zwar für sich eine sehr bedeutende technische Leistung dar, sie ersparte aber den Bau jeglichen Stauwerks; eine Höherspannung des Wasserspiegels über den natürlichen Stand

24

hinaus wäre hier wegen der Verbauung der Ufer und wegen des Fremdenverkehrs, auf den dieser schöne See seit jeher eine starke Anziehung ausübte, ganz ausgeschlossen gewesen.

Die verfügbare Rohfallhöhe von rund 400 m erlaubte einen Ausbau auf rund 110 MW Maschinenleistung.

Ein weiterer Grund dafür, daß der zunächst mit soviel Hoffnungen und Schwung begonnene Ausbau der österreichischen Wasserkräfte allmählich wieder ins Stocken geriet und daß es zu größeren Sperrenbauten damals nicht mehr gekommen ist, liegt freilich darin, daß nicht nur über unser Land, sondern über ganz Europa sich der Schatten schwerer Wirtschaftskrisen senkte, die mit dem Ansteigen der Arbeitslosigkeit und der politischen Unsicherheit den Unternehmungsgeist, aber auch den Glauben an die Zukunft lähmten. Hiezu kam noch, daß die Kohlenpreise stark zurückgingen und an Stelle der anfänglichen Kohlennot bald wieder ein Überangebot trat; die Nachfolgestaaten, die in den ersten Nachkriegsjahren mit jedem Waggon Kohle gegeizt hatten, sahen sich bald wieder veranlaßt, den österreichischen Absatzmarkt mit allen Mitteln zu halten und sogar unseren Wasserkraftausbau zu hintertreiben. Sie fanden hiebei freilich auch Helfer in unserem eigenen Lande, denen heute, wenn schon nichts Schlimmeres, doch zumindest das eine vorgeworfen werden muß, daß sie eine Angelegenheit von so großer staatspolitischer Bedeutung, wie es die Ausnützung der heimischen Energiequellen ist, zu kleinmütig, bloß aus der kaufmännischen Lage des Augenblicks heraus beurteilt haben. Zu welch großen Leistungen der technische Genius des österreichischen Volkes fähig ist, hat dann erst eine spätere Zeit wieder gezeigt. Diese jüngere und jüngste Entwicklung des österreichischen Talsperrenbaues darzustellen, muß aber einer berufeneren Feder überlassen bleiben.

Anmerkung: Zweitdruck eines in den „Blättern für Technikgeschichte" erschienenen Aufsatzes.

Quellen und Schrifttum:

1. O. Stolz: Geschichtskunde der Gewässer Tirols, Schlernschriften Bd. 32, Innsbruck 1936.
2. J. Duile: Über Verbauung der Wildbäche in Gebirgsländern, Innsbruck 1826.
3. A. v. Weber-Ebenhof: Der Gebirgswasserbau in alpinen Etschbächen, Wien 1892.
4. C. Semenza: Dighe ad arco e a cupola, Wasser- und Energiewirtschaft, Schweizerische Monatsschrift 1956, S. 213.
5. O. Lanser: Beiträge zur Hydrologie der Gletschergewässer, Schriftenreihe d. Österr. Wasserwirtschaftsverbandes Nr. 38, Wien 1959.
6. A. Friedrich: Der Bau der Stauweiher und die Bodenmelioration im Jaispitzthale in Mähren, Österr. Monatsschrift f. d. öffentl. Baudienst, 1895, Heft 5.
7. F. Merlicek: Beiträge zur Geschichte der österreichischen Wasserwirtschaft, Bl. f. T. G. 1. Heft, Wien 1932.
8. F. Merlicek: Über den Bau der Grünwalder Talsperre, Allg. Bauzeitung 1911, Heft 3.
9. R. Weyrauch: Die Talsperrenanlage der kgl. Stadt Brüx in Böhmen, Stuttgart 1916.
10. E. Koller: Die Salztrift im Salzkammergut, Heft 8 der Schriftenreihe d. Instituts f. Landeskunde von Oberösterreich, Linz, 1954.
11. J. Stini: Die baugeologischen Verhältnisse der österr. Talsperren, Heft 5 der Schriftenreihe „Die Talsperren Österreichs", Wien 1955.

Die neuere Entwicklung
des österreichischen Talsperrenbaues

von Dr. techn. Hermann Grengg

In ihrer ausschließlichen Bezogenheit zur Elektrizitätswirtschaft unseres Landes dienen die von der vorliegenden Statistik erfaßten Staubecken der Energiespeicherung, wobei nebenbei, ohne besondere wasserrechtliche Verankerung, ein gewisser Hochwasserschutz mit anfällt. Die Langzeitspeicherung herrscht vor; dieser überlagert sich die Kurzzeitspeicherung, die nur in geringerer Zahl für sich allein auftritt. Noch seltener ist bisher die Pumpspeicherung. Da nun seit jeher die Langzeitspeicherung zum Ausgleich der Winterlücke unserer Wasserkräfte im Wettbewerb steht mit der kalorischen Energietechnik, und zwar mit einem in letzter Zeit besonders verstärkten Einsatz von Kohle, Öl und Erdgas in ansehnlichen Dampfkraftwerken, und da außerdem die Kapitalsintensität der Wasserkraftnutzung ihren stärksten Ausdruck im Talsperrenbau findet, so war dieser in seiner bisherigen neueren Entwicklung von vier Jahrzehnten stets gehemmt. Auch wurde in der landesüblichen kurzfristigen Betrachtungsweise die weit in die Zukunft wirkende, die Last des Gelddienstes doch fortschreitend abwerfende Qualität des Talsperrenbaues nur selten richtig gewürdigt. Im Hintergrund dieses durch maßlos hohe Zinssätze erschwerten Daseinskampfes, der mit den Gegebenheiten des westalpinen und alpensüdseitigen Bereiches nicht verglichen werden kann, steht außerdem die verhältnismäßige Geländeungunst der Ostalpen mit ihren von Schutt und Schwemmland erfüllten Tälern. So ist denn das notwendige Zusammentreffen einer geeigneten Sperrenstelle, eines ausreichenden Stauraumes und einer wirtschaftlich erschließbaren Fallhöhe nur in einer bescheidenen Anzahl von Fällen wirklich zu Stande gekommen.

Unter solchen Umständen mag es begreiflich erscheinen, daß der österreichische Talsperrenbau, vielseitig beeinflußt von westlichen Vorbildern, nicht so bald jene eigene Note fand, die den besonderen, maßvollen, dem Superlativ abgeneigten Bedingungen unseres Landes entspricht. Daß dies schließlich doch gelang, ist nicht zuletzt der glücklichen Tatsache zuzuschreiben, daß die österreichische Aufsichtsbehörde ohne die Krücke einer sogenannten Talsperrenverordnung, und beraten von Fachleuten, deren Namen wegen schwieriger Abgrenzung dieses Personenkreises ungenannt bleiben mögen, jeweils in freiem Ermessen vorgegangen ist. Dies unter der einleuchtenden Devise „Kühn, aber nicht allzu kühn".

Mit einer Verzögerung von etwa einem Jahrzehnt gegenüber dem Bau von Laufwerken, etwa bezeichnet durch den Zusammenbruch der österreichisch-ungarischen Monarchie und die Gründung der Ersten Republik unter Verlust der großen Kohlenfelder, setzt mit zunächst kleinen Anfängen der neuere Talsperrenbau ein. Er ist in dem voranstehenden kulturgeschichtlichen Aufsatz in seiner ersten Phase bereits geschildert worden. Die Gewichtsmauer herrscht, und zwar wegen der Problematik des Sohlwasserdruckes, die übrigens bis heute nicht abgeklärt ist, mit vorsichtiger Basisbreite. Es sind Betonsperren; eine darunter, die Tauernmoossperre (8) ist ganz steinverkleidet; die Betontechnologie steckt, gesehen mit heutigen Augen, noch ganz in den Anfängen. Das erste größere Bauwerk, die Vermuntsperre im Montafon

(9) hat auch noch mit der Betonproblematik und besonders mit der Einbringung des Betons zu kämpfen; und wird gerade noch in der damaligen Weltwirtschaftskrise fertig.

Die Vereinigung unseres Landes mit dem Deutschen Reich erweist sich für den Talsperrenbau als ungünstig; nicht nur, weil in der Hast der Jahre 1938 und 1939 der Bau von Dampfkraftwerken, die damals rasch zum Tragen kamen, gefördert wurde, sondern auch wegen der baldigen und nahezu totalen Hemmung durch den ausbrechenden zweiten Weltkrieg. Immerhin sind aus jener bewegten Zeit einige bemerkenswerte Talsperren-Ereignisse zu verzeichnen. Im Montafon gelingt die Fortsetzung des Ausbaues der Vorarlberger Illwerke in Gestalt ihres ersten Kernpunktes, der Silvretta-Sperre (13a), einer geraden Gewichtsmauer mit atmenden Fugen, erbaut aus dem Lockergestein des benachbarten ehemaligen Gletscherbeckens; sie wird zwar erst nach dem Zusammenbruch fertig, ist aber doch vorwiegend ein Hauptwerk jener Epoche. Der Silvrettasee nahe einer tiefen Einsattelung des Hochgebirges bedurfte übrigens noch einer zweiten Sperre, des Bieler Dammes (13b), der als erstes Bauwerk dieses Typs, noch dazu auf Moränengrund ohne Felsanschluß, einige Beachtung verdient. Das Dammbau-Thema ist in Österreich schon frühzeitig mit dem Gosaudamm (3) angeschlagen worden, und kehrte gelegentlich wieder, bis es im Gepatsch-Damm (39) die Krönung des österreichischen Talsperrenbaues erreichte. Während des Krieges ist weiterhin die Gerlossperre (12) als erstes Gewölbe auf unserem Boden zu verzeichnen. Neben diesem ersten Schritt in eine bedeutsame Entwicklung ist ein zweiter, viel wichtigerer Schritt viel weniger bekannt geworden, nämlich der Entschluß vom Juni 1944, die Limbergsperre (19) des Tauernkraftwerkes Glockner-Kaprun, die bis dahin als Pfeilerkopfmauer geplant und im Aushub sowie in der Baueinrichtung begonnen worden war, als Gleichwinkelgewölbe zu verwirklichen. Der österreichische Boden hätte noch eine zweite Pfeilerkopfmauer, die Sperre für den Tagesspeicher des geplanten Ötzwerkes im Stuibental, tragen sollen. Diese Baustelle ist als Ruine bis heute liegen geblieben. Dort, wie auch im Falle Limberg, hat sich eine sehr steile Talflanke als ungeeignet für die Aufnahme einer Pfeilertreppe erwiesen. Dazu kam noch der Schock, der, von der Luftkriegskatastrophe der Möhnetalsperre ausgehend, die Ansichten über die Sicherheit der verschiedenen Talsperrentypen erschütterte. Die Pfeilerkopfmauer hielt man 1944 nicht mehr für genügend sicher und steuerte in letzter Stunde den Sperrenaushub auf den Gewölbetyp um. Daran änderte auch ein vorübergehender Rückschritt in den ersten Jahren der Zweiten Republik zugunsten einer vereinfachten Pfeilerkopfmauer nichts: 1948 ist das Limberggewölbe nochmals und endgültig beschlossen worden.

Damit ist unsere Darstellung bereits über die Lähmungsjahre hinweggegangen, in die der Zusammenbruch naturgemäß ausklang. Der folgende Zeitabschnitt bezeichnet den stärksten Aufstieg, den der österreichische Talsperrenbau bisher aufzuweisen hat. Das führende Bauwerk war zweifellos die Limbergsperre (19), an die bereits mit vorzüglichen Berechnungsmethoden herangegangen wurde. Auch die Betontechnologie entwickelte sich im selben Sinn, wenn auch in den Jahren bis 1955, die — für unsere Verhältnisse ungewöhnlich viel — nicht weniger als 9 Gewölbemauern verwirklichten, die künstliche Betonkühlung noch nicht angewendet worden ist. Es ist klar, daß eine solche Vielzahl die Methoden vervollkommnet und die Erfahrungen steigert. Der österreichische Talsperrenbau hat damals einen großen Rückstand aufgeholt und auch neue Ideen entwickelt. Unter den Gewölben ist die Drossensperre (25 b) des Tauernwerkes vielleicht die ausgeprägteste Gestalt mit starker doppelter Krümmung und veränderlicher Stärke im Horizontalschnitt. Daneben die Moosersperre (25 a) des gleichen Abschlusses des Mooserbodens ist, geländebedingt, viel schwächer gekrümmt und somit eine typische Gewölbegewichtsmauer, die bedeutendste dieser Art auf unserem Boden: ein Rotationskörper, also eine Zylindermauer, schwer zu berechnen, aber doch ein sehr sicheres Bauwerk. Ein kleines Abbild davon ist die Margaritzensperre (20 b) der Möllwasserfassung des Tauernwerkes. Die beiden erstgenannten ansehnlichen Sperren eröffneten die erste große Hochgebirgsbaustelle nach der Silvrettasperre, über die in der Literatur ausführlich genug berichtet worden ist.

Unter den kleineren Gewölben jener Zeit gibt es eine ganze Reihe bemerkenswerter Erscheinungen. Die Salzasperre (15) eines isolierten kleinen Langspeicherwerkes ist entwicklungsgeschichtlich sehr früh zu reihen, ist eigentlich an die Gerlossperre anzuschließen, ebenfalls mit nicht überbauter Krone als freiem Hochwasserüberfall und frei fallendem Strahl. Die Hierzmannsperre (17) der Teigitschwerksgruppe fällt durch ihre formal und statisch einwandfrei beherrschte Unsymmetrie auf. Die Rannasperre (18) ist aus besonderen Gründen durch eine Straßenbrücke stark überbaut, gedrungen, doch gleichwohl schwach doppelt gekrümmt. Sie ist die erste außeralpine Talsperre in Österreich. Die kleine Bächentalsperre (20) der Dürrachzuleitung zum Achensee, ein sehr schlanker Gleichwinkeltyp mit Annäherung an eine Kuppel, verdient besondere Erwähnung wegen der Anwendung einer Fugenauspressung mit Vorspannung zwecks Verminderung der Biegespannungen im Gewölbe. Zur Frage der Fugenauspressung ist in jener Zeit überhaupt viel versucht und erwogen worden. Die Idee des Kühlspaltes mit doppelter Fuge gab man zugunsten der einfachen Fuge auf.

Die Möllsperre (21 a) des Tauernwerkes schließt die sehr enge und schwer zugängliche Möllschlucht knapp unter der Pasterze in der Tiefe durch eine kräftige Plombe und dann durch ein schlankes Gewölbe ab, das sich gegen die Krone zu stark ausweitet: die originellste Erscheinung unter den sechs Sperren des Tauernwerkes Glockner-Kaprun. Die Sperre Wiederschwing (25) in den Kärntner Südalpen ist als Zylindertyp bemerkenswert durch den Überhang, der sie von den sonst üblichen Rotationskörpern unterscheidet. Außeralpin, aber ganz anders im Geländetyp als die Rannasperre, ist die Verbauung des Kamp durch drei Sperren, unter denen chronologisch die Dobrasperre (22), die neueste der oben erwähnten sich übergreifenden Gewölbebauten, eine Zylindermauer mit freiem Überfall, an erster Stelle steht; sie hatte mit schlechten Aufstandsverhältnissen im rechten tief plombierten Flügel zu kämpfen.

Überraschend trat dann im Zuge des linksufrigen Umlauf- und Grundablaßstollens ein Felsgrundbruch auf, der in späterer Sicht eine ganz besondere Bedeutung bekommen hat. Weist dieser Vorfall doch auf die Problematik der Felsstruktur hin, auch wenn diese im vorliegenden Fall nicht unmittelbar mit der Gewölbeabstützung etwas zu tun hat. Unterhalb schließt ein aus einer Gewichtsmauer und einem langen Dammflügel kombiniertes Bauwerk (23) an. In dieser durch viele Bauwerke besetzten Hauptentwicklungsperiode kommt auch ein kleiner Damm vor, der Hollerbachsdamm (16) im Pinzgau; und eine Gewichtsmauer im Hochgebirge, die Weißseesperre (24) mit lotrechten, beschliefbaren kreisförmigen Aussparungen zur Verminderung des Sohlwasserdruckes.

Als Nachzügler zu der geschilderten Epoche, der die bisherigen Erfahrungen bereits voll verwerten konnte und erstmalig die künstliche Betonkühlung angewendet hat, darf die dritte Kampsperre, die Sperre Ottenstein (27), gelten. Sie fällt durch die Kroneneinkerbung auf, die zwei Überfalldrehklappen aufnimmt. Die zugehörige Kraftstation schließt so unmittelbar an das Stauwerk an, daß hier das einzige größere Talsperrenkraftwerk Österreichs zustande kam. Mit der Sperre Ottenstein ist die Entwicklung eines für österreichische Verhältnisse passenden Gewölbemauertyps zu einem vorläufigen Abschluß gekommen.

Es folgt nun ein zufällig scheinendes Zusammentreffen des gleichzeitigen Ausbaues von sieben Hochseen mit teilweiser Anzapfung, für deren Aufstau sich der Gewichtsmauertyp als allein geeignet erwiesen hat. Zeitlich an erster Stelle steht da die Sperre Großer Mühldorfersee (29), deren sanft gekrümmter Grundriß vom Verlauf des

Felsriegels bestimmt worden ist, der in exponierter Lage den See abschließt. Der unwillkommene Sohlwasserdruck wird hier durch einen längsdurchlaufenden Aussparungshohlraum abgewehrt, eine neue Bauweise, die auch bei der nachfolgenden, etwas höher gelegenen kleinen Mühldorferseesperre (30) angewendet worden ist.

Die wasserwirtschaftlich bedeutendste Erscheinung dieser Gruppe ist der Abschluß des Seeriegels des Lünersees, des größten Hochsees unseres Arbeitsgebietes, durch eine Gewichtsmauer (33) von an sich bescheidenen Abmessungen, aber in seltsamer Geländelage: die Mauer krönt einen schmalen und steil gegen das Tal abfallenden Felsrücken. Der Lünersee ist schon in sehr früher Zeit angezapft und abgedichtet worden und wird nun, nach einem Aufstau weit über den seinerzeitigen Spiegel, vorwiegend durch Hochpumpen von Fremdwasser gefüllt. Unter den zahlreichen kleineren Hochseen in unserem Hochgebirge sind bisher nur wenige (28, 31, 32, 34, 35) genützt worden. Erwähnenswert ist davon das erstgenannte Stauwerk am Rotgüldensee, ein Steindamm mit einem dichten Innenkern aus Steinen mit Asphaltfüllung, also eine neuartige Bauweise bei allerdings bescheidenen Abmessungen.

Die Lutzmündungssperre (36) in Vorarlberg ist eine der wenigen Talsperren, die ausschließlich der Kurzspeicherung dienen, und sie erinnert an die sehr viel ältere Langmannsperre (7); während diese aber kaum mit Verlandung zu tun hat, hat jene in ihren Einrichtungen gegen den Geschiebeandrang zu kämpfen.

Die Sperre Kops (38) in Vorarlberg gibt der österreichischen Gewölbemauertechnik neue Impulse, nachdem sie 1961 in Bau gekommen ist. Das dortige weite Talprofil im Zug der Überleitung von Tiroler Triebwasser wird aber nicht nur durch eine Gleichwinkelmauer, sondern auch durch eine polygonale Gewichtsmauer geschlossen; an der Nahtstelle beider Baukörper übernimmt ein künstliches Widerlager einen geringen Teil des linksseitigen Gewölbeschubes. Das Hilfsmittel, dessen sich unser Gewölbemauerentwurf schon seit der Salzasperre bedient, die Kontrolle der Rechnung nach dem Versuchslastverfahren durch den statischen Modellversuch, kommt hier ebenso zur Anwendung, wie die künstliche Kühlung des Massenbetons. Neu ist die Ausformung des Talsperrengewölbes nach Parabelgesetzen.

Wiederholt ist die Dammbautechnik als eine in Österreich nur gelegentlich beheimatete Bauweise genannt worden. Eine erstmalige Anwendung der modernen Dammtechnik auf wissenschaftlicher Grundlage mit gezielter Aufbereitung des Erdbetons erfolgte beim kleinen Freibachdamm (37) in Südkärnten mit einem in den linken Bergkörper hinein verlängerten Abdichtungsschirm. Indessen tut nun der Gepatschdamm (39) des Kaunertalwerkes einen gewaltigen Schritt in eine andere Größenordnung, die durch 150 m Höhe über dem Talboden des geschütteten Steinkörpers bezeichnet ist. Ersichtlich waren hier die großen amerikanischen und schwedischen Vorbilder wirksam, die im Wettbewerb gegen ein Gewölbe bei vorzüglichen Gründungsverhältnissen dem Steindamm, der auch in der Schweiz Fuß faßte, zur Ausführung verholfen haben, und zwar ist die Entnahme von Schüttungsgut aus dem künftigen Staubecken zugunsten eines talseitigen Steinbruches aufgegeben worden. Weit ausgreifende Wasserbeileitungen, wie sie seit den Tagen der Tauernkraftwerksprojektierung immer stärker üblich geworden sind, charakterisieren die Wasserwirtschaft des Gespatschspeichers. Der zugehörige einstufige Kraftabstieg rührt ebenso wie jener des Lünerseewerkes an bisher erreichte technische Grenzen.

Mit der vorliegenden Erwähnungsliste österreichischer Talsperren ist der naturgegebene Vorrat an Großspeichern in den österreichischen Alpen keineswegs erschöpft; eine Inventur des noch Ungenützten ist jedoch nicht Aufgabe dieser Statistik.

Erläuterungen zur Statistik der österreichischen Talsperren

Nicht ohne einige Willkür hatte sich die Auswahl der zu beschreibenden Bauwerke abzugrenzen einerseits gegen hohe Wehre mit etwas Speicherung und andererseits in sachlicher Verkettung mit dem Begriff „Staubecken" gegen jene Ausgleichsweiher, die der Kurzspeicherung dienen und durch Geländeaushub oder Abdämmung gewonnen worden sind. So sind die Wehre Andelsbuch, Stierwaschboden und Partenstein ebensowenig in die Statistik aufgenommen worden, wie das Ausgleichsbecken Latschau der Illwerke, die Kurzspeicher Gondelwiese und Roßwiese des Winterspeicherwerkes Reißeck-Kreuzeck und der Speicher des Salzachwerkes ob Schwarzach. Damit soll aber nicht gesagt sein, daß die ausgewählten 39 Speicher ausschließlich der Langzeitspeicherung dienen. Wohl aber haben die in chronologischer Reihenfolge beschriebenen zugehörigen 43 Bauwerke (vier dieser Speicher besitzen nämlich je zwei Sperren) deutlich Talsperrencharakter, sind also „large dams" bzw. „grands barrages", und zwar auch dann, wenn ihre Abmessungen sehr bescheiden sind. Maßgebend waren also nicht absolute Größen der Bauwerkshöhe oder des Inhaltes (der bei Donauwehren vergleichsweise groß wäre), sondern der Typ des Abschlußbauwerkes. Hiebei erfordert allerdings der Ausdruck „Talsperre" sprachliche Toleranz, denn nicht alle diese Stauwerke sperren ein Tal, sondern krönen zuweilen auch einen Karriegel. Die erwähnte Zweckbeziehung der Talsperre zum Aufstau eines Speichers bringt es mit sich, daß die vorliegende Statistik zugleich auch eine solche der österreichischen Speicherbecken ist. Da nun ein bedeutender österreichischer Langspeicher, der Achensee, ohne Talsperre auskommt, war es gleichwohl naheliegend, auch dessen Daten zu bringen. Die übrigen zwölf Naturseen, die der österreichische Talsperrenbau in Anspruch nahm, sind, wenn auch teilweise angezapft, durch Talsperren wesentlich vergrößert worden. Die Statistik ist chronologisch geordnet, die Staubecken sind im selben Sinn numeriert, wobei den Doppelsperren die Indices a und b zukommen.

Die Bemühung, der Statistik begriffsklare Benennungen zugrunde zu legen, stieß auf beachtliche Schwierigkeiten, weil die Vielfalt des Stoffes sich schwer in Regeln zwingen läßt. Auch erwiesen sich die Angaben in der Literatur und das Planmaterial der Talsperrenbesitzer keineswegs als frei von Widersprüchen, und der nach der tatsächlichen Ausführung richtiggestellte Bestandsplan, diese Kostbarkeit der Gegenwart und noch mehr der Zukunft, ist leider kein Allgemeingut im vorliegenden Arbeitsbereich. Überdies sind auch bei schon seit langem bestehenden Sperren die angegebenen Werte nicht frei von Veränderungen. Neue Unterlieger erhöhen den Energiewert des Speichers; Beileitungen, weitere Fernspeicher, zusätzliche Pumpspeicherung oder überhaupt eine neue Abarbeitungsrichtung wie im Fall Kops-Vermunt bringen fast immer einen wesentlichen Wechsel im gesamten Wasserhaushalt eines Speichers oder einer ganzen Speichergruppe mit sich, von einer zweifellos auch gegebenen allgemeinen Änderung der Hydrographie ganz abgesehen. Kleine Speicherräume verlanden spürbar, während bei anderen sich nachträgliche Stauzielerhöhungen als äußerst gewinnbringend und kleinere Umbauten an der Krone, der Hochwasserentlastung oder an den Verschlußorganen als nötig erweisen, und so fort.

Angesichts dieser Tatsachen mußte sich die Schriftleitung trotz kritisch vergleichender Prüfung des zur Verfügung stehenden Materials letztlich doch auf dieses verlassen und kann somit auch nicht die unbedingte Richtigkeit jeder einzelnen Angabe gewährleisten. Gleichwohl dürfte mit der vorliegenden Statistik doch ein dem neuesten Stand entsprechendes Gesamtbild und dabei auch eine gewisse Gleichartigkeit und Ordnung in den Angaben erzielt worden sein. Im einzelnen ist hierzu folgendes zu sagen:

1. *Name der unmittelbar angeschlossenen Kraftstufe*

Neben den Namen der Sperren, die sich sprachlich nicht vereinheitlichen ließen, und ihrer Ordnungsnummer ist es nötig, den meist bekannteren Namen der zugehörigen Kraftstufe hinzuzufügen. Dies ist in jedem Fall möglich, weil nur Energiespeicher da sind. Bei Fernspeichern gilt die erste Triebwasserstufe als zugehörig.

2. *Name und Anschrift des Bau- und Betriebsherrn*

Es handelt sich um drei Sondergesellschaften des Verbundkonzerns, um sechs Landesgesellschaften, um die Österreichische Bundesbahn und um die Salzburger Stadtwerke, also um insgesamt elf Talsperrenbesitzer. Es war ursprünglich geplant, an dieser Stelle die Namen der verantwortlichen Bauingenieure und deren Stellvertreter anzuführen; leider aber waren die Widerstände gegen diesen wasserrechtlichen Gedanken zu groß. Es muß zugegeben werden, daß jene Verantwortlichkeit einigem Wechsel unterworfen ist.

3. *Geographische Koordinaten*

Diese Angaben (östlich von Greenwich und nördliche Breite) erleichtern das Auffinden der Sperrenstelle auf der Landkarte sehr. Im übrigen wird auf die am Schluß beigegebene Übersichtskarte sowie auf die Einzelübersichten der größeren Kraftwerksgruppen hingewiesen.

4. *Sperrentyp*

Es gelten folgende Symbole:

D Damm	G Gewichtsmauer	GwG Gewölbegewichtsmauer	Gw Gewölbemauer
ohne weitere Unterteilung	Unterteilung: G_g gerade Krone	Unterteilung: Zylindertyp $GwG_r \ldots Gw_r$	
	G_b Krone im Bogen	Gleichwinkeltyp Gw_j	

Unter „Gewölbegewichtsmauer" ist ein Staukörper zu verstehen, der wenig, aber doch fühlbar gegen die Talflanken verspannt ist; bei der „Gewölbemauer" ist die Gewichtswirkung auch noch wichtig, die Gewölbewirkung aber wesentlich. Der Index „j" erinnert an den Erfinder des Gleichwinkeltyps Jorgensen, der Index „r" an den Rotationskörper als Zylindertyp.

5. *Baujahre*

Als solche werden auch ernsthafte Vorbereitungsjahre und die Jahre nennenswerter Vollendungsarbeiten gezählt. Übergreifende Daten erschweren etwas eine einwandfreie Chronologie.

6. *Datum des ersten Vollstaues*

Dieser Zeitpunkt ist meist sehr genau bekannt und gibt Gewähr für die tatsächliche Vollendung.

7. *Geometrie des Stauraumes*

Meist ist das Stauziel eine Nennzahl und wird zeitweise überschnitten, wobei dieser Überstau selten definiert erscheint. Ebenso verhält es sich mit dem Absenkziel, und schon allein aus diesem Grunde kann der Nutzinhalt daher höchstens mit drei Ziffern angegeben werden. Die Statistik bemüht sich, sämtliche Flächen- und Inhaltskurven zu bringen, wobei jedoch der Gesamtinhalt nicht immer genannt wird (siehe Tabelle). Bei aufgestauten natürlichen Seen ist der durch Aufstau hinzugewonnene Anteil am Gesamt-, Nutz- und Energieinhalt in der Tabelle in Klammer vermerkt. Der Speicherschwerpunkt ist maßgebend für das Speicherarbeitsvermögen.

8. *Einzugsgebiete in km² und Zuflüsse in hm³ des Regeljahres*

Bei der zunehmenden Ausdehnung der Beileitungen und der Gruppenbildung im Wasserkraftausbau ist der natürliche Zufluß aus dem natürlichen Einzugsgebiet vielfach von eingeschränkter Bedeutung, sei es, weil fremde Einzugsgebiete herangezogen werden, sei es, weil Fernspeicherwirkungen den Zufluß steuern. Die Wasserwirtschaft muß daher in jedem einzelnen Fall gesondert erläutert werden, ebenso die am schwersten zu definierenden Pumpspeicherwirkungen. Für die Einbeziehung des Trockenjahres haben sich trotz dessen unleugbarer Wichtigkeit keine ausreichenden Angaben einholen lassen.

9. *Energieinhalt in GWh*

a) Bezug auf den Meeresspiegel; Bruttowert der potentiellen Energie des Nutzinhaltes, gleichzeitig ein ungefährer Anhaltspunkt für die geographische Situation des Speichers und auch für seine Gefährlichkeit. Definiert als:

$$\text{Energieinhalt [GWh]} = \frac{9{,}8}{3600} \times \text{Speichernutzinhalt [hm}^3] \times \text{Höhenlage des}$$

Speicherschwerpunktes [m].

b) Bezug auf die eigene Anlage, berechnet als:

$$\text{Energieinhalt [GWh]} = \frac{\text{Leistungsbeiwert}}{3600} \times \text{Speichernutzinhalt [hm}^3] \times \text{Nutz-}$$

fallhöhe ab Schwerpunkt [m].
Oft weniger wichtig als

c) Fernspeicherwirkung mit sinnvoller Begrenzung, die jeweils angegeben ist. Als Höhe wird die mittlere Nutzfallhöhe des oder der Unterlieger in das Produkt eingeführt.

10. *Wirtschaftliche Zielsetzung*

Wenige Worte sollen die Funktion des Speichers im Verbundbetrieb, d. h. also den Zweck des Talsperrenbaues charakterisieren.

11. *Gründungsgestein*

Die Beschaffenheit des Bergkörpers, auf dem die Talsperre ruht, ist ein wichtiger Teil ihrer Gesamtcharakteristik. Die Angaben der Statistik entstammen hauptsächlich dem Heft 5 der vorliegenden Schriftenreihe.

12. *Nennbelastung*

Dieser Begriff hat sich bisher noch nicht durchgesetzt, obwohl er allein geeignet ist, Talsperren verschiedenen Typs der Größe nach zu ordnen oder zu vergleichen. Die „Nennbelastung" sei der Wasserdruck auf eine vertikale Abschlußfläche an Stelle des Stauwerkes ohne Berücksichtigung der Einbindung. Ein solcher fiktiver Abschlußquerschnitt kann selbstverständlich nicht ohne einige Willkür in das Sperrengelände eingefügt werden, weil weder bei einem im Grundriß gekrümmten Stauwerk die auszuwählende Sehne genau festliegt, noch ein gerader Schnitt in allen Fällen sinnvoll ist; bei einem Karriegel (also einer Absperrung ohne „Tal") z. B. wird ein Polygon als Grundrißlinie nicht zu vermeiden sein. Immerhin gibt die „Nennbelastung", ungeachtet ihrer Beiläufigkeit, eine wichtige Grundlage sowohl für Vergleichswerte im vorhandenen Bestand, als auch für Entwürfe auf der Erfahrungsbasis des bisherigen, wobei das Ausmaß der Einbindung in anderer Art erfaßt wird (siehe „Gründungskennzahl", Spalte 22 der Tabelle).

13. *Hauptmaße*

Bei der Verschiedenartigkeit der Hauptbaukörper und der damit verbundenen Nebenanlagen waren einheitliche Maße schwer festzulegen. Besonders die „Höhe" kann recht verschieden aufgefaßt werden, je nachdem die Fundamenteingriffe oder die Kronenaufbauten mitzählen oder nicht; gute Kontaktinjektionen, Verankerung usw. verwischen überhaupt die Grenze des Fundamentkörpers. Die Statistik beschränkt sich unter Anlehnung an den Schiffbau auf die „Höhe über alles" und überläßt die weitere Klarlegung der Höhenentwicklung den Plänen. Leichter zu bestimmen sind Kronenlänge und Kronenradius. Beim „Rauminhalt" ist die Abgrenzung des Hauptbaukörpers, also der eigentlichen Talsperre, gegen die Nebenanlagen nicht immer leicht, hie und da sogar undurchführbar. Ähnliches gilt für den Aushub, der nicht nur bauwirtschaftlich interessant, sondern auch ein Kennzeichen der Geländeeignung ist.

14. *Einzelheiten des Baukörpers*

In dieser Sammelpost waren sehr viele und verschiedene Feststellungen anzuführen, die sich auf die Bauausführung und allfällig eingestandene Mängel, auf die Berechnung (Verfahren und Ergebnisse), auf die Betontechnologie und die übrigen Baustoffe, auf Oberflächenschutz und Fugenschluß, auf etwaige Modellversuche usw. beziehen.

15. *Triebwasserfassung*

Die räumliche Beziehung der Ableitung des Triebwassers zum Hauptbauwerk ist sehr verschieden und kann nur individuell geschildert werden; wichtig ist dabei die Lage der Abschlußorgane.

16. *Entlastungsanlagen*

Gleiches gilt für die Führung des Freiwassers über die Sperre hinweg, durch sie hindurch oder an ihr vorbei. Die Förderfähigkeit der Entlastungsorgane steht in keinem unmittelbaren Bezug zur Problematik des größten Hochwassers, weil der zwischengeschaltete Seerückhalt sehr verschieden stark wirksam ist. Der systematische Vergleich aller Entlastungen erwies sich überhaupt als undurchführbar; die Statistik beschränkt sich auf die Feststellung der Förderfähigkeit unter gewissen Bedingungen.

17. *Abdichtungsmaßnahmen*

An sich schon sind solche Arbeiten schwer zu beschreiben und darzustellen. Der wirkliche Erfolg ist noch schwerer auszumachen.

18. *Beobachtungseinrichtungen und deren Ergebnisse*

Dieser Abschnitt ist für die Entwicklung des Talsperrenbaues so wichtig, daß er zum Gegenstand besonderer Hefte der vorliegenden Schriftenreihe gemacht worden ist und weiterhin gemacht werden wird. Die gegenständliche Statistik darf sich daher auf zusammenfassende Hinweise beschränken.

19. *Charakterisierung des Bauwerkes und seiner äußeren Erscheinung*

Diesem Zweck dienen vor allem die beigegebenen Planskizzen und Lichtbilder. Es war gewiß ein Wagnis, einen einheitlichen Maßstab für alle Lagepläne und Schnitte anzuwenden; und man mag einige Kleinskizzen als Graphik ihrer Dürftigkeit halber kritisieren. Andererseits aber wird auf diese Weise die Größenordnung der Bauwerke prägnant zum Ausdruck gebracht und ein ergiebiger konstruktiver Vergleich wesentlich erleichtert.

20. *Baukosten*

Nicht nur der dauernden Geldverdünnung halber sind Kostenangaben problematisch. Auch die Trennung der Talsperre vom übrigen, sowie die Aufteilung der allgemeinen Unkosten eines Kraftwerksbaues, der Kosten der Verkehrserschließung des Gesamtbaues und der Baueinrichtungen auf die einzelnen Bauwerke ist zwar sehr wohl möglich, aber selten wirklich geschehen. Leicht überblickbar sind diese Werte nur bei einem isolierten Fernspeicherbau. Immerhin sind auf Anfrage wertvolle Angaben eingelaufen, die unter Verzicht auf eine weitere Systematik und unter Hinweis auf den Geldwert der Baujahre nicht ohne Brauchbarkeit blieben.

21. *Schrifttum*

Die vorliegende neuerliche Zusammenfassung der zugehörigen Literaturangaben durfte Wiederholungen mit älteren Angaben in dieser Schriftenreihe nicht vermeiden. Besonders aufmerksam sei auf die bedauerliche Tatsache gemacht, daß nicht wenige veröffentlichte Darstellungen sich bei genauerer Prüfung als unrichtig erwiesen haben.

Nach diesen 21 Stichworten ist die eigentliche Statistik geordnet; gelegentliche Lücken erklären sich aus dem Mangel an Angaben.

In der zusammenfassenden und vergleichenden Tabelle wurden die 43 Sperren nach der Nennlast geordnet. Eine Abweichung von dieser Regel ergab sich nur bei den vier Speichern mit Doppelsperren; die jeweils größere steht hier an dem ihrer Nennlast entsprechenden Platz, die kleinere folgt zur Wahrung des Zusammenhanges unmittelbar danach. Bei einigen kleineren Sperren ließ sich die Nennlast nicht genau angeben, doch immerhin so weit abschätzen, um in Verbindung mit den übrigen Bauwerksmaßen eine richtige Einordnung der Sperre zu ermöglichen.

Die relative Größe des Speichers zeigt sich als „Rückhaltevermögen"

$$= \frac{\text{Speicherinhalt [hm}^3\text{]}}{\text{Zufluß [hm}^3\text{]}}.$$ Als Zufluß wird dabei nicht nur das natürliche Wasser-

dargebot, sondern auch das der Beileitungen gerechnet, und zwar auch dann, wenn sie einiger Pumpnachhilfe bedürfen (Möllüberleitung z. B.); Pumpwasser, das der Energieverlagerung dient, ist dagegen nicht in den Nenner eingerechnet worden. Falls es sich um einen ganz oder teilweise kontrollierten Zufluß handelt, wird dies ausdrücklich festgestellt.

Die wichtigste wasserkraftwirtschaftliche Vergleichzahl ist die Aufbrauchdauer [h]

$$= \frac{\text{Speicherinhalt [m}^3\text{]}}{3600 \cdot \text{Maschinendurchfluß [m}^3\text{/s]}},$$ ein fiktiver Wert, der gleichzeitigen natür-

lichen Zufluß außer acht läßt und eine unmittelbare Beziehung zwischen dem Speicher und den abarbeitenden Maschinen herstellt. Nun kommen bei Kraftwerksgruppen mehrere Maschinengruppen in Betracht, und zwar bis zur Grenze der Unerheblichkeit, so daß also die Aufbrauchdauer in stufenweise sich verändernden Beträgen zu vermerken war. Mit der einen Ausnahme der Salzasperre errechnet sich aus den hier angeführten Werken auch der Energieinhalt nach Spalte 13.

Als Kennzeichen der Beziehung zwischen Sperrenstelle und Speicherraum gilt der „Stauerfolg" $= \dfrac{\text{Speicherinhalt [hm}^3\text{]}}{\text{Nennbelastung [t]}}.$ Hier erweist sich die Verwendbarkeit des

Begriffes „Nennbelastung" bestens, weil die angewendete Sperrentype außer Betracht bleiben kann. Im Zähler steht hier folgerichtig der Gesamtinhalt bzw. wenn es sich um den Aufstau von Naturseen (oder deren Anzapfung) handelt, der durch die Talsperre hinzugewonnene Anteil des Gesamtinhaltes.

Der „wirtschaftliche Konstruktionserfolg" $= \dfrac{\text{Speicherarbeitsvermögen [GWh]}}{\text{Nennbelastung [t]}}$

bezeichnet den eigentlichen Wert der Talsperre und des zugehörigen Speichers, wobei die Fernspeicherwirkung im Sinne der Aufbrauchdauer selbstverständlich mitzählt, denn manche Sperre erwies sich nur dank dieser Fernspeicherwirkung als bauwürdig. Unter „Speicherarbeitsvermögen" ist hier der in Spalte 13 angegebene Energieinhalt zu verstehen bzw. bei aufgestauten Naturseen der in Klammer angeführte, nur durch die Talsperre bewirkte Anteil.

Dem Bauwerk selbst gelten zwei Vergleichszahlen:

$$\text{,,Gründungskennzahl''} = \frac{\text{Aushub } [m^3]}{\text{Bauwerkskörper } [m^3]} \quad \text{und}$$

$$\text{,,Schlankheitsgrad''} = \frac{\text{Aufstandsbreite } [m]}{\text{Wasserdruckhöhe } [m]}$$

Vergleiche sind nur innerhalb des Typs sinnvoll.

Schlußbemerkung: Die mühsame Durchsicht und Verarbeitung der einlaufenden Daten besorgte Herr Dipl.-Ing. Wolfgang Pircher, die ebenso mühsame Umzeichnung der Talsperrenpläne in einen einheitlichen Maßstab Herr cand. ing. Arnfried Reitz.

1 Sperre Wienerbruck

1. *Unmittelbar angeschlossene Kraftstufe:* Werk Wienerbruck.

2. *Bau- und Betriebsherr:* Niederösterreichische Elektrizitätswerke Aktiengesellschaft, Wien I, Teinfaltstraße 8.

3. *Geographische Koordinaten:* 47⁰ 51,5' N, 15⁰ 18' O.

4. *Typ:* Gewichtsmauer mit schwach gekrümmter Krone, (G_b).

5. *Baujahre:* 1908—11.

6. *Datum des ersten Vollstaus:* 1912.

7. *Geometrie des Stauraums:* Stauziel 789,70 m, Absenkziel 785,82 m, Schwerpunkt des Nutzinhalts 787,96 m, Nutzinhalt 0,30 hm³.

8. *Zufluß im Regeljahr:* 32 hm³, Einzugsgebiet 32 km².

9. *Energieinhalt des Speichers,* bezogen auf
   a) Meeresspiegel . . . . 0,685 GWh
   b) Werk Wienerbruck . . . . 0,120 GWh
   c) Fernspeicherwirkung auf Werk Erlaufboden . . . . 0,056 GWh

   Summe b+c . . . . 0,176 GWh

10. *Wirtschaftliche Zielsetzung:* Schaffung eines der beiden Wochenspeicher für das Kraftwerk Wienerbruck zur Versorgung von Industrie und Siedlungen entlang der Mariazeller Bahn sowie dieser selbst mit Spitzenenergie. Jahresarbeitsvermögen des Werkes Wienerbruck 15 GWh, weitere Abarbeitung im Werk Erlaufboden. Siehe auch Sperre Erlaufklause (2).

11. *Gründungsgestein:* heller Triasdolomit, am Zusammenfluß des Großen und Kleinen Lassingbaches.

13. *Hauptbaumaße:*
    a) Rauminhalt des Hauptkörpers ohne Nebenanlagen: 2500 m³
    b) Höhe über alles: 13 m
    c) Kronenlänge: 42 m
    d) Kronenradius: 70 m.

14. *Tragkörper und Baustoffe:* schwach gekrümmte Gewichtsmauer, Beton mit Großsteineinlagen; wasserseitig Betonschürze mit Bitumendichtung, Inertolanstrich.

15. *Triebwasserfassung:* Entnahmeturm im Stauweiher am linken Ufer, lichte Weite 1,20/2,05 m, Einlaufsohle auf 785,02 m. Zwei hintereinanderliegende Flachschützen 1,70/1,70 m bzw. 1,70/1,20 m mit je einer Entlastungsklappe, handbetätigt, Rechen vorgelagert. Anschließend 1,44 km langer Druckstollen, Trapezprofil.

16. *Entlastungsanlagen:* Hochwasser-Einlaufturm am rechten Ufer vor der Sperre, Innendurchmesser 4,90 m, granitverkleidet. Zylinderschütze (Ø 6,50 m, 1,70 m hoch) mit vorgelagertem Grobrechen, Förderfähigkeit 93 m³/s.
    Grundablaß: im Hochwasserschacht. Grobrechen, Flachschütze 1,0/1,25 m mit

Entlastungsklappe, dahinter Segmentschütze, Unterkante auf 781,5 m. Förderfähigkeit 10,3 m³/s. Hochwasserstollen 55 m lang, lichter Querschnitt 16 m², Ausbaudurchfluß 88,5 m³/s.

17. *Abdichtungsmaßnahmen:* siehe unter 14.

21. *Schrifttum:* siehe Sperre Erlaufklause.

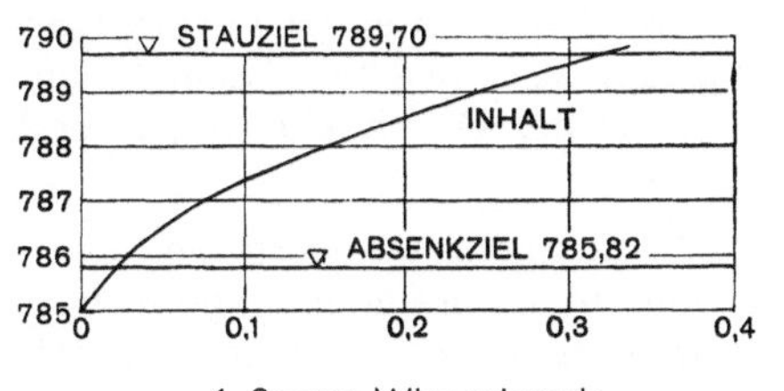

1 Sperre Wienerbruck

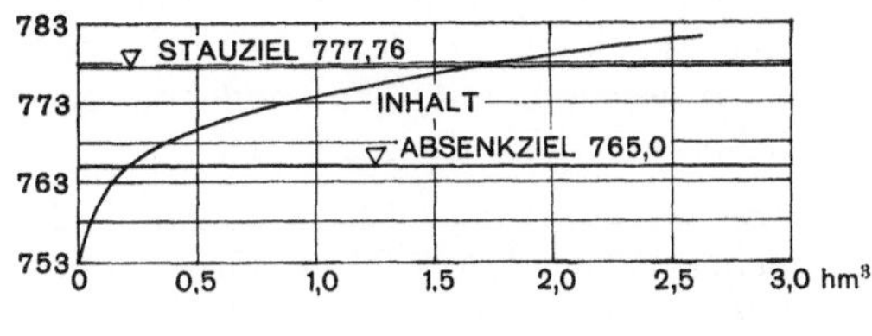

2 Sperre Erlaufklause

2 Sperre Erlaufklause

1. *Unmittelbar angeschlossene Kraftstufe:* Werk Wienerbruck.

2. *Bau- und Betriebsherr:* Niederösterreichische Elektrizitätswerke Aktiengesellschaft, Wien I, Teinfaltstraße 8.

3. *Geographische Koordinaten:* 47⁰ 50' N, 15⁰ 17' O.

4. *Typ:* Gewichtsmauer mit leicht gekrümmter Krone (G_b).

5. *Baujahre:* 1908—11.

6. *Datum des ersten Vollstaus:* 1912.

7. *Geometrie des Stauraums:* Stauziel 777,76 m, Absenkziel 765,00 m, Schwerpunkt des Nutzinhalts auf 772,97 m. Nutzinhalt 1,52 hm³. Stauzielerhöhung auf 779,00 m konzessioniert, Nutzinhalt erhöht auf 1,83 hm³.

8. *Zufluß im Regeljahr:* 47 hm³, Einzugsgebiet 45 km².

9. *Energieinhalt des Speichers,* bezogen auf
   a) Meeresspiegel . . . . 3,420 GWh
   b) Werk Wienerbruck . . . . 0,525 GWh
   c) Fernspeicherwirkung auf Werk Erlaufboden . . . . 0,266 GWh

   Summe b+c . . . . 0,791 GWh

10. *Wirtschaftliche Zielsetzung:* Schaffung eines der beiden Wochenspeicher für das Kraftwerk Wienerbruck zur Versorgung von Industrie und Siedlungen entlang der Mariazeller Bahn sowie dieser selbst mit Spitzenenergie. Jahresarbeitsvermögen des Werkes Wienerbruck 15 GWh, weitere Abarbeitung im Werk Erlaufboden. Siehe auch Sperre Wienerbruck (1).

11. *Gründungsgestein:* Klamm im hellen, ziemlich weitgehend zerhackten Triasdolomit („Ramsaudolomit"). Mehrere Zerrüttungsstreifen im Mauerbereich, Sohle 5 m überlagert.

13. *Hauptbaumaße:*
   a) Rauminhalt des Hauptkörpers ohne Nebenanlagen: 22.000 m³
   b) Höhe über alles: 35 m
   c) Kronenlänge: 87,5 m
   d) Kronenradius: 135 m.

14. *Tragkörper, Baustoffe, Ausführung:* Gewichtsmauer im Bogen aus Bruchsteinmauer-
    werk. Einbindung in den Fels 1,0—1,5 m, Verbindung Untergrund—Mauerkörper
    durch einbetonierte Kleinbahnschienen im Abstand 1 m. Luftseitige Verkleidung
    mit Bruchsteinen, wasserseitige Vormauerung aus vermörtelten Formsteinen,
    4 cm Verputz mit Drahtgeflecht, bituminöse Anstriche. Durchsickerungen und
    Schäden, 1953 ausgebessert.

15. *Triebwasserfassung:* 170 m oberhalb der Sperre Entnahmeturm am rechten Ufer,
    lichte Weite 1,20/2,05 m. Grob- und Feinrechen, hintereinander angeordnete
    Gleitschützen 1,70/1,70 bzw. 1,70/1,20 m mit Entlastungsklappen, von Hand bedient.
    Anschließend 2,23 km Druckstollen, Trapezprofil.

16. *Entlastungsanlagen:* Hochwasser-Einlaufturm am rechten Ufer vor der Sperre,
    innen mit Granit verkleidet, lichter Durchmesser 4,90 m. Zylinderschütze Ø 6,50 m,
    2,26 m hoch mit vorgelagertem Grobrechen. Förderfähigkeit bei 1,50 m Hub
    93 m³/s.
    Grundablaß: Grobrechen, Flachschütze 1,0/1,25 m mit Entlastungsklappe, dahinter
    Segmentschütze. Förderfähigkeit 21,8 m³/s. Förderfähigkeit des Ablaufstollens
    96 m³/s.

17. *Abdichtungsmaßnahmen:* siehe unter 14.

21. *Schrifttum:*
   1. Singer: Geologische Erfahrungen im Talsperrenbau. Zeitschrift des Österreichischen Ingenieur-
      und Architektenvereins 1913, Heft 20/21.
   2. Kurzel-Runtscheiner: Die Niederösterreichische Elektrizitätswirtschafts-Aktiengesellschaft, Manz-
      Wien 1923.
   3. Ornig: Österreichs Energiewirtschaft, Springer-Wien 1927.
   4. Vas: Grundlagen und Entwicklung der österreichischen Energiewirtschaft. Springer-Wien 1930.
   5. Stini: Die baugeologischen Verhältnisse der österreichischen Talsperren. Heft 5 der Reihe „Die
      Talsperren Österreichs".

3 Gosau-Damm

1. *Unmittelbar angeschlossene Kraftstufe:* Gosau III.

2. *Bauherr:* Elektrizitätswerke Stern & Hafferl A. G., Linz.
   Betriebsherr: Oberösterreichische Kraftwerke Aktiengesellschaft, Linz, Bahnhofstraße 6.

3. *Geographische Koordinaten:* 47° 32' N, 13° 30' O.

4. *Typ:* Geschütteter Damm (D).

5. *Baujahre:* 1910—11.

6. *Datum des ersten Vollstaus:* Frühsommer 1912.

7. *Geometrie des Stauraums:* Stauziel 923,25 m, Absenkziel 861,00 m, Speicherschwerpunkt bei Abarbeitung zwischen 923,25 m und 880,00 m auf Kote 904,75 m.
   Nutzinhalt 25 hm³.

3 Gosaudamm

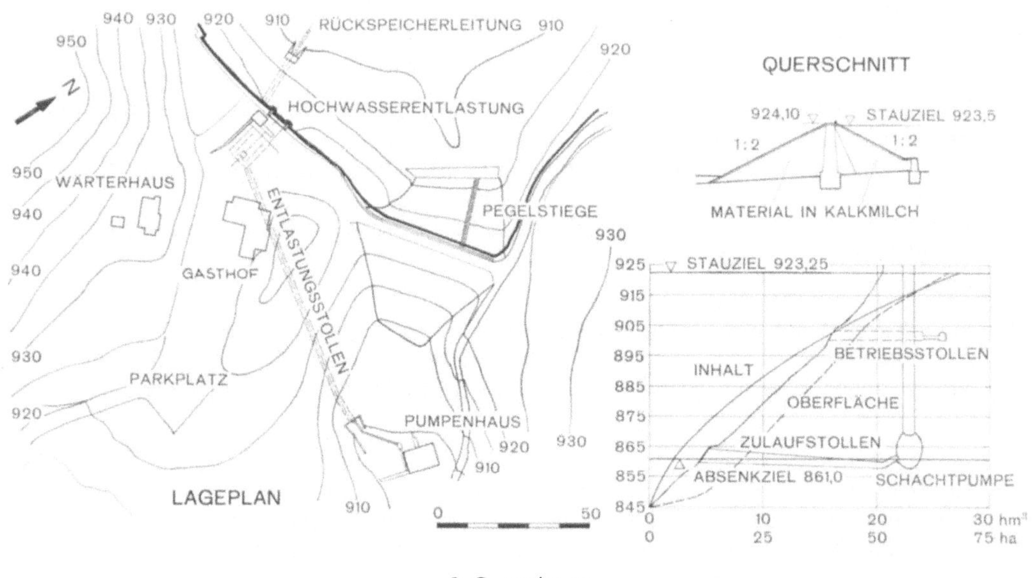

3 Gosaudamm

8. *Zufluß im Regeljahr und zugehöriges Einzugsgebiet:* wegen des Karstcharakters des Dachsteinmassivs nicht genau feststellbar.

9. *Energieinhalt des Speichers*, bezogen auf
   a) Meeresspiegel .... 61,5 GWh
   b) Gosau III .... 6,0 GWh
   c) Steeg .... 7,3 GWh

      Summe b+c .... 13,3 GWh

10. *Wirtschaftliche Zielsetzung:* Ausnützung des Vorderen Gosausees durch Aufstau und Absenkung als Langzeitspeicher für die unmittelbar angeschlossene Kraftstufe Gosau III (Winter- und Saisonpumpspeicherwerk, Jahreserzeugung 6,6 GWh, davon 5 im Winterhalbjahr), und als Fernspeicher für die Anlage Steeg (Jahreserzeugung für Überlandnetz 33,3 GWh, davon 13,6 im Winter, sowie 7,5 GWh zur Versorgung der Bahn Attnang-Puchheim bis Stainach-Irdning, davon 3,9 GWh im Winter). Zwischenspeicher „Gosauschmied" mit 0,1 hm³ Nutzinhalt in Betrieb, 2 weitere Zwischenstufen Gosau IVa und IVb geplant.

11. *Gründungsgestein:* Dichtungskern des Dammes in einem Endmoränenwall am Ausfluß des Vorderen Gosausees eingebunden, den von links der Schwemmkegel eines Wildbaches überschüttet. Rechter Flügel im gewachsenen Dachsteinkalk des Klauskogels.

13. *Hauptbaumaße:*
   a) Rauminhalt des Hauptkörpers ohne Nebenanlagen: 23.000 m³, davon 3.300 m³ Kernmauerwerk
   b) Höhe über alles: 17 m
   c) Kronenlänge: 50 m.

14. *Tragkörper, Baustoffe, Ausführung:* Aus anstehendem Bergschutt- und Moränenmaterial geschütteter Damm, luft- und wasserseitig 1:2 geneigt. Dichtungskern aus Bruchsteinmauerwerk in Zementmörtel, Stärke oben 3 m, unten 5 m, Einbindung in die Moräne ca. 5 m. Wasserseitig Bruchsteinpflaster in Zementmörtel sowie Fußmauer, Schüttmaterial darunter mit Kalkmilch versetzt. Luftseitig humusiert. Sickerverluste durch die Endmoräne bis 400 l/s bei Vollstau, deshalb späterer Ausbau eines Gegenbeckens in der wasserdichten Grundmoräne unterhalb des luftseitigen Dammfußes und Rückpumpen der Verluste.

15. *Triebwasserentnahme:* seitwärts vom Damm am rechten Ufer. Betriebsstollensohle am Einlauf auf 900,00 m. 1928 schwimmende Pumpanlage errichtet, die 4 m³/s über flexible Stahlschläuche zum Stollenmund förderte und weitere 40 m Absenkung ermöglichte. 1950 ersetzt durch 2 einstufige Zentrifugalpumpen in 67 m tiefem Schacht (je 2 MW, zusammen 4 m³/s, Förderhöhe bis 45 m), Einlaufschwelle auf 859,60 m, Stollen zu den Pumpen liegt also 60 m unter Vollstau. Grobrechen am Einlauf.

16. *Entlastungsanlage:* am rechten Ufer, vom Damm abgerückt, seit 1950 Überfall mit automatischer Stauklappe 3,0/6,0 m, Förderfähigkeit 60 m³/s. Anschließend 126 m langer Entlastungsstollen, Ø 2,30 m, zum Gosaubach. Kein Grundablaß.

19. *Besondere Charakterisierung des Bauwerkes und seiner äußeren Erscheinung:* Eine seinerzeit mangels geologischer Voruntersuchung unterlassene Vertiefung der Kernmauer um nur 2 m hätte einen wasserdichten Anschluß an die Grundmoräne ermöglicht. Vielfache Abdichtungsbemühungen. Die einzigartige landschaftliche Schönheit des Gosausees mit dem Dachstein im Hintergrund verpflichtet zu besonderer baulicher Sorgfalt.

21. *Schrifttum:*

1. Ornig: Österreichs Energiewirtschaft. Springer-Wien 1930.
2. Kotschi: Die Elektrizitätswerke Stern & Hafferl A. G., Elektrotechnik und Maschinenbau, 1928, Heft 26.
3. Vas: Grundlagen und Entwicklung der Energiewirtschaft Österreichs. Springer-Wien 1930.
4. Nietsch: Die Absenkung des Gosausees. Bericht 183 der Weltkraftkonferenz, Berlin 1930.
5. Stini: Die baugeologischen Verhältnisse der österreichischen Talsperren. Die Talsperren Österreichs, Heft 5.
6. Oberösterreichische Kraftwerke A. G.: Gosau-Wasserkraftanlagen.
7. Holzinger: Die Gosau-Schachtpumpe, 10 Jahre Kraftwerksbau (Festschrift für Oskar Vas). Springer-Wien 1956.

4 Wiestalsperre

1. *Unmittelbar angeschlossene Kraftstufe:* Wiestalwerk.

2. *Bau- und Betriebsherr:* Städtisches Elektrizitätswerk Salzburg, Elisabethkai 51.

3. *Geographische Koordinaten:* 47° 44,5' N, 13° 08,5' O.

4. *Typ:* Gewichtsmauer im Bogen (G_b).

5. *Baujahre:* 1909—13.

6. *Datum des ersten Vollstaus:* Oktober 1913.

7. *Geometrie des Stauraums:* Stauziel 554,60 m, Absenkziel 544,10 m, Speicherschwerpunkt 550,70 m, Nutzinhalt 7,5 hm³.

8. *Zufluß im Regeljahr:* 265 hm³, natürliches Einzugsgebiet 175 km².

9. *Energieinhalt des Speichers,* bezogen auf
   a) Meeresspiegel .... 11,26 GWh
   b) Wiestalwerk .... 1,20 GWh

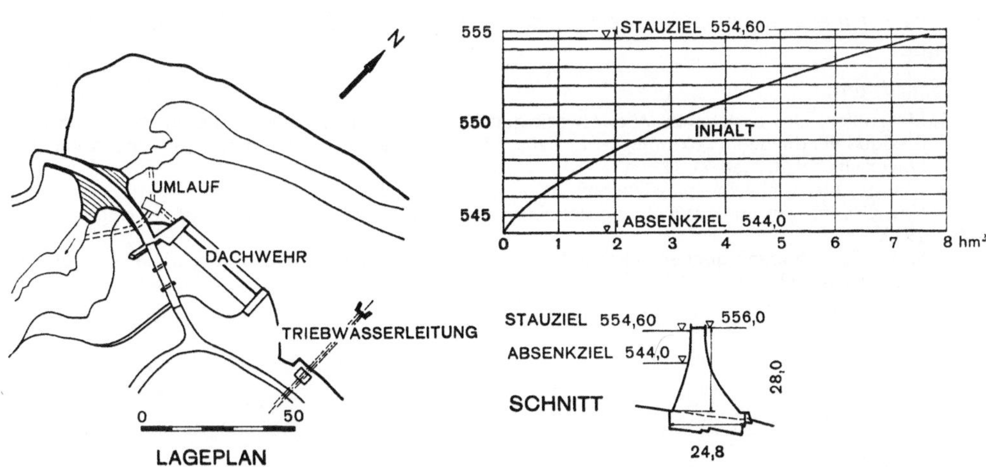

4 Wiestalsperre

10. *Wirtschaftliche Zielsetzung:* Versorgung der Stadt Salzburg in Zusammenarbeit mit dem Oberlieger Strubklammwerk, wobei das Wiestalwerk vor allem die Grundlast deckt. Derzeitiges Arbeitsvermögen im Regeljahr 36 GWh, Höchstleistung 6,35 MW. Siehe auch Strubklammsperre (5).

11. *Gründungsgestein:* Hauptdolomit mittlerer Güte am Eingang zur Schönbauer-Klamm. Großteil der Aufstandsfläche fällt talauswärts.

12. *Nennbelastung:* 3.500 t.

13. *Hauptbaumaße:*
    a) Rauminhalt des Hauptkörpers ohne Nebenanlagen: 11.500 m³
    b) größte Höhe über alles: 28 m
    c) Kronenlänge: 66 m
    d) Kronenradius: 60 m.

14. *Kräftespiel im Tragkörper, Baustoffe:*
    Formung der Mauer nach dem Krantz'schen Profil; Gewölbewirkung in der Berechnung nicht berücksichtigt.
    Bruchsteinmauerwerk mit Zementmörtel (2 Teile Portlandzement, 1 Teil Romanzement, 6 Teile Sand). Wasserseitiger Zementmörtelputz, keinerlei Durchsickerungen.

15. *Triebwasserfassung:* Einlauf an der linken Flanke, Schwellenhöhe 544 m. Grobrechen, 2 Einlaßschützen, Antrieb über Schieberschacht. Stollen betonverkleidet, Querschnitt 3,43 m².

16. *Entlastungsanlagen:*
    a) Hochwasserüberfall: an der linken Talseite, Absturz über die Klammwand. Ehemaliger fester Überfall (Krone auf 553,00 m, Kronenlänge 75 m) 1948 durch Dachwehr ersetzt (L = 32 m, h = 3,10m, Förderfähigkeit 300 m³/s). HHQ = 430 m³/s.
    b) Grundablaß im alten Umlaufstollen, l = 52 m. Einlauf an der linken Flanke, Stollenquerschnitt 3,57 m². 2 parallel geschaltete Gleitschützen, Antrieb über Schieberschacht. Am Stollenende Schieberkammer mit 2 Schiebern $\varnothing$ 700 mm. Förderfähigkeit 40 m³/s.

17. und 18. Es wurden keine besonderen *Abdichtungsmaßnahmen* getroffen, auch *Beobachtungseinrichtungen* sind nicht vorhanden.

20. *Baukosten einschließlich Wasserfassung:* bezogen auf 1956 rund 10 Millionen Schilling.

21. *Schrifttum:*
    1. Mayrhofer: Das bestehende Wiestalwerk der Städtischen Elektrizitätswerke Salzburg und das im Bau befindliche Strubklammwerk. Zeitschrift des Österreichischen Ingenieur- und Architektenvereins, 1923, Heft 11/12.
    2. Ornig: Österreichs Energiewirtschaft. Springer-Wien 1927.
    3. Vas: Grundlagen und Entwicklung der Energiewirtschaft Österreichs, Seite 84, Springer-Wien 1930.
    4. Stini: Die baugeologischen Verhältnisse der österreichischen Talsperren. „Die Talsperren Österreichs", Heft 5.

5 Strubklammsperre

1. *Unmittelbar angeschlossene Kraftstufe:* Strubklammwerk.

2. *Bau- und Betriebsherr:* Städtisches Elektrizitätswerk Salzburg, Elisabethkai 51.

3. *Geographische Koordinaten:* 47⁰ 46,5' N, 13⁰ 13' O.

4. *Typ:* Betongewichtsmauer im Bogen (G_b).

5. *Baujahre:* 1920—21, 1923—24.

6. *Datum des ersten Vollstaus:* Dezember 1924.

7. *Geometrie des Stauraums:* Stauziel 668,00 m, Absenkziel 658,00 m, Speicherschwerpunkt 664 m; Nutzinhalt 2,5 hm³.

8. *Zufluß im Regeljahr:* 131 hm³, Einzugsgebiet 100 km² (sehr niederschlagsreich).

9. *Energieinhalt des Speichers,* bezogen auf
   a) Meeresspiegel .... 4,52 GWh
   b) Strubklammwerk .... 0,55 GWh
   c) Wiestalwerk .... 0,41 GWh

   Summe b + c .... 0.96 GWh

10. *Wirtschaftliche Zielsetzung:* Versorgung der Stadt Salzburg hauptsächlich mit Tagesspitzenenergie (Arbeitsvermögen im Regeljahr 26 GWh, davon 11,5 im Winter) in Ergänzung zu dem vorwiegend zur Grundlastdeckung herangezogenen Unterlieger Wiestalwerk. Zusätzlicher Tageszwischenspeicher Strüblweiher (0,114 hm³, 0,025 GWh), der den Abfluß des Hintersees aufnimmt (eingesetzt als Jahresspeicher mit 7,5 hm³ Nutzlast und 1,65 GWh Energieinhalt, durch 2 Pumpen von je 500 kW Leistung und 1,5 m³/s Förderfähigkeit 13 m abgesenkt).

11. *Gründungsgestein:* Hauptdolomit mittlerer Güte am Eintritt des Almbaches in die Strubklamm, Schichten zur Wasserseite fallend. Staubecken vielfach mit Grundmoränenteppich überkleidet, dicht.

12. *Nennbelastung:* 4000 t.

13. *Hauptbaumaße:*
   a) Rauminhalt des Hauptkörpers ohne Nebenanlagen: 9140 m³
   b) größte Höhe über alles: 36,5 m
   c) Kronenlänge: 86 m
   d) Kronenradius: 75 m.

14. *Kräftespiel im Tragkörper, Baustoffe und Ausführung:*
   Berechnung: Krümmung und Sohlwasserdruck unberücksichtigt; spez. Gewicht des Wassers nach behördlicher Vorschrift mit 1,1 t/m³ eingesetzt. Maximale Druckspannung 5,06 kg/cm² bei leerem und 5,10 kg/cm² bei vollem Becken.
   Starke Krümmung der Mauer zwecks guter Einbindung in den Fels. Vorgesetzter Betonklotz am luftseitigen Fuß zur gegenseitigen Verspannung der dort schlechten und überhängenden Felsflanken, dadurch Fußbreite auf 29,40 m vergrößert.
   Zuschlagsstoffe für Sperrenbeton aus Bachkies und Sand, Zementgehalt 200 kg/m³. Einbringung von einer Gerüstbrücke aus über Schüttrinnen in 20-cm-Schichten, von Hand und mit Druckluft gestampft. Wasserseitige Torkrethaut, 6 cm stark, in 3 Schichten aufgebracht und mit Drahtgeflecht bewehrt (2,5 mm, 10 × 10 cm Maschenweite).

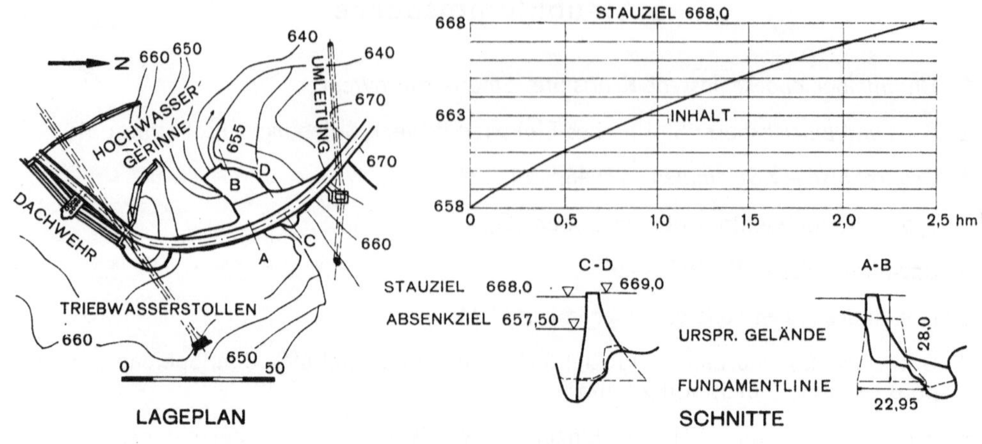

5 Strubklammsperre

15. *Triebwasserfassung:* an der linken Flanke. Einlaufschwelle auf 657,50 m. Grobrechen 4,00/4,10 m aus I 12, e = 30 cm. 190 m vom Einlauf Gleitschütz 2,05/2,05 m, Antrieb über Schützenschacht von Windwerkshäuschen aus. Druckstollendurchmesser 2,07 m, Ausbaudurchfluß 9,3 m³/s, ausbetoniert und verputzt.

16. *Entlastungsanlagen:*
   a) Hochwasserüberfall mit anschließendem kurzem offenem Gerinne und natürlichem Absturz in der linken Klammseite, Förderfähigkeit der selbsttätig wirkenden Dachwehranlage (Breite 2×20 m, Höhe 2,5 m) 300 m³/s ohne Überstau. HHQ = 300 m³/s.
   b) Grundablaß im ehemaligen Umlaufstollen, l = 77 m. Einlauf an der rechten Flanke, Grobrechen aus Eisenbahnschienen, e = 30 cm. Stollenquerschnitt 3,6 m², torkretiert bis zu den beiden Gleitschützen (Antrieb über Schützenschacht), Rest unverkleidet. Förderfähigkeit 30 m³/s.

17. und 18. Es wurden keine besonderen *Abdichtungsmaßnahmen* getroffen, auch *Beobachtungseinrichtungen* sind nicht vorhanden.

20. *Baukosten einschließlich Wasserfassung:* bezogen auf 1956 rund 10 Millionen Schilling.

21. *Schrifttum:*
   1. Mayrhofer: Das bestehende Wiestalwerk der Städtischen Elektrizitätswerke Salzburg und das im Bau befindliche Strubklammwerk. Zeitschrift des Österreichischen Ingenieur- und Architektenvereins, 1923, Heft 11/12.
   2. Dittes: Die Betriebseröffnung des Strubklammwerkes. Die Wasserwirtschaft, Wien 1925, Nr. 1.
   3. Fiechtl: Das Strubklammwerk der Stadt Salzburg. Die Bautechnik 1927, Heft 11.
   4. Ornig: Österreichs Energiewirtschaft. Springer-Wien 1927.
   5. Vas : Grundlagen und Entwicklung der Energiewirtschaft Österreichs, S. 84, Springer-Wien 1930.
   6. Stini: Die baugeologischen Verhältnisse der österreichischen Talsperren. „Die Talsperren Österreichs", Heft 5.

6 a Spullersee-Südsperre

1. *Unmittelbar angeschlossene Kraftstufe:* Spullerseewerk.

2. *Bau- und Betriebsherr:* Österreichische Bundesbahnen, Generaldirektion Wien, IV., Prinz-Eugen-Straße 68.

3. *Geographische Koordinaten:* 47⁰ 09,5' N, 10⁰ 04,5' O.

4. *Typ:* Gewichtsmauer mit leicht gekrümmter Krone (G_g).

5. *Baujahre:* 1921—25.

6. *Datum des ersten Vollstaus:* 1925.

7. *Geometrie des Stauraums:* Stauziel 1825,00 m, Absenkziel 1790,00 m, Speicherschwerpunkt 1811 m; Nutzinhalt 13,1 hm³.

8. *Zufluß im Regeljahr:* 20,2 hm³ aus einem Gesamteinzugsgebiet von 14,2 km², das sich folgendermaßen gliedert:
   natürliches Einzugsgebiet ....11,1 km²
   Beileitung Zürsersee (seit 1943) .... 1,9 km²
   Beileitung Goldenberg (seit 1943) .... 1,2 km²
   Einleitung der Sickerwässer (Stollenfenster, seit 1933) .... — km²

9. *Energieinhalt in GWh,* bezogen auf
   a) Meeresspiegel .... 64,8 GWh
   b) Spullerseewerk................................. 23,0 GWh
   c) Werk Braz (Fernspeicherwirkung).................. 8,8 GWh

   Summe b+c .... 31,8 GWh

10. *Wirtschaftliche Zielsetzung:* Aufstau des rund 800 m über der Talsohle gelegenen Spullersees zum Ausbau eines Winterspeicherwerkes; versorgt im Verbundbetrieb mit dem Ruetzwerk (Laufwerk) die Bahnlinie Innsbruck—Lindau und deren Abzweigungen Feldkirch—Buchs und Bregenz—St. Margarethen mit ganzjährig gleichbleibender Energie, wobei das Spullerseewerk vor allem die Winterspitzen deckt und bei Niederwasser die Grundlast ergänzt.
    Verbesserung des Zuflusses durch Einleitung der Sickerwässer im Rohrstollen (1933) und die Beileitungen Zürsersee und Goldenberg (1943). Seit 1953 weitere Ausnützung des Spullersee-Speichers in der Unterstufe Braz der Österreichischen Bundesbahnen (zusätzlich 12,2 GWh, davon 9,1 im Winter).
    Arbeitsvermögen der beiden Stufen (im Regeljahr) 44,2 GWh, davon 32,9 GWh im Winter.

11. *Gründungsgestein:* Schmale Felsschwelle aus zähen, wasserdichten Liasfleckenmergeln. Schichten nahezu saiger, Streichen in Mauerachse. Verwerfung im Ostflügel, längs der die beiden Schollen des Felsriegels sich 250 m verschoben hatten, bisher ohne nachteilige Wirkungen. Spuren diluvialer Eisbearbeitung, schwache Überlagerung mit Schutt oder Moor.

12. *Nennbelastung:* 57.000 t.

13. *Hauptbaumaße:*
    a) Aushub ohne Nebenanlagen: 14.000 m³
    b) Rauminhalt des Hauptkörpers ohne Nebenanlagen: 63.000 m³
    c) Höhe über alles: 36 m
    d) Kronenlänge: 280 m
    e) Kronenradius: R = 5000 m.

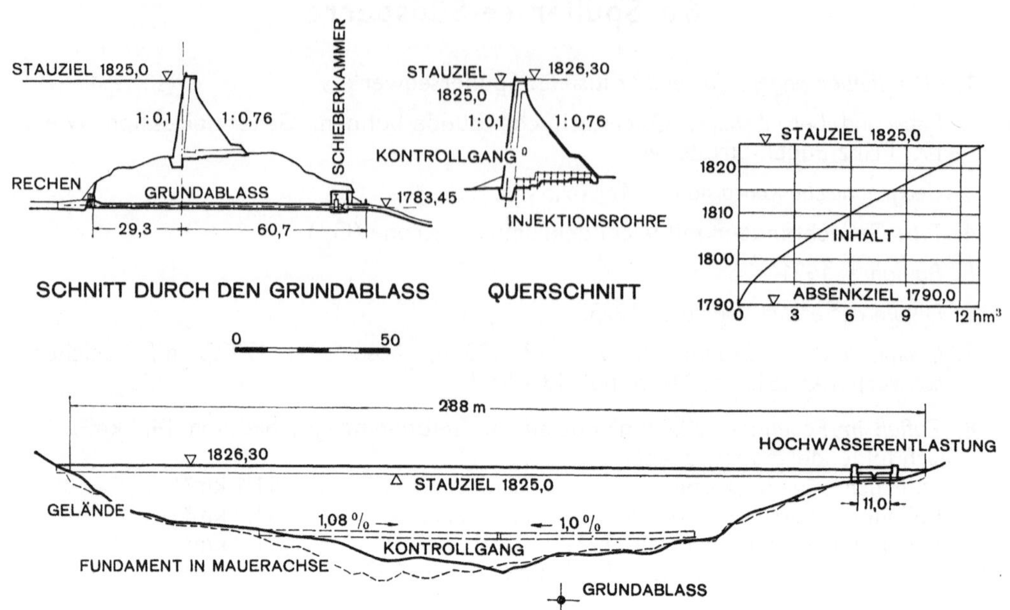

6a Spullersee-Südsperre

6a Spullersee-Südsperre

14. *Kräftespiel im Tragkörper, Baustoffe, Ausführung:*
Berechnung: Grunddreieck mit 1:0,1 geneigter Wasser- und 1:0,76 geneigter
Luftseite, an der Südsperre zusätzlicher luftseitiger Vorfuß mit Berme. Annahme
des Sohlwasserdrucks: vom vollen Wasserdruck linear auf Null abnehmend.
Wasserseite auch bei Vollstau frei von Zugspannungen; maximale Druckspannung 30 m unter dem Wasserspiegel: bei Vollstau luftseitig 4,9 kg/cm², bei leerem
Speicher wasserseitig 6,8 kg/cm².
Querschnittsgestaltung: wasserseitig dichter Vorsatzbeton (unten 1,50 m, oben
0,90 m stark, Stahlschalung); Kernbeton mit 15% Steineinlagen. Dazwischen
(oberhalb der Kote 1803,4 m) Übergangsbeton, 0,7 m stark, zum Ausgleich
zwischen den Schwindmaßen. Zahnartiges Ineinandergreifen der drei Betonarten, angegebene Maße sind Mindestmaße. Krone aus Vorsatzbeton mit Bruchsteinbelag. Wasserdichte Sohlplatte (2 m). Luftseite: im unteren Teil 0,4—0,6 m
starke Bruchsteinverkleidung, bei wachsendem Vertrauen in die Betonqualität
im oberen Mauerbereich durch „Fassadenbeton" ersetzt.
Beton: 80% Portlandzement + 20% bayrischer Traß. Zuschlagstoffe aus zwei
baustellennahen Steinbrüchen in Dolomit (Sand) und Dachsteinkalk (Kies und
Bruchsteine). Einbau von Gerüstbrücke aus Muldenkippern über Rutschen. Zweifacher Inertolanstrich aller Betonoberflächen, Vorsatzbeton durch Berieselung
feuchtgehalten.
Fugen: Blocklängen 20—22 m, dazwischen jeweils noch eine Nebenfuge nur im
Vorsatzbeton. Fugenkanten durch verankerte Winkeleisen geschützt, angeschweißte Flacheisen verhindern Ausgleiten des Dichtungsmaterials. Wasserseitige Dichtung mit geteerten Hanfstricken und nachgestemmter Bleiwolle,

z-förmiges Kupferblech in der Mitte des Vorsatzbetons. Vertikalfugen der Blöcke verzahnt, in den Ecken des Zahnschnitts lotrechte Schächte 1,0/2,0 m, nachträglich ausbetoniert, hernach Verpressen der Fugen (5—6 atü) mit Zementmörtel aus lotrechten Kanälen. Luftseitige Dichtung mit verstemmter Bleiwolle. Keinerlei Risse oder Schäden.

Geplante Erhöhung der Sperren auf Stauziel 1829,60 m, gibt Zuwachs an Speicherraum von 2,6 hm³ und 5,8 GWh.

15. *Triebwasserentnahme:* Am Westufer, Einlaufschwelle auf 1784,69 m. Grobrechen (20 cm Stabentfernung). Feinrechen (1,8 × 3,2 m schräge Länge) auf Schrägaufzugwagen, auf dem auch der Dammbalken montiert werden kann. Schrägbahn in überwölbtem Hangschlitz, Antrieb in der oberen Kammer des Schieberschachtes. Von der Einlauftrompete Stahlbeton-Druckstollen und gepanzerter Übergangskonus 1,8—1,4 m zum 45 m hohen Schieberschacht (Keilschieber und Drosselklappe), anschließend Rohrstollen zum Wasserschloß.

16. *Entlastungsanlagen:*
    a) Hochwasserüberfall: am Westende der Südsperre, über Schußrinne zum Spreubach (alter Seeabfluß). Feste Krone auf 1825,00 m, Kronenlänge 10,4 m.
    b) Grundablaß: ausgebauter Seeanstichstollen unter der Südsperre. Ø 1 m, L = 90 m; an der Luftseite Absperrschieber und Drosselklappe, Blinddeckel. Wasserseitig Grobrechen und Dammbalken.

17. *Abdichtungsmaßnahmen:* einzöllige Rohre (Abstand 5 m, bei Lassen weniger) vor Betonierbeginn eingesetzt in 1—2,5 m tiefe Bohrlöcher, unteres Ende gelocht. Aufbringen des Sohlbetons auf 3 cm Zementmörtelschicht, hernach Kontaktinjektionen. Gestampfter Lehm als wasserseitige Vorlage bei beiden Mauern. Wasserseitige Herdmauer mit Dichtungsschleier.

18. *Beobachtungseinrichtungen:* Längsstollen im Schwerpunkt des Mauerprofils.

19. *Besondere Charakterisierung des Bauwerks und seiner äußeren Erscheinung:* Alter Gewichtsmauertyp mit sehr vorsichtiger Querschnittgestaltung. Erster Fall eines Stausees mit zwei Sperren in Österreich.

21. *Schrifttum:*
    1. Ampferer und Ascher: Über geologisch-technische Erfahrungen beim Bau des Spullerseewerks. Jahrbuch der geologischen Bundesanstalt 1925.
    2. Hruschka-Schweitzer: Das Spullerseekraftwerk der ÖBB. Zeitschrift des österreichischen Ingenieur- und Architektenvereins 1925, Heft 29/30.
    3. Geilhofer: Das Spullerseekraftwerk. Schriften des Vereines für Geschichte des Bodensees und seiner Umgebung. Konstanz 1925, Heft 53.
    4. Hruschka: Das Spullerseekraftwerk mit dem Unterwerk Danöfen. Elektrotechnik und Maschinenbau 1927, Heft 47, 48, 49, 51.
    5. Ornig: Österreichs Energiewirtschaft. Springer-Wien 1927.
    6. Ascher: Erfahrungen bei der Fundierung von Staumauern im Hochgebirge. Wasserkraft und Wasserwirtschaft, München 1929, Heft 23.
    7. Vas: Grundlagen und Entwicklung der Energiewirtschaft Österreichs. Springer-Wien 1930.
    8. Mühldorfer: Die Staumauern des Spullerseewerks. Die Wasserwirtschaft, Wien 1933, Heft 17 bis 19.
    9. Stini: Die baugeologischen Verhältnisse der österreichischen Talsperren. „Die Talsperren Österreichs", Heft 5.

6 b Spullersee-Nordsperre

1. *Unmittelbar angeschlossene Kraftstufe:* Spullerseewerk.
2. *Bau- und Betriebsherr:* Österreichische Bundesbahnen, Generaldirektion Wien, IV, Prinz-Eugen-Straße 68.
3. *Geographische Koordinaten:* 47⁰ 09,5' N, 10⁰ 04,5' O.
4. *Typ:* Gewichtsmauer im Bogen (G_b).
5. *Baujahre:* 1923—25.
6. *Datum des ersten Vollstaus:* 1925.
7. *Geometrie des Stauraums:* siehe Spullersee-Südsperre (6 a).
8. *Zufluß im Regeljahr:* siehe Spullersee-Südsperre (6 a).
9. *Energieinhalt in GWh:* siehe Spullersee-Südsperre (6 a).
10. *Wirtschaftliche Zielsetzung:* siehe Spullersee-Südsperre (6 a).
11. *Gründungsgestein:* Niedere Bodenschwelle aus kräftig durchbewegtem Liasfleckenmergel, Fallen steil wasserseitig, Streichen schräg zur Sperrenachse. Im östlichen Bereich eingeschobene Tithonschichten. Schwache Überlagerung mit Schutt oder Moor.
12. *Nennbelastung:* 22.000 t.

6 b Spullersee-Nordsperre im Hintergrund die Südsperre

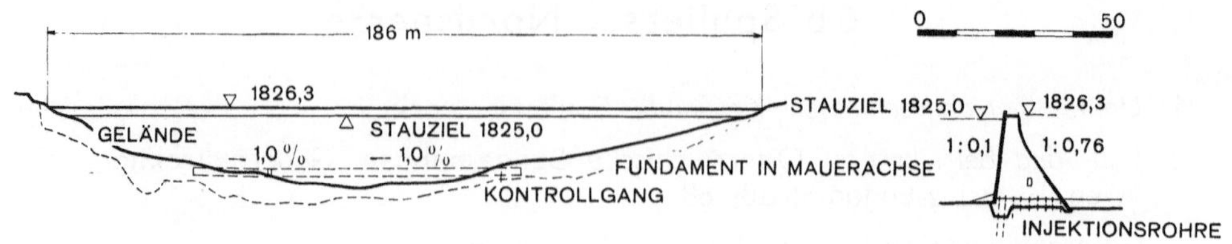

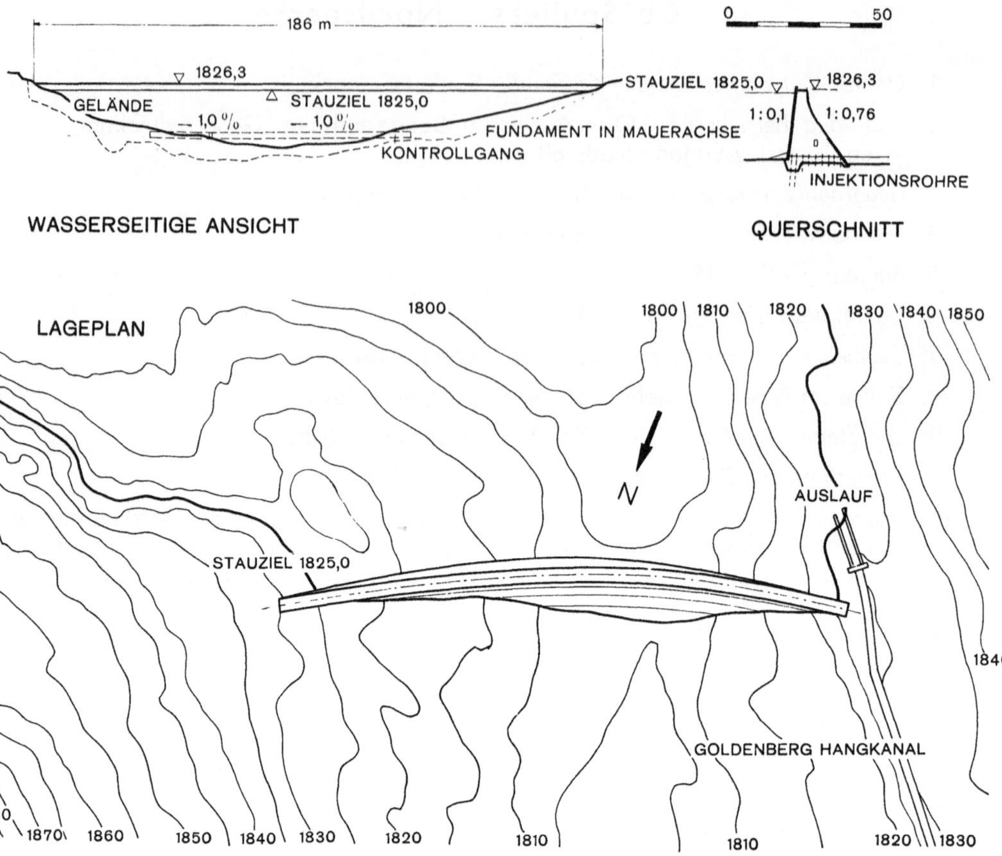

6b Spullersee-Nordsperre

13. *Hauptbaumaße:*
   a) Aushub ohne Nebenanlagen: 10.000 m³
   b) Rauminhalt des Hauptkörpers ohne Nebenanlagen: 24.000 m³
   c) Höhe über alles: 26 m
   d) Kronenlänge: 186 m
   e) Kronenradius: 400 m.

14. *Kräftespiel im Tragkörper, Baustoffe, Ausführung:* Im wesentlichen wie Spullersee-Südsperre, aber mit folgenden Änderungen: Wegen starker Sonnenbestrahlung Verkleidung der Wasserseite mit Betonformsteinen (gleichzeitig Schalung für den Vorsatzbeton, Gesamtstärke unten 1,20, oben 0,90 m). Blocklänge 16—19 m. Zuschlagstoffe aus baustellennahem Steinbruch (Tithonkalk).

15. *Triebwasserentnahme:* siehe Spullersee-Südsperre (6a).

16. *Entlastungsanlagen:* siehe Spullersee-Südsperre (6a).

17. *Abdichtungsmaßnahmen:* wie bei der Spullersee-Südsperre, jedoch wegen angrenzendem Moorboden auch luftseitige Vorlage aus gestampftem Lehm.

18. *Beobachtungseinrichtungen:* Längsstollen im Schwerpunkt des Mauerprofils.

19. *Besondere Charakterisierung des Bauwerkes und seiner äußeren Erscheinung:* Als Schwestersperre zu Spullersee-Süd gleichgestellt, doch aus Geländegründen stärker gekrümmt.

21. *Schrifttum:* siehe Spullersee-Südsperre (6 a).

7 Langmannsperre

1. *Unmittelbar angeschlossene Kraftstufe:* Werk Arnstein.

2. *Bau- und Betriebsherr:* Steirische Wasserkraft- und Elektrizitäts-Aktiengesellschaft, Graz, Opernring 7.

3. *Geographische Koordinaten:* 46° 59' N, 15° 06,5' O.

4. *Typ:* Gewichtsmauer mit gerader Krone (G_g).

5. *Baujahre:* 1923—25.

6. *Datum des ersten Vollstaues:* Dezember 1924.

7. *Geometrie des Stauraumes:* Stauziel 630,50 m (nach Erhöhung und Umbau auf feste Krone, früher 629,50 m), Absenkziel 621,00 m. Nutzinhalt 0,32 hm³ (nach Erhöhung), Oberfläche 52.000 m².

8. *Zufluß im Regeljahr:* 115 hm³ aus einem natürlichen Einzugsgebiet von 170 km².

9. *Energieinhalt,* bezogen auf
   a) Meeresspiegel . . . . 0,55 GWh
   b) Kraftwerk Arnstein . . . . 0,16 GWh
   c) Fernspeicherwirkung auf Werk Teigitschmühle . . . . 0,01 GWh

   Summe b+c . . . . 0,17 GWh

10. *Wirtschaftliche Zielsetzung:* Unterste Stufe einer größeren Kraftwerksgruppe im Teigitschgebiet, als erste ausgebaut im Hinblick auf das bedeutende Gefälle der Teigitschklamm, die Gleichmäßigkeit der Wasserführung und die Speichermöglichkeiten im weiteren Ausbau. Spitzendeckung im nahegelegenen Versorgungsgebiet von Graz und dem Köflacher Kohlenrevier und Bereitstellung einer jederzeit verfügbaren Reserve (außer Teigitschkraftwerk im Verbundnetz der Steiermark bis dahin nur Laufwerke und kalorische Kraftwerke). Hochdruckanlage, zunächst mit vollem Tagesausgleich in wasserreichen Zeiten bzw. Wochenausgleich bei einem Zufluß von weniger als 4 m³/s; voll einsatzfähig seit Fertigstellung der Packer Sperre (siehe Nr. 10). Seit Vollendung der Hierzmannsperre (siehe Nr. 17) nur mehr Rolle eines Werkszwischenspeichers, erhöhte Bedeutung erst wieder bei zukünftigem Ausbau einer mittleren Teigitschstufe mit Pumpspeicherbetrieb. Siehe auch Übersicht Nr. 4.

11. *Gründungsgestein:* Gneisglimmerschiefer. Gesund gebliebener Gebirgsteil in dem sonst ziemlich weitgehend zerstörten Grundgebirge (Aufgabe anderer, sonst günstiger Sperrenstellen infolge breiter Zerrüttungsstreifen). Sohle dichter Fels ohne Lassen und Quellen. Linker Sperrenflügel auf festem Fels, aber an der Grenze zum zerrütteten Gestein (starke Überlagerung), Fels an der rechten Flanke schwach überdeckt, aber leicht klüftig; anfängliche Wasserverluste.

12. *Nennbelastung:* 4.400 t.

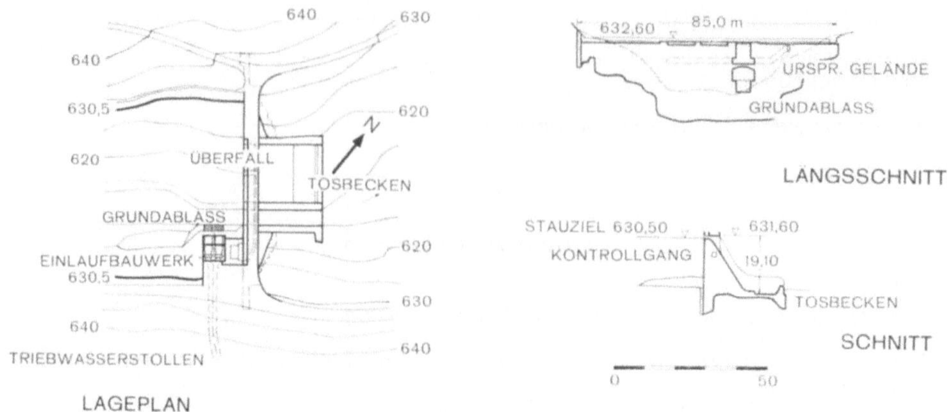

7 Langmannsperre

7 Langmannsperre

13. *Hauptbaumaße:*
   a) Rauminhalt des Hauptkörpers ohne Nebenanlagen: 12.000 m³
   b) Höhe über alles: 26 m
   c) Kronenlänge: 85 m.

52

14. *Kräftespiel im Tragkörper, Baustoffe, Ausführung:* Berechnungsannahmen: Wasserspiegel bis Mauerkrone, Sohlwasserdruck vom vollen Wasserdruck an der Wasserseite auf Null an der Luftseite geradlinig abnehmend.
Druckspannungen:

Wasserseite:	volles Becken ohne Sohlwasserdruck	1,9 kg/cm²
	mit Sohlwasserdruck	0,1 kg/cm²
	leeres Becken	5,0 kg/cm²
Luftseite:	volles Becken	2,6 kg/cm²

Feinplastischer Beton mit 15 bis 20% Einlagsteinen; Zementgehalt im eigentlichen Mauerteil 150 kg/m³, in der Herdmauer 230 kg/m³, im Vorsatzmörtel der Herdmauer 500 kg/m³. Zuschlagstoffe aus Stollenausbruch und nahem Steinbruch, pro m³ Beton 0,6 m³ Schotter 30 bis 60 mm, 0,55 m³ Sand unter 7 mm (davon 28% unter 0,5 mm); Einbringung mit Fallrohren von Gerüstbrücke aus. Stirndruck der starken Überlagerung am linken Hang abgefangen durch bergmännisch gegründeten Betonpfeiler, erst in dessen Schutz Zwischenstück betoniert. 1951 Torkretierung von Luft- und Wasserseite, bei stärkeren Schäden Baustahlgewebe eingelegt. Stärke 3—5 cm, stellenweise mehr.

15. *Triebwasserfassung:* Einlaufturm, durch Stützmauern mit dem rechten Sperrenflügel zu einem Bauwerk verbunden. Schwelle vor dem Grobrechen durch Grundablaß spülbar.
2 Grobrechen je 4,80/2,75 m, 2 aufziehbare Feinrechen 3,20/2,75 m und 2 Rollkeilschützen 2,80/1,80 m, Triebwerke im Einlaufturm.

16. *Entlastungsanlagen:*
   a) Hochwasserüberfall: Seit 1950 Hochwasserrückhalt durch Hierzmannsperre, daher Umbau auf feste Überfallkrone und Stauzielerhöhung auf 630,50 m (früher 2 selbsttätige Stauklappen je 1,75/9,00 m, Stauziel auf 629,50 m). Förderfähigkeit bei 1 m Überstau (Brückenunterkante) 42,5 m³/s. Tosbecken nach Modellversuchen an der T. H. Graz.
   b) Grundablaß: Am rechten Ufer neben Triebwassereinlauf, Schwelle auf 615,0 m (Bachsohle). Sektorschütz b = 5,00 m, h = 3,50 m; Dammbalken. Sohle aus verankerten Granitquadern. Förderfähigkeit: 165 m³/s bei Stauziel 630,5 m, 172 m³/s bei Überstau 631,5 m. Katastrophenhochwasser = 200 m³/s.

17. *Abdichtungsmaßnahmen:* wasserseitig 9 m tiefe Herdmauer mit 15 cm Vorsatzbeton, über Gelände glattgestrichener Torkret. Nach Aufbringung der ersten Betonlage Kontaktinjektionen (bei Stauziel keinerlei Druckwasser in zwei Versuchsrohren in der Tosbeckensohle). An der rechten Flanke anschließend an den Einlaufturm 28 m lange Betonfußmauer mit 1 m starker Verkleidungsmauer aus Bruchsteinen; Zementinjektionen von Stollen und Einlaufbauwerk aus; am Hang bachaufwärts Lehmschicht aufgebracht. Nach rascher Selbstdichtung keinerlei Umläufigkeit mehr.

19. *Besondere Charakterisierung des Bauwerkes und seiner äußeren Erscheinung:* Gute Einpassung in die umgebende Waldlandschaft. Ursprüngliche Betonmängel (zuviel Sand!) sind durch eine spätere Reparatur behoben worden.

20. *Baukosten einschließlich Triebwasserfassung:*
bezogen auf SEB 1955: 16,55 Mio. S + 0,22 Mio. S (Aufhöhung).

21. Schrifttum:

1. Stini: Über die Anschätzung der Lage des Felsuntergrundes beim Planen von Wasserkraftanlagen. Die Wasserwirtschaft, Wien 1923, Heft 3, S. 25—27.
2. Stini: Die Mitarbeit des Geologen beim Bau von Wasserkraftanlagen. Die Wasserwirtschaft,
   Wien 1924, Heft 2, Seite 4.
3. Stini: Gesteinsklüftung im Teigitschgebiet. Tschermak's mineral. u. petrogr. Mitteilungen,
   Wien 1925, 38. Bd., S. 464—478.
4. Steirische Wasserkraft- und Elektrizitäts-AG.: Das Teigitschwerk. Die Wasserwirtschaft, Wien
   1926, Heft 18.
5. Ornig: Österreichs Energiewirtschaft. Springer-Wien 1927.
6. Stini: Die baugeologischen Verhältnisse der österreichischen Talsperren. „Die Talsperren
   Österreichs", Heft 5.

8 Tauernmoossperre

1. *Unmittelbar angeschlossene Kraftstufe:* Kraftwerk Enzingerboden.

2. *Bau- und Betriebsherr:* Österreichische Bundesbahnen, Generaldirektion Wien, IV.,
   Prinz-Eugen-Straße 68.

3. *Geographische Koordinaten:* 47⁰ 09,5' N, 12⁰ 39' O.

4. *Typ:* Gewichtsmauer mit gerader Krone (G_g).

5. *Baujahre:* 1926—29.

8 Tauernmoossperre

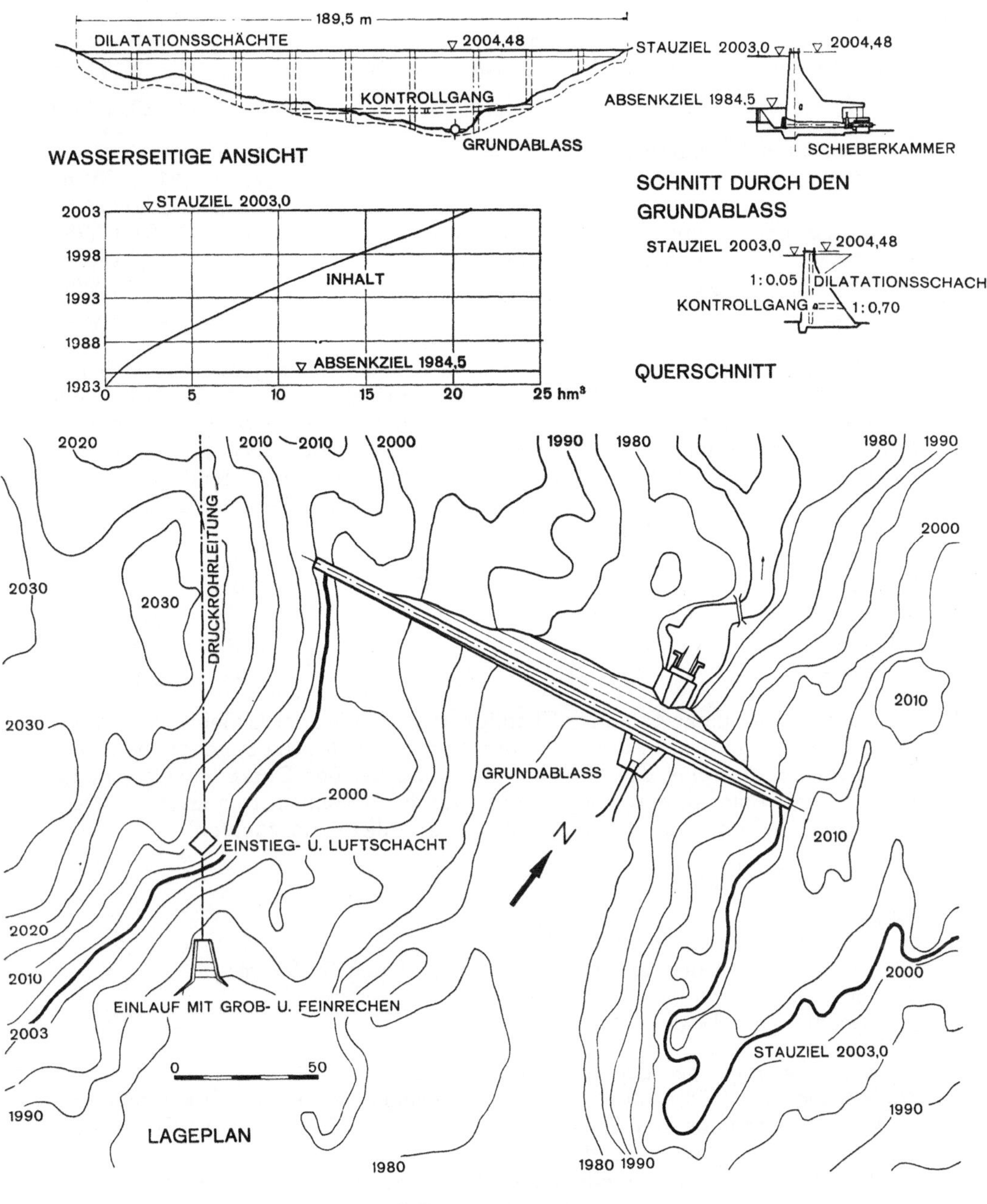

8 Tauernmoossperre

6. *Datum des ersten Vollstaus:* 9. 7. 1929.

7. *Geometrie des Stauraums:* Stauziel 2003,00 m, Absenkziel 1984,50 m, Speicherschwerpunkt 1995,00 m; Speichernutzinhalt 21,0 hm³.

8. *Zufluß im Regeljahr:*
   a) natürliches Einzugsgebiet: 22,3 km² ....51,00 hm³
   b) Weißsee mit Beileitungen: 10,6 km² (siehe Nr. 24) ....29,00 hm³

   80,00 hm³

9. *Energieinhalt in GWh,* bezogen auf
   a) Meeresspiegel ....116,3 GWh
   b) Enzingerboden .... 24,0 GWh
   c) Fernspeicherwirkung auf Werk Schneiderau................... 18,0 GWh
   d) Fernspeicherwirkung auf Werk Uttendorf .... 10,0 GWh
   e) Fernspeicherwirkung auf Schwarzach .... 6,4 GWh

   Summe b bis e .... 58,4 GWh

10. *Wirtschaftliche Zielsetzung:* Jahresspeicher für die als erste ausgebaute Hochdruck-Speicherstufe Tauernmoos-Enzingerboden der Kraftwerksgruppe Stubachtal der Österreichischen Bundesbahnen (Übersicht 1). Die Gruppe versorgt in Zusammenarbeit mit dem Mallnitzwerk (Laufwerk) und im Bedarfsfall auch mit dem Achenseewerk die Bahnlinie Salzburg—Wörgl und kann außer zur Spitzendeckung auch für die Grundlast herangezogen werden. Das Arbeitsvermögen der drei Stubachstufen beträgt derzeit im Regeljahr:

Werk	Winter	Sommer	Jahr	
Enzingerboden	54	31	85	GWh
Schneiderau	46	44	90	GWh
Uttendorf	28	40	68	GWh
Gesamt	128	115	243	GWh

11. *Gründungsgestein:* Linke Talflanke Granitgneis (Kerngneis der Granatspitzgruppe), nur oberflächlich stark zerklüftet. An der Talsohle zahlreiche Einschaltungen von Serizitschiefer als Folge der Ummineralisierung bei der Deckenüberschiebung. An der rechten Flanke durchwegs Serizit (von lehmerfülltem Klüftesystem durchzogen, aber bei Probeabpressungen völlig wasserdicht und standfest).

12. *Nennbelastung:* 21.000 t.

13. *Hauptbaumaße:*
    a) Aushub ohne Nebenanlagen: 9.120 m³
    b) Rauminhalt des Hauptkörpers ohne Nebenanlagen: 28.500 m³
    c) größte Höhe über alles: 28 m
    d) Kronenlänge: 190 m.

14. *Kräftespiel im Tragkörper, Baustoffe, Bauausführung:*
    Wasserseitig 1 : 0,05, luftseitig 1 : 0,7 geneigt. Maximale Druckspannung 7,3 kg/cm². Annahme des Sohlwasserdrucks: von 0,5 des statischen Wasserdrucks auf 0 linear abnehmend.
    Zuschlagstoffe aus den baustellennahen Schuttkegeln des Ödwinkelbaches (Moränenmaterial, Granitgneis- und Hornblendegesteine). Trennung in Sand bis 8 mm, Kies bis 25 mm, Schotter bis 76 mm.
    Regelprofil: Wasser- und Luftseite mit Bruchsteinverkleidung (Granitgneis aus baustellennahem Steinbruch). Wasserdichter Vorsatzbeton an der Wasserseite (Stärke samt Verkleidung 1,25 m an der Krone, 1,60 m am Fuß), an der Sohle und an der Krone. 280 kg/m³ Portlandzement, Wasser 7% des Zuschlagstoffgewichts. Verhältnis Sand : Kies : Schotter = 36,0 : 24,3 : 39,7. Kernbeton: 190 kg/m³ Portlandzement, Wasser 6,7% des Zuschlagstoffgewichts. Mischung im Laboratorium der ÖBB festgelegt und laufend geprüft.

10 Blöcke mit 17—20 m Länge. Ausbildung der Fugen wie bei den Spullersee-
sperren. Betoneinbringung mit Kabelkrankübel.
Serizit erfordert teilweise Mehrausräumungen und lokale Einpressungen von
Zementmilch, außerdem Torkrethaut auf der Aufstandsfläche vor dem eigent-
lichen Betonierbeginn. Wasserseitige Herdmauer, stellenweise auch luftseitiger
Sporn.
Anfängliche Sickerungen nach Selbstdichtung verschwunden.

15. *Triebwasserfassung:* Westlich der Sperre. Einlauftrompete mit Grobrechen und ab-
gestuftem Feinrechen (Schwelle auf 1982,00 m), nach kurzem Druckstollen ⌀ 2,0 m
Apparatekammer mit 2 Sätzen Drosselklappen ⌀ 1250 mm (je eine handbetrie-
ben und eine selbsttätig), zugänglich über einen 34 m tiefen Schacht, anschließend
Rohrstollen (Rohrdurchmesser 1,80 m).

16. *Entlastungsanlagen:*
   a) Hochwasserüberfall: in einer Einsenkung der Seebarre 500 m östlich der
      Sperre. Streichwehr l = 33 m, H = 2003 m, Förderfähigkeit bei 80 cm Über-
      stau 43 m³/s.
   b) Grundablaß durch die Sperre: Vorhof vor dem Einlauf zur Verhütung von
      Sandeinspülung. Grobrechen, Einlauftrompete, Stahlrohr ⌀ 2,0 m, Schieber-
      kammer am luftseitigen Sperrenfuß.

17. *Abdichtungsmaßnahmen:* s. Abschnitt 14.

18. *Beobachtungseinrichtungen:* Beobachtungsstollen 2,0×1,1 m.

21. *Schrifttum:*

   1. Ascher: Das Stubachwerk der Österreichischen Bundesbahnen. Wasserkraft und Wasserwirt-
      schaft, München 1929, Heft 23.
   2. Ascher: Erfahrungen bei der Fundierung von Staumauern im Hochgebirge. Wasserkraft und
      Wasserwirtschaft, München 1929, Heft 23.
   3. Ascher und Powondra: Über geologisch-technische Erfahrungen beim Bau des Stubachwerkes.
      Jahrbuch der geologischen Bundesanstalt 1930, Heft 1, 2.
   4. Hruschka: Das Stubachwerk I. Wasserkraft und Wasserwirtschaft, München 1931, Heft 19—22.
   5. Ascher: Weitere Beiträge zur Geologie des Stubachtales. Jahrbuch der geologischen Bundes-
      anstalt 1932, Heft 1, 2.
   6. Weigl: Die Tauernmoossperre der Österreichischen Bundesbahnen. Die Wasserwirtschaft,
      Wien 1932, Heft 20, 21.
   7. Weigl: Die Staumauer am Tauernmoosboden. Bauerfahrungen und Beobachtungen. Zeit-
      schrift des Österreichischen Ingenieur- und Architektenvereins 1935, Heft 5/6, 7/8.
   8. Cornelius: Erläuterungen zur geologischen Karte des Großglocknergebietes 1:25.000. Wien
      1935, Verlag der geologischen Bundesanstalt.
   9. Cornelius und Clar: Geologische Karte des Großglocknergebietes 1:25.000. Wien 1935.
  10. Cornelius: Geologie des Großglocknergebietes, 1. Teil, Wien 1939, Geologische Bundesanstalt
      (Reichsstelle für Bodenforschung).
  11. Stini: Die baugeologischen Verhältnisse der österreichischen Talsperren. „Die Talsperren
      Österreichs", Heft 5.
  12. Österreichische Bundesbahnen: Wasserkraftwerk Enzingerboden. Merkblätter über Energie-
      versorgungsanlagen der ÖBB. Ausgabe Jänner 1951.

9 Vermuntsperre

1. *Unmittelbar angeschlossene Kraftstufe:* Vermuntwerk (Partenen).

2. *Bau- und Betriebsherr:* Vorarlberger Illwerke Aktiengesellschaft, Bregenz, Josef-
   Huter-Straße 35.

3. *Geographische Koordinaten:* 46⁰ 56,5' N, 10⁰ 03,5' O.

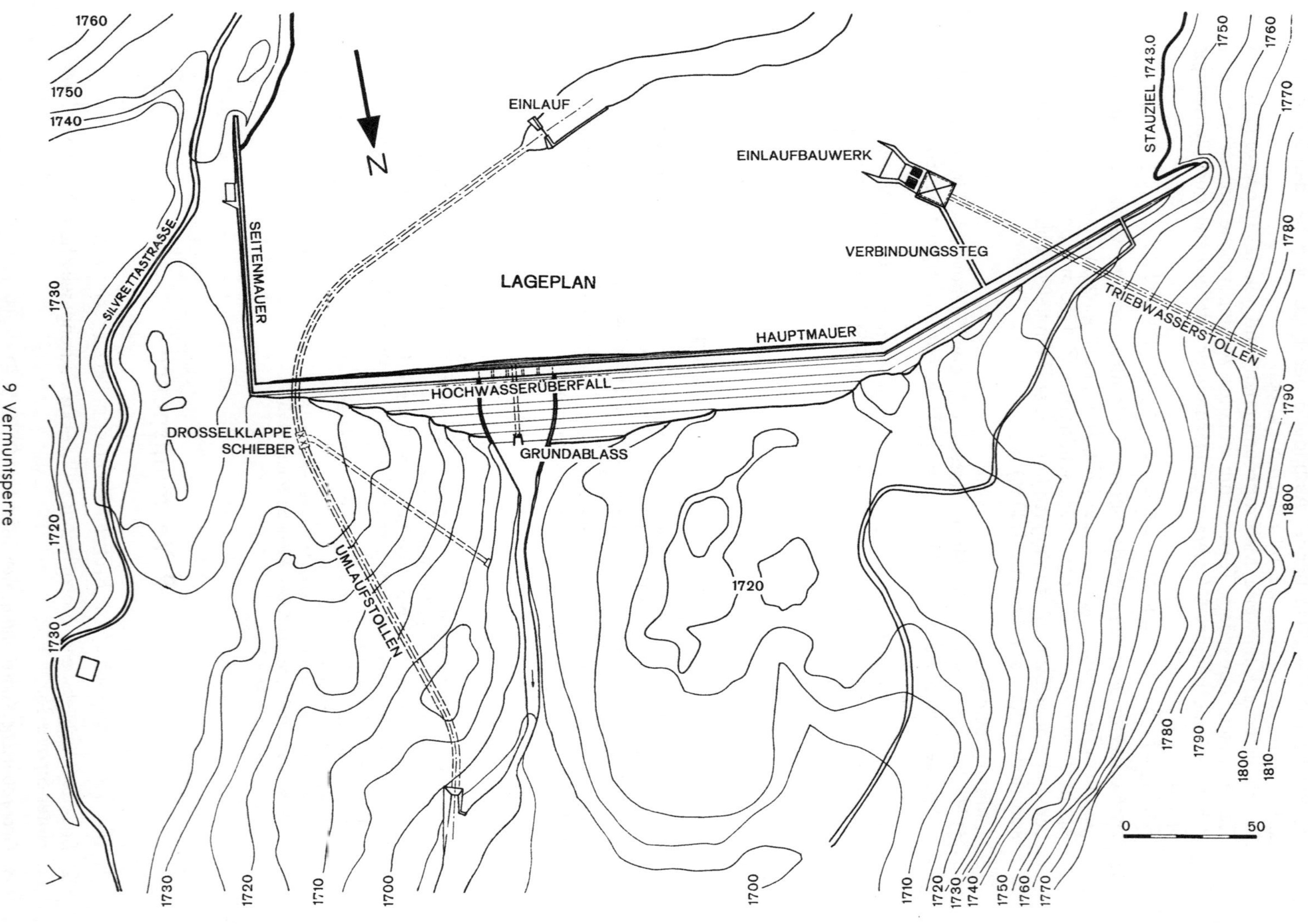

9 Vermuntsperre

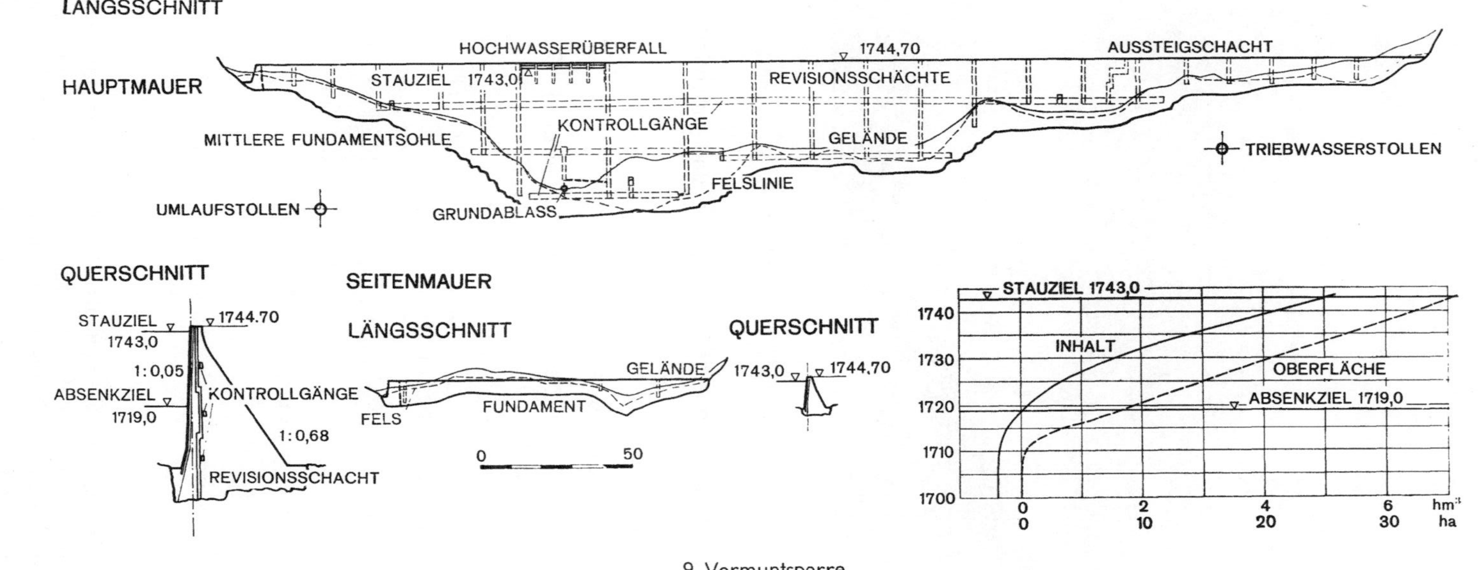

9 Vermuntsperre

9 Vermuntsperre

4. *Typ:* Betongewichtsmauer mit gerader Krone und anschließenden Seitenflügeln (G_g).

5. *Baujahre:* 1928—31.

6. *Datum des ersten Vollstaus:* 19. August 1931.

7. *Geometrie des Stauraums:* Stauziel 1743,00 m, Absenkziel 1719,0 m, Speicherschwerpunkt 1735,21 m; Nutzinhalt 5,0 hm³.

8. *Zufluß im Regeljahr:*
   a) natürliches Einzugsgebiet .... 56 km²   104 hm³
   b) Beileitung des Bieltalbaches in den
      Silvrettasee .... 10 km²   17 hm³
   c) Bachüberleitungen nach Vermunt .... 115 km² zur Zeit   161 hm³

   Gesamt .... 181 km²   282 hm³

9. *Energieinhalt des Speichers,* bezogen auf
   a) Meeresspiegel ....23,60 GWh
   b) Vermuntwerk .... 7,50 GWh
   c) Fernspeicherwirkung auf Latschauwerk .... 0,20 GWh
   d) Fernspeicherwirkung auf Rodundwerk .... 3,75 GWh

   Summe b bis d ....11,45 GWh

10. *Wirtschaftliche Zielsetzung:* Gebaut als erster Speicher der Illwerke für das unmittelbar angeschlossene Kraftwerk Vermunt in Partenen. Erhält im jetzigen System der Werksgruppe „Obere III" noch Zuflüsse aus den Bachüberleitungen aus Tirol (Zwischenspeicherung im Speicher Kops in Bau) sowie das Wasser des

Obervermuntwerkes aus dem Silvrettasee und erhöht das Speichervolumen für die Stufen Vermunt, Latschau und Rodund um 5 hm³. Wasserdargebot aus dem Speicher Vermunt: Sommer 200 hm³, Winter 82 hm³. Der weitere Ausbau der Bachüberleitungen und der Bau eines eigenen Kraftabstieges von Kops nach Partenen wird die Wasserwirtschaft des Vermuntwerkes stark verändern. Siehe auch Übersicht 3.

11. *Gründungsgestein:* Biotitgneise der Silvrettadecke, häufig in Augen- und Knotengneise übergehend, mit Einschaltung feinkörniger, quarzreicher Hellgneise. Einzelne Zerrüttungsstreifen.

12. *Nennbelastung:* 71.000 t.

13. *Hauptbaumaße:*
    a) Aushub des Hauptkörpers ohne Nebenanlagen: 100.000 m³
    b) Rauminhalt des Hauptkörpers ohne Nebenanlagen einschließlich Seitenflügel 142.000 m³
    c) Höhe über alles: 50 m
    d) Kronenlänge: Hauptmauer 386 m, gerade Mauer mit einem Knick. Seitenmauer 102 m, gerade Krone.

14. *Baustoff und Ausführung der Sperrmauer:* Zuschlagstoffe vom Ochsenboden (Silvrettastausee), widerstandsfähiger Amphibolit- und Hornblendegneis. Mauer unterteilt in Blöcke von 14—31 m Länge, Blockfugen verzahnt. Fugendichtung durch Stahlbeton-Dichtungsstäbe und Kupferblech, hinter den Fugen Kontrollschächte, erreichbar über 3 Begehungsstollen. Wasserseitig 5 cm armierte Spritzbetonhaut.

15. *Triebwasserfassung:* 40 m hoher Beton-Einlaufturm an der linken Talseite, anschließend Druckstollen $\varnothing$ 2,8 m, Q_a = 26 m³/s. Einlaufschwelle auf 1714,40 m.

16. *Entlastungsanlagen:*
    a) Hochwasserüberfall über die Mauer: Krone auf 1743,0 m, Kronenlänge 5 × 5,0 Meter = 25 m. Förderfähigkeit 35 m³/s.
    b) Grundablaß: in Tosbeckenachse, über Schieberschacht vom Revisionsstollen aus bedient. Achse auf 1704,94, $\varnothing$ 1,50 m; als wasserseitiger Verschluß handbedienter Keilschieber, Einbau eines luftseitigen Kegelstrahlschiebers beabsichtigt. Förderfähigkeit 31,6 m³/s.
    c) Umlaufstollen in der rechten Talflanke; wasserseitig Drosselklappe, luftseitig handbedienter Ringschieber. Förderfähigkeit 14,1 m³/s.
    Gesamtförderfähigkeit der Entlastungsanlagen: 80,7 m³/s.

17. *Abdichtungsmaßnahmen:* wasserseitige Herdmauer 2,5 m in Gneis eingebunden, Untergrundabdichtung durch Zementmilch-Einpressungen; Kontaktinjektionen der Aufstandfläche 4—6 m tief.

18. *Beobachtungseinrichtungen und deren Ergebnisse:*
    a) Sohlwasserdruckmessungen: mehrere Meßrohre von den Kontrollgängen aus zur Kontaktzone geführt. Sohlwasserdruck im allgemeinen unterhalb des 50%igen hydrostatischen Wasserdrucks bei Höchststau auf 1743,00 m; bei Meßstellen mit höherem Druck Öffnung der Ventile.
    b) Sickerwasserverlustmessungen: in den Kontrollgängen der Mauer. Gesamtverluste derzeit etwa 0,75 l/s.
    c) Verformungsmessungen: Fortlaufende Beobachtungen durch das Bundesamt für Eich- und Vermessungswesen in Form von Alignementmessungen (waagrechte Bewegung der Mauerkrone senkrecht zur Mauerachse, max. luftseitige Deformation 7 mm), Präzisionstriangulierung (System von Beobachtungspfeilern zum Einmessen der auf der Mauer in 3 verschiedenen Horizonten veranker-

ten Zielpunkte), Präzisionsnivellement der Krone und der Zugangsstollen sowie Messung der Weite von je 2 Blockfugen im obersten und untersten Kontrollgang.

19. *Besondere Charakterisierung des Bauwerkes und seiner äußeren Erscheinung:* Erster größerer Betonsperrenbau in Österreich, ausgeführt in der Frühzeit der neueren Entwicklung der Betontechnologie.

20. *Baukosten einschließlich Wasserfassung:* 89 Mio. S (1955).

21. *Literatur:*

1. Vorarlberger Illwerke A. G.: Das Vermuntwerk. Broschüre, Bregenz 1931.
2. Vorarlberger Illwerke A. G.: Beschreibung der Kraftwerke und Projekte. Broschüre, Bregenz Juni 1947.
3. Vorarlberger Illwerke A. G.: Die Wasserkraftanlagen der VIW. „Der Aufbau" 1948, 3. Jg., Heft 9.
4. Österreichischer Wasserkraftkataster: Illwerke, Bd. 3, 1953. Die Werksgruppe „Obere Ill". Österreichische Kraftwerke in Einzeldarstellungen. Folge 19, Wien 1953. Herausgegeben vom Bundesministerium für Verkehr und verstaatlichte Betriebe.
5. Stini: Die baugeologischen Verhältnisse der österreichischen Talsperren. „Die Talsperren Österreichs", Heft 5.

10 Sperre Pack

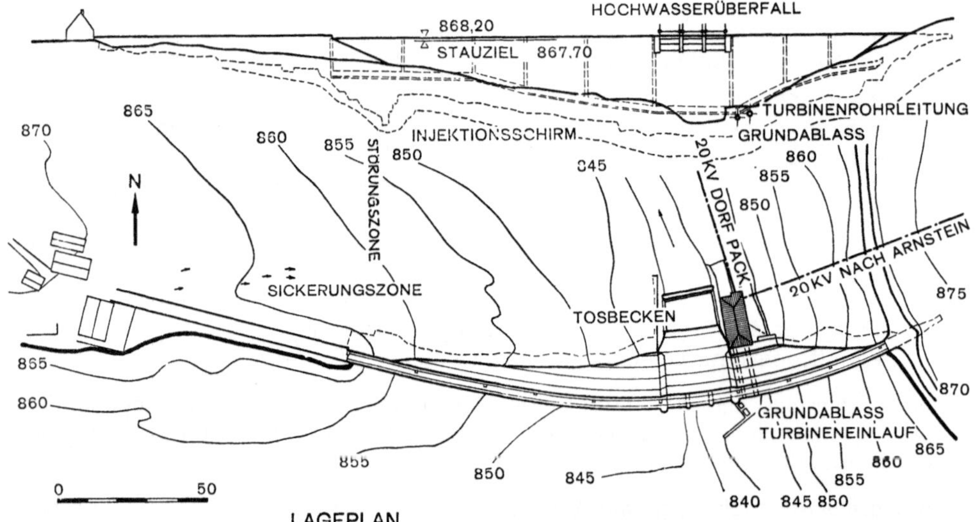

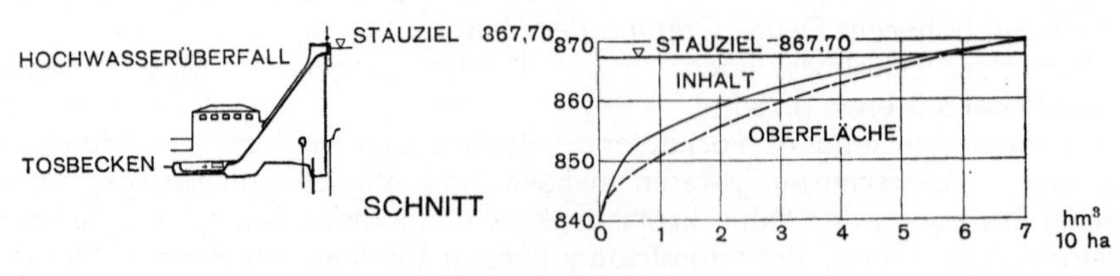

10 Sperre Pack

10 Sperre Pack mit Sperrenkraftwerk

1. *Unmittelbar angeschlossene Kraftstufe:* Talsperrenkraftwerk Pack.

2. *Bau- und Betriebsherr:* Steirische Wasserkraft- und Elektrizitäts-Aktiengesellschaft, Graz, Opernring 7.

3. *Geographische Koordinaten:* 46⁰ 59' N, 15⁰ 01,5' O.

4. *Typ:* Gewichtsmauer im Bogen mit linkem Dammflügel (G_b + D).

5. *Baujahre:* 1929—31.

6. *Datum des ersten Vollstaus:* Ende November 1930.

7. *Geometrie des Stauraums:*

	Werk Pack	Werk Arnstein
Stauziel	867,70 m	
Speicherschwerpunkt	860,50 m	
Absenkziel	848,50 m	845,00 m
Nutzinhalt	5,2 hm³	5,4 hm³

8. *Zufluß im Regeljahr:* 43 hm³ aus 63 km² natürlichem Einzugsgebiet.

9. *Energieinhalt, bezogen auf*
   a) Meeresspiegel .... 12,7 GWh
   b) Talsperrenkraftwerk Pack .... 0,23 GWh
   c) Fernspeicherwirkung auf Arnstein .... 2,76 GWh
   d) Fernspeicherwirkung auf Teigitschmühle .... 0,14 GWh

   Summe b — d .... 3,13 GWh

10. *Wirtschaftliche Zielsetzung:* 37% des Einzugsgebiets umfassender Fernspeicher (mit kleinem Talsperrenkraftwerk) für das Teigitschkraftwerk Arnstein, dem seinerzeit wichtigsten Hochdruck-Speicherwerk im Verbundnetz Ostösterreichs. Durch den jährlich ein- bis zweimal einzusetzenden Energieinhalt von rund 3 GWh wesentliche Steigerung der Speicherfähigkeit dieses Werkes über den im ersten Ausbau erzielten Tagesausgleich, Abarbeitung einmal im Winter von Dezember bis März durch völlige Entleerung, einmal während der Füllzeit Mai—November durch Auffangen des sonst unverwertbaren Hochwassers und nachfolgende planmäßige Abgabe. Tagesspeicher Langmann (Nr. 7) erst seit Schaffung dieser Reserve voll als solcher einsatzfähig. Speicher der 1950 fertiggestellten Hierzmannsperre (Nr. 17) hat diese Aufgabe übernommen und bringt zusammen mit dem Speicher Pack völlige Beherrschung der Wasserwirtschaft von Arnstein. Siehe auch Übersicht Nr. 4.

11. *Gründungsgestein:* Gneisglimmerschiefer; Schichtstreichen normal zur Sperrenflucht, Schichtfallen 22° bis 34° gegen den klüftigen, oberflächlich gelösten, doch wenig verwitterten rechten Hang. In der Talsohle seicht liegender gesunder Fels. Linker Hang stärker verwittert, Lehmhaube. Viele kleinere, technisch unschädliche und ein größerer Zerrüttungsstreifen. Gewicht des frischen, blaugrauen Gesteins 2,9 t/m³, Druckfestigkeit von 1540 kg/cm² senkrecht zur Schichtung bis 850 kg/cm² in der Schichtung.

12. *Nennbelastung:* 26.000 t.

13. *Hauptbaumaße:*
   a) Aushub ohne Nebenanlagen: 20.000 m³
   b) Rauminhalt des Hauptkörpers ohne Nebenanlagen: 39.000 m³ Beton +
      4500 m³ Dammschüttung
   c) Größte Höhe des Mauerkörpers .... 33,2 m
      Freie Höhe des Mauerkörpers .... 29,2 m
      Größte Höhe des Dammkernes .... 13,2 m
      Freie Höhe des Dammes .... 7,0 m.
   d) Freie Kronenlänge: Mauer 183 m, Damm 79 m
   e) Kronenradius: Mauer 200 m, Übergangsbogen zum Damm 450 m.

14. *Kräftespiel im Tragkörper, Baustoffe und Ausführung:*
   Maximale Hauptdruckspannung 9 kg/cm².
   Gestein in erreichbarer Nähe für den Aufbau des Sperrenbetons gerade noch geeignet, Schwierigkeiten durch starke Unregelmäßigkeit. Gebrochener Glimmerschiefer aus den Steinbrüchen knapp nordöstlich der Sperre. Pro m³ Beton

   0,5 m³ Feinsand   0— 4 mm,
   0,32 m³ Grobsand   4—14 mm,
   0,41 m³ Feinkies   14—52 mm,
   0,33 m³ Grobkies   52—80 mm,
   180—200 kg Zement + 180 l Wasser.

Einbringung über Blechrohre von Gerüstbrücke aus, Stampfen der plastischen Mischung. Einheitsgewicht 2,46 t/m³. Bauwerks-Druckfestigkeit nach 28 Tagen 100 kg/cm².
9 Mauerblöcke, Fugenabstand 14,6—25,6 m, Mittelblock mit Hochwasserüberfall. Am linken Sperrenflügel fast 20 m breiter Störungsausläufer genau zwischen 2 Probeschächten, erst während des Baues überraschend aufgeschlossen, erforderte Ausräumung des gebrächen und örtlich stark serizitierten Felsens und 20 m tiefe Einbindung des über Gelände nur 8 m hohen Blocks 1.

64

15. *Betriebseinrichtungen und Entlastungsanlagen:*
   a) Hochwasserüberfall: 3 handbetriebene Senkschützen je 2,2/6,7 m, Förderfähigkeit bei Normalstau 130 m³/s, bei Stau bis Mauerkrone 190 m³/s (KHQ rund 100 m³/s).
   b) Grundablaß: Stahlrohr $\varnothing$ 0,9 m, abnehmend auf 0,7 m, mit einer Drosselklappe $\varnothing$ 0,8 m als Notverschluß und einem Ringschieber $\varnothing$ 0,8 m als regelbarem Hauptverschluß (Fernspeicher!), Leistung bis 7 m³/s. Venturimesser.
   c) Als zweiter Triebwasserauslaß: Turbinenanlage für 3 m³/s, Rohrleitung $\varnothing$ 1,3 m, zwei Drosselklappen $\varnothing$ 1,2 m; Francisturbine in einer Blechspirale mit vertikaler Achse.
   Grundablaßverschlüsse im Krafthaus am Sperrenfuß, unmittelbar rechts vom Hochwasserüberfall. Tosbecken.

17. *Abdichtungsmaßnahmen:* Ungewöhnlich weiches Wasser (Gesamthärte 1,1 bis 1,7 deutsche Härtegrade), daher trotz geringen Gehalts an Kohlensäure (1,5 bis 2,0 mg CO_2 je Liter) leicht aggressiv. Dichtes Betongefüge mit vorhandenen Zuschlagstoffen nicht erreichbar, daher wasserseitiger Putz aus Mursand auf verankertem Drahtgeflecht, geglättet und mit Siderosthen-Lubrose alle paar Jahre neu gestrichen. Außerdem auf der Luftseite eine 60 cm starke Betonschutzschicht nachträglich aufgebracht, spätere Injektionen des ganzen Sperrenkörpers von der Krone aus. Dauernde Undichtheit des linken Flügels im Fels. Fugendeckung mit Asphaltstab 15×15 cm und Kupferblech.
   Planmäßiger Injektionsschleier als Fortsetzung des Talabschlußprofils in den Gebirgsuntergrund. Als nachträgliche Sanierungsmaßnahme Kontaktinjektionen zur Verdichtung der Aufstandfläche und Verbesserung der ersten Betonschichten (vom Kontrollgang aus).

Gesamtaufwand an Injektionen	in den Felsuntergrund	in den Beton
Gesamtlänge der Löcher	993 m	1945 m
Anzahl der Bohrlöcher	142	823
Anzahl der Injektionen	156	902
m³ Mörtelmasse	113	207

   (hiervon 120 m³ vom Kontrollgang aus)
   Einpressung mit Druckluft und Mörtelhochdruckpumpe (40 atü); Gemisch Feinsand/Zement = 2 : 1.

18. *Beobachtungseinrichtungen:*
   a) Sohlwasserdruck anfänglich durch 14 Rohre vom Kontrollstollen aus beobachtet, wovon etliche später ausfielen. Heute kein Sohlwasserdruck mehr feststellbar.
   b) Deformationsmessungen: anfänglich 9, jetzt 4 Kronenpunkte trigonometrisch überwacht.

19. *Besondere Charakterisierung des Bauwerkes und seiner äußeren Erscheinung:* Nicht voll gelungener Versuch der Betonherstellung aus gebrochenem Teigitschgneis ohne Beigabe von Natursand. Es ist daher eine nachträgliche Abdeckung der Luftseite mit bestem Beton aus Murmaterial notwendig geworden.
   Der Erfolg einer sorgfältigen Landschaftspflege rund um den Stausee wird durch immer dichtere Verbauung bedroht.

20. *Baukosten ohne Sperrenkraftwerk, Finanzierung und Oberleitung:* 4,1 Mio. S (1930).

21. *Schrifttum:*
   1. Heritsch-Czermak: Geologie des Stubalpengebietes. Graz 1923, Verlag U. Moser.
   2. Stini: Gesteinsklüftung im Teigitschgebiet. Tschermak's mineral. u. petrograph. Mitteilungen. Wien 1925, Bd. 38, S. 464—478.
   3. Stini: Gesteinsklüftung und alpine Aufnahmsgeologie. Jahrbuch der geologischen Bundesanstalt, Wien 1925, S. H. 1/2, S. 118.

4. Grengg: Die Talsperre Pack. Wasserwirtschaft und Technik 1935, Nr. 1—3.
5. Steirische Wasserkraft- und Elektrizitäts-A.G.: 25 Jahre Teigitschkraftwerk Arnstein. Festschrift zum 25. Jahrestag der Betriebseröffnung des Teigitschkraftwerkes Arnstein am 25. März 1925.
6. Stini: Die baugeologischen Verhältnisse der österreichischen Talsperren. „Die Talsperren Österreichs", Heft 5.

11 Sperre Enzingerboden

1. *Unmittelbar angeschlossene Kraftstufe:* Kraftwerk Schneiderau.

2. *Bau- und Betriebsherr:* Österreichische Bundesbahnen, Generaldirektion Wien, IV., Prinz-Eugen-Straße 68.

3. *Geographische Koordinaten:* 47° 10,5' N, 12° 38' O.

4. *Typ:* Gewichtsmauer mit gerader Krone (G_g).

5. *Baujahre:* 1937—1940.

6. *Datum des ersten Vollstaus:* 1940.

7. *Geometrie des Stauraums:* Stauziel 1463,5 m, Speicherschwerpunkt auf 1461,60 m. Nutzinhalt 0,2 hm³.

8. *Zufluß im Regeljahr:*
   a) Tauernmoos- und Weißsee samt oberer Überleitung .. 32,9 km²   80 hm³
   b) Weißenbach ohne Weißsee .... 7,4 km²
   c) Wurfbachüberleitung .... 6,7 km²   24,6 hm³
   d) Restgebiet .... 5,5 km²
   ____
   52,5 km² 104,6 hm³

9. *Energieinhalt in GWh, bezogen auf*
   a) Meeresspiegel .... 0,80 GWh
   b) Schneiderau .... 0,17 GWh
   c) Uttendorf (Fernspeicherwirkung) .... 0,11 GWh
   d) Schwarzach (Fernspeicherwirkung) .... 0,06 GWh
   ____
   Summe b bis c .... 0,34 GWh

10. *Wirtschaftliche Zielsetzung:* Ausgleichsbecken und Tagesspeicher zwischen den Hochdruckstufen Enzingerboden und Schneiderau der Bahnkraftwerksgruppe im Stubachtal. Zuflußvermehrung durch Einleitung des Weißenbachs und Überleitung des Wurfbachs. Siehe auch Tauernmoossperre (Nr. 8) und Übersicht Nr. 1.

11. *Gründungsgestein:* Aufschüttung aus Bachgeschieben mit groben Blöcken, darüber Bergsturz von der linken Flanke als Abschluß des Enzingerbodens. Talsohle 18 m überlagert. Felswände der Flanken aus Peridotit.

12. *Nennbelastung:* 1700 t.

13. *Hauptbaumaße:*
   a) Höhe über alles: 29 m
   b) Kronenlänge: 46 m (+22 m im Blockwerk der linken Flanke).

14. *Tragkörper, Baustoffe, Ausführung:* Gewichtsmauer in genügender Tiefe auf das grobe Bergsturzblockwerk gegründet. Wasserseite 1 : 1,4 geneigt, Sicherung des Fußes durch geschlichteten Steindamm. Bruchsteinverkleidung luft- und wasserseitig. An der Wasserseite als Fortsetzung der Herdmauer Vorsatzbeton (einschließlich Verkleidung von 1,40 m an der Krone auf eine Stärke von 2,30 m am Fuß zunehmend). Stützkörper aus Magerbeton mit 28% Steineinlagen.

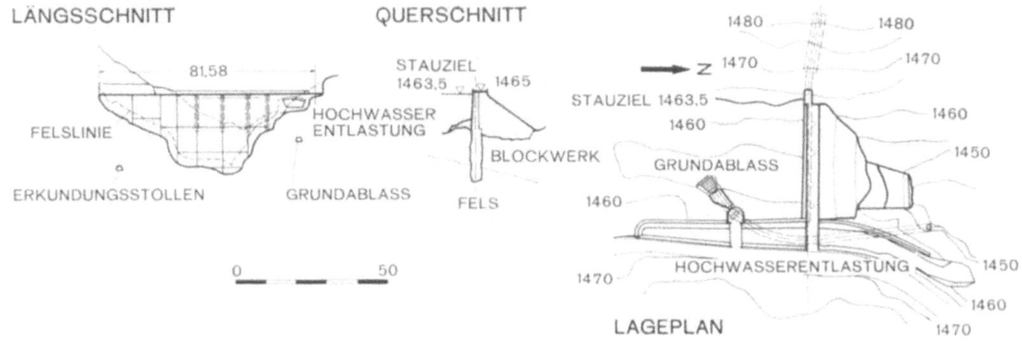

11 Sperre Enzingerboden

11 Sperre Enzingerboden mit dem gleichnamigen Kraftwerk im Hintergrund

15. *Triebwasserfassung:* Einlaufbauwerk abseits der Sperre am linken Hang, Schwelle auf 1456,30 m. Grobrechen, Dammbalken, Schützen, Feinrechen; Druckstollen 2,54 m Ø.

16. *Entlastungsanlagen:*
   a) Hochwasserüberfall: Überlauftrog am rechten Hang senkrecht zur Sperrenachse, Krone auf 1463,50 m, Länge 52,30 m. Förderfähigkeit bei 64 cm Überstau 60 m³/s, Abfuhr über gepflastertes Gerinne ins Wildbett.

b) *Grundablaß:* unter der Krone des Hochwasserüberfalls und seiner Ableitung, Schwelle auf 1450,30 m. Grobrechen, Feinrechen, Absperrschütz; unverkleideter kurzer Stollen.

17. *Abdichtungsmaßnahmen:* Wasserdichter Anschluß an den Fels durch schlanke Herdmauer mit Gleitfugen, bindet an der Sohle bis 18 m tief ein und reicht durch das ganze Blockwerk am linken Hang bis zum Fels.

19. *Besondere Kennzeichnung des Bauwerkes und seiner äußeren Erscheinung:* Im Verhältnis zur Bauwerksgröße schwierige Gründung.

21. *Schrifttum:*
    1. Ascher: Das Kraftwerk Stubach II der Deutschen Reichsbahn. Wasserkraft und Wasserwirtschaft, München 1938, Heft 11/12.
    2. Stini: Die baugeologischen Verhältnisse der österreichischen Talsperren. „Die Talsperren Österreichs'', Heft 5.
    3. Österreichische Bundesbahnen: Wasserkraftwerk Schneiderau. Merkblätter über Energieversorgungsanlagen der ÖBB, Ausgabe Jänner 1950.
    Siehe auch Schrifttumsverzeichnis der Tauernmoossperre, Aufsätze von Ascher und Powondra

12 Gerlossperre

1. *Unmittelbar angeschlossene Kraftstufe:* Gerloswerk Zell am Ziller.

2. *Bauherr:* Tiroler Wasserkraftwerke Aktiengesellschaft, Innsbruck, Landhausplatz 2.
   Betriebsherr: Tauernkraftwerke Aktiengesellschaft, Salzburg, Rainerstraße 29.

3. *Geographische Koordinaten:* 47° 13' N, 11° 59,5' O.

4. *Typ:* Gleichwinkelmauer (Gw_j).

5. *Baujahre:* 1943—45.

6. *Datum des ersten Vollstaus:* Ende August 1945.

7. *Geometrie des Stauraums:* Stauziel 1190,0 m, Absenkziel 1176,0 m, Speichernutzinhalt 877.000 m³, Speicherschwerpunkt 1185,70 m.

8. *Zufluß im Regeljahr:*
   a) natürliches Einzugsgebiet ....144 km²
   b) Schwarzachbach-Beileitung ... 14 km²

            158 km²   Gesamtzufluß 173 hm³

9. *Energieinhalt des Speichers,* bezogen auf
   a) Meeresspiegel .... 2,83 GWh
   b) Gerloswerk .... 1,17 GWh

10. *Wirtschaftliche Zielsetzung:* Ausnützung einer guten Sperrenstelle zur Schaffung eines Wochenspeichers für eine günstige Kraftstufe (rund 600 m Fallhöhe bei kurzer Lauflänge) in ansehnlichem, niederschlagsreichem Einzugsgebiet. Arbeitsvermögen der unmittelbar angeschlossenen Kraftstufe 230 GWh, davon 41 GWh Winterspitzenenergie. Weitere Verbesserung durch projektierten Langzeit-Fernspeicher Durlaßboden auf 400 GWh Jahresarbeit, davon 170 GWh Winterspitzenenergie.

11. *Gründungsgestein:* Fester Quarzitschiefer, untergeordnet auch Quarzsandsteinschiefer an beiden Hängen der Opferstockschlucht, hart und spröd. Am rechten Ufer bloßliegend, an der Sohle mit Bachgeschiebe 2—3 m überdeckt, am linken Ufer im oberen Drittel zurückweichend, künstlicher Widerlagerblock (siehe unter 14).

12 Gerlossperre

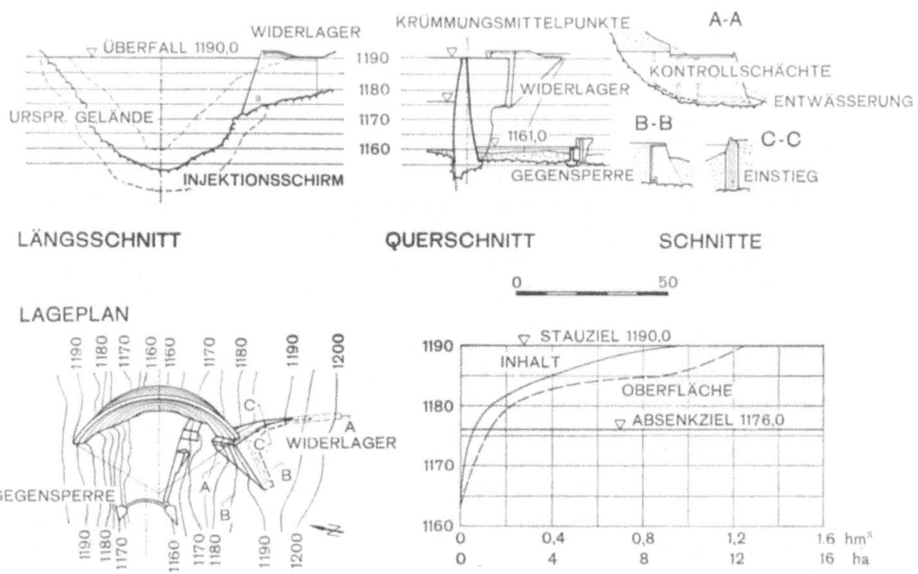

12 Gerlossperre

12. *Nennbelastung:* 10.000 t.

13. *Hauptbaumaße:*
a) Rauminhalt des Hauptkörpers ohne Nebenanlagen:
   Gewölbekörper .... 7.390 m³
   linksufriger Widerlagerblock .... 2.850 m³
                                           10.240 m³

b) Höhe über alles: 39 m über Herdmauersohle
c) Kronenlänge: 69 m
d) Kronenradius: 32 m (luftseitig).

14. *Kräftespiel im Tragkörper, Baustoffe, Ausführung:* Im oberen Bereich des linken Talhanges, wo der von Moränenschutt überlagerte Fels stark zurücktritt, war eine bis 14 m tiefe seitliche Einbindung nötig; der dort anschließende Widerlagerblock erzielt ein annähernd symmetrisches Sperrenprofil.
Berechnung unter Berücksichtigung der Baugrundverformung (Vogt) nach dem Lastaufteilungsverfahren. Maximale Druckspannung für Vollstau ohne Temperaturänderung 16 kg/cm², bei Berücksichtigung des Temperatureinflusses 32 kg/cm²; maximale wasserseitige Zugspannung für dieselben Lastfälle 2 kg/cm² bzw. 4 kg/cm². Berechnung für 2 m Überstau. Unterteilung des Gewölbekörpers in 5 Blöcke. Blockfugen verzahnt und mit Zementmilch ausgepreßt, wasserseitig Fugenblech mit Asphaltverguß, luftseitig schwalbenschwanzförmige Eisenbetondichtungsstäbe.
Sperrenbeton (300 kg Zement pro m³ Fertigbeton) mit Derrickkran in 2-m-Schichten eingebracht und gerüttelt. Krone bewehrt. Keinerlei Durchfeuchtungen, Risse oder Frostschäden.

15. *Triebwasserfassung:* Einläufe für Grundablaß und Triebwasser stockwerksartig übereinander am rechten Hang, 43 m oberhalb der Sperre. Schwelle des Triebwassereinlaufs auf 1172,50 m; Feinrechen 4,20/5,70 m, Dammbalken. 16 m vom Einlauf entfernt Rollschütz 2,5/2,5 m mit Freifallvorrichtung; 31,45 m hoher Schieberschacht (gemeinsam mit Grundablaß).

16. *Entlastungsanlagen:*
a) Hochwasserüberfall über die ganze Kronenlänge (l = 69 m), Abfuhr des gesamten, mit 216 m³/s hoch angenommenen KHQ bei 1,23 m Überstau möglich. Bei Mitwirkung von Grundablaß, Entkiesungsrohr und Triebwasserleitung genügen 0,74 m Überstau. 35 m unterhalb der Sperre kleine Bogenmauer (Kronenlänge 13,1 m, Höhe 5,1 m), bildet Tosbecken am Sperrenfuß.
b) Grundablaß: Einlauf unterhalb Triebwasserfassung, Rollschütze 2,10/2,60 m und Dammtafel in gemeinsamem Schieberschacht mit Triebwassereinlauf. Stollen 3,8% geneigt, 157 m lang, umfährt rechtes Sperrenwiderlager. Oberes 90 m langes Stollenstück betonverkleidet (∅ 2,60 m), Rest roh ausgesprengt (∅ 3,0 m).
c) Entkiesungsanlage: Abfangen des Geschiebes an der Stauwurzel durch besonderes Wehr und Abfuhr durch Entkiesungsrohr an der linken Talflanke ins Unterwasser. Wehrgestaltung nach Modellversuchen der Technischen Hochschule Graz, mit einer Längs- und 3 Querschwellen. Einlauf zum Entkiesungsrohr mit Grobrechen, Dammbalken und Absperrschütz 2,82/1,45 m; zusätzlicher Reinwasser-Spülkanal. Entkiesungskanal: Gesamtlänge 1115 m, davon zunächst 540 m Betonrohr (∅ 2,10 m, 1,7% Gefälle, unter 1 m Erdschüttung am flachen Stauseeboden verlegt), dann 656 m Stollen mit Bruchsteinausmauerung ∅ 2,0 m. 665 m unterhalb Einlauf 18 m hoher Schieberschacht mit Absperrschütz 2,0/2,0 m. Ausmündung ungefähr gegenüber Grundablaßmündung.

17. *Abdichtungsmaßnahmen:* Injektionsschürze (Zement) durch die Herdmauer eingepreßt. Bohrlochtiefe 6—10 m, Druck bis 15 atü. Wasserdichter Abschluß beim
Widerlagerblock durch senkrecht zum Hang geführte, von einem Stollen aus bergmännisch abgeteufte Betonschürze (l = 26 m, Stärke 2,0 m).

18. *Beobachtungseinrichtungen:* 20 elektrische Widerstandsthermometer zur Abbinde-
kontrolle; geodätische Durchbiegungsmessungen (störender Temperatureinfluß,
aus Wasserlast allein ca. 2 mm).

19. *Besondere Charakterisierung des Bauwerkes und seiner äußeren Erscheinung:* Erste
Gewölbemauer in Österreich. Der Sperrenkörper ist massiv, d. h. ohne Aussparungen oder Durchführungen. Die Entkiesungsanlage an der Stauwurzel wird
durch Baggerarbeit unterstützt.

21. *Schrifttum:*
1. Grengg und Lauffer: Der Gewölbemauerbau in Österreich. Österreichische Bauzeitung 1948,
Heft 8/9.
2. Jüngling: Das Gerloskraftwerk bei Zell am Ziller. Österreichische Wasserwirtschaft 1950,
Heft 8/9.
3. Stini: Die baugeologischen Verhältnisse der österreichischen Talsperren. Heft 5 der Reihe „Die
Talsperren Österreichs".

13 a Silvrettasperre

1. *Unmittelbar angeschlossene Kraftstufe:* Obervermuntwerk.

2. *Bau- und Betriebsherr:* Vorarlberger Illwerke Aktiengesellschaft Bregenz, Josef-
Huter-Straße 35.

3. *Geographische Koordinaten:* 46⁰ 55' N, 10⁰ 05' O.

4. *Typ:* Betongewichtsmauer mit gerader Krone und atmenden Fugen (G_g).

5. *Baujahre:* 1939—48, Kraftwerk seit 43 in Betrieb.

6. *Datum des ersten Vollstaus:* 24. Juli 1950.

7. *Geometrie des Stauraums:* Stauziel 2030 m, Absenkziel 1986 m, Speicherschwerpunkt 2014,03 m; Nutzinhalt 38,6 hm³.

8. *Zufluß im Regeljahr:*

a) natürliches Einzugsgebiet	35 km²	63 hm³
b) Beileitung des Bieltalbaches	10 km²	17 hm³
Gesamt	45 km²	80 hm³

9. *Energieinhalt des Speichers,* bezogen auf

a) Meeresspiegel		212,0 GWh
b) Obervermuntwerk		21,6 GWh
c) Fernspeicherwirkung auf Vermuntwerk	ab Umspann-	57,9 GWh
d) Fernspeicherwirkung auf Latschauwerk	anlage Bürs	1,5 GWh
e) Fernspeicherwirkung auf Rodundwerk		29,0 GWh
Gesamt		110,0 GWh

10. *Wirtschaftliche Zielsetzung:* Westlicher Abschluß des Silvrettastausees auf der
Bieler Höhe, des wichtigen höchstgelegenen Speichers für die Werksgruppe
„Obere Ill" (Übersicht 3) mit den Stufen Obervermunt (29 MW), Vermunt (140
MW), Latschau (8 MW) und Rodund (170 MW). Wasserdargebot aus dem Speicher:
Sommer 33 hm³, Winter 47 hm³.

11. *Gründungsgestein:*
Hauptmauer: Abschluß des eigentlichen Tales. Unter teilweise bis zu 21 m hoher
Überlagerung durch Grundmoränen und Illablagerungen an der rechten Tal-
flanke kräftig gefaltete, dünn geschieferte Hellglimmergneise, gegen Süden (Talmitte) in Augengneise übergehend. Linke Flanke einschließlich Kleiner Ochsen-
kopf feinstrahliger, teilweise granatführender Amphibolit. Schichtung fällt an
beiden Talflanken in den Berg hinein.
Seitenmauer: Abschluß des Einschnittes zwischen Kleinem Ochsenkopf und linker
Talflanke. Rechts von Grundmoräne überlagerter feinstrahliger Amphibolit des
Kleinen Ochsenkopfes; linke Talflanke heller bis dunkler, meist streifiger Amphibolit, davor Störzone mit tiefer Furche, gefüllt mit umgeschwemmter Grundmoräne.
Schichtung fällt an beiden Flanken gegen den Einschnitt.

12. *Nennbelastung:* 312.000 t.

13. *Hauptbaumaße:*
    a) Aushub des Hauptkörpers ohne Nebenanlagen:
       90.000 m³ Erdaushub, 150.000 m³ Felsausbruch
    b) Rauminhalt des Hauptkörpers ohne Nebenanlagen:
       Hauptmauer 407.000 m³, Seitenmauer 18.400 m³
    c) Höhe über alles: Hauptmauer 80 m, Seitenmauer 31 m
    d) Kronenlänge: Hauptmauer 432 m, Seitenmauer 140 m.

14. *Ausführung der Sperrmauer:* Wasserseite 1 : 0,05 geneigt, Luftseite 1 : 0,68.29 Blöcke
    mit 12—17 m Breite, Blockfugen verzahnt. Aufbau der Fugendichtung: an der
    Wasserseite Dichtungsstäbe aus Stahlbeton, dann Kupferblech, dahinter Kontroll-
    schächte (von 4 horizontalen Kontrollgängen aus zugänglich). Betongut aus dem
    Ochsenboden.

15. *Triebwasserfassung:* Vertikaler Grobrechen 2 × 3,50/5,20 m (lichter Durchflußquer-
    schnitt 31,48 m²), horizontaler Grobrechen 2 × 3,50/1,70 m (lichter Durchflußquer-
    schnitt 7,72 m²), Flacheisen 10/100 mm, Lichtabstand 100 mm.
    Feinrechen 2 × 3,50/5,50 m, schräggestellte Rechenstäbe 6,5/70 mm in 20 mm lichtem
    Abstand.
    Stahlrohr durch die Staumauer Ø 2200 mm.
    Verschlußorgane: wasserseitig Drosselklappe Ø 2200 mm, mit Hand oder elektro-
    motorisch bewegt; luftseitig Schnellschlußdrosselklappe Ø 2200 mm, durch Öl-
    druck gesteuert.

16. *Entlastungsanlagen:*
    a) Hochwasserüberlauf über die Mauer: Förderfähigkeit bei 0,9 m Überstau
       31,7 m³/s. Kronenlänge 6,4 + 7,8 + 6,4 = 20,6 m. Holzschützentafeln, durch
       Zahnstangen und Schneckentrieb von Hand betätigt.
    b) Grundablaß: Förderfähigkeit bei höchstem Stau 30,0 m³/s, Ø 1700 mm. Wasser-
       seitig Drosselklappe Ø 2100 mm, luftseitig Ringschieber Ø 2700/1300 mm, beide
       von Hand zu betätigen.
    c) Umlaufstollen: Förderfähigkeit bei höchstem Stau 31,5 m³/s, Ø 1700 mm. Wasser-
       seitig Drosselklappe, luftseitig Ringschieber, beide von Hand zu betätigen.

17. *Abdichtungsmaßnahmen:* wasserseitig Sporn an der Aufstandsfläche, der in Injek-
    tionsschürze überleitet: 25—35 m tiefe Bohrlöcher im Abstand von 2,5 m, mit
    Zementmilch bei einem Druck bis zu 40 atü ausgepreßt. Nach Aufbringen der
    ersten 5 m Fundamentbeton Kontaktinjektionen, je nach Felsbeschaffenheit über
    die ganze Aufstandfläche verteilt, Tiefe 5—6 m. Nach Fertigstellung der Mauer
    Kontaktinjektionen des luftseitigen Mauerfußes.

Additional material from *Die Talsperren Österreichs,*
ISBN 978-3-7091-5547-9 (978-3-7091-5547-9_OSFO1),
is available at http://extras.springer.com

18. *Beobachtungseinrichtungen und deren Ergebnisse:* Trigonometrische Kontrolle eingemessener Bolzen, Sohlwasserdruckmessungen (siehe Veröffentlichung Tschada).

19. *Besondere Charakterisierung des Bauwerkes und seiner äußeren Erscheinung:* Außerordentliche Begünstigung der Bauausführung durch einen geräumigen lawinensicheren Installations-, Wohn- und Werkplatz unterhalb der Sperre. Begrenzung der möglichen Sperrenhöhe durch die Geländeverhältnisse beim Bieler Damm (Nr. 13b).

20. *Baukosten einschließlich Wasserfassung:* 259 Mio. S (1955).

21. *Literatur:*

    1. Vorarlberger Illwerke AG.: Beschreibung der Kraftwerke und Projekte. Broschüre, Bregenz, Juni 1947.
    2. Vorarlberger Illwerke AG.: Die Wasserkraftanlagen der VIW. „Der Aufbau" 1948, 3. Jahrgang, Heft 9, Seite 198. Die Werksgruppe „Obere III".
    3. Österreichische Kraftwerke in Einzeldarstellungen, Folge 19, Wien 1953. Herausgegeben vom Bundesministerium für Verkehr und verstaatlichte Betriebe.
    4. Stini: Die baugeologischen Verhältnisse der österreichischen Talsperren. „Die Talsperren Österreichs", Heft 5.
    5. Tschada: Sohlwasserdruckmessungen an der Silvrettasperre. „Die Talsperren Österreichs", Heft 9.

13b Bielerdamm   13a Silvrettasperre

13 b Bieler Damm

1. *Unmittelbar angeschlossene Kraftstufe:* Obervermuntwerk.

2. *Bau- und Betriebsherr:* Vorarlberger Illwerke Aktiengesellschaft Bregenz, Josef-Huter-Straße 35.

3. *Geographische Koordinaten:* 46⁰ 55' N, 10⁰ 05' O.

4. *Typ:* Kiesdamm mit Stahlbetonkern (D).

5. *Baujahre:* 1940—47, Kraftwerk seit 1943 in Betrieb.

6. *Datum des ersten Vollstaus:*

7. *Geometrie des Stauraums:*   siehe Silvrettasperre

8. *Zufluß im Regeljahr:*   (Nr. 13a)

9. *Energieinhalt des Speichers:*

10. *Wirtschaftliche Zielsetzung:* Östlicher Abschluß des Silvrettastausees auf der Bieler Höhe. Siehe Silvrettasperre (Nr. 13a).

11. *Gründungsgestein:* Dichte, steinhart gepreßte, trockene Grundmoräne aus der Würm-Eiszeit.

12. *Nennbelastung:* 56.000 t.

13. *Hauptbaumaße:*
    a) Aushub des Hauptkörpers ohne Nebenanlagen: 50.000 m³ Erde

    18.000 m³ Moräne

    68.000 m³

    b) Rauminhalt des Hauptkörpers ohne Nebenanlagen:
    Dammschüttung .... 342.000 m³
    Steinpackung wasserseitig .... 33.000 m³
    Stahlbetonkern .... 18.400 m³

    393.400 m³

    c) Höhe über alles: 25 m (Kern).
    d) Kronenlänge: 733 m.

14. *Baustoffe und Ausführung des Dammes:* Stahlbetonkernmauer durch Vertikalfugen in 12—18 m lange Blöcke aufgelöst, horizontale Lamellen je 3 m Höhe. Schüttmaterial aus dem Schwemmkegel der Ill in nächster Nähe reichlich vorhanden. Steinpflasterung der Wasserseite gegen Wellenschlag.

15. *Triebwasserfassung:* ⎫

16. *Entlastungsanlagen:* ⎭   siehe Silvrettasperre (Nr. 13a).

17. *Abdichtungsmaßnahmen:* Kernmauer aus Stahlbeton bindet 4—6 m in die dichte Grundmoräne ein, Fugendichtung durch Kupferblech und Bitumenverguß, Kontrollschächte an den vertikalen Fugen. Völlige Dichtung des Bauwerks durch Gletschertrübe.

18. *Laufende Beobachtung von Schüttung und Drainung.*

19. *Besondere Charakterisierung des Bauwerks und seiner äußeren Erscheinung:* Erster größerer Talsperren-Dammbau in Österreich, unter Verzicht auf einen Felsanschluß. Sehr gute Einfügung in das Hochgebirgsgelände.

20. *Baukosten:* 49 Millionen S (1955).

21. *Literatur:* siehe Silvrettasperre.

Additional material from *Die Talsperren Österreichs,*
ISBN 978-3-7091-5547-9 (978-3-7091-5547-9_OSFO2),
is available at http://extras.springer.com

14 Sperre Bürg

1. *Unmittelbar angeschlossene Kraftstufe:* Eigenbedarfsanlage Kaprun.

2. *Bau- und Betriebsherr:* Tauernkraftwerke Aktiengesellschaft, Salzburg, Rainerstraße Nr. 29.

3. *Geographische Koordinaten:* 47⁰ 15,5' N, 12⁰ 44,5' O.

4. *Typ:* Gewichtsmauer mit gerader Krone (G_g).

5. *Baujahre:* 1946—47.

6. *Datum des ersten Vollstaus:* 6. Mai 1959.

7. *Geometrie des Stauraums:* Stauziel 874,0 m, Absenkziel 842,0 m, Speicherschwerpunkt 845,30 m, Speichernutzinhalt 0,21 hm³, Gesamtinhalt 0,24 hm³.

8. *Zufluß im Regeljahr:* 27 hm³ aus einem Rest-Einzugsgebiet von 27,9 km².

9. *Energieinhalt,* bezogen auf
   a) Meeresspiegel .... 0,48 GWh
   b) Eigenbedarfsanlage Kaprun .... 0,03 GWh

14 Sperre Bürg

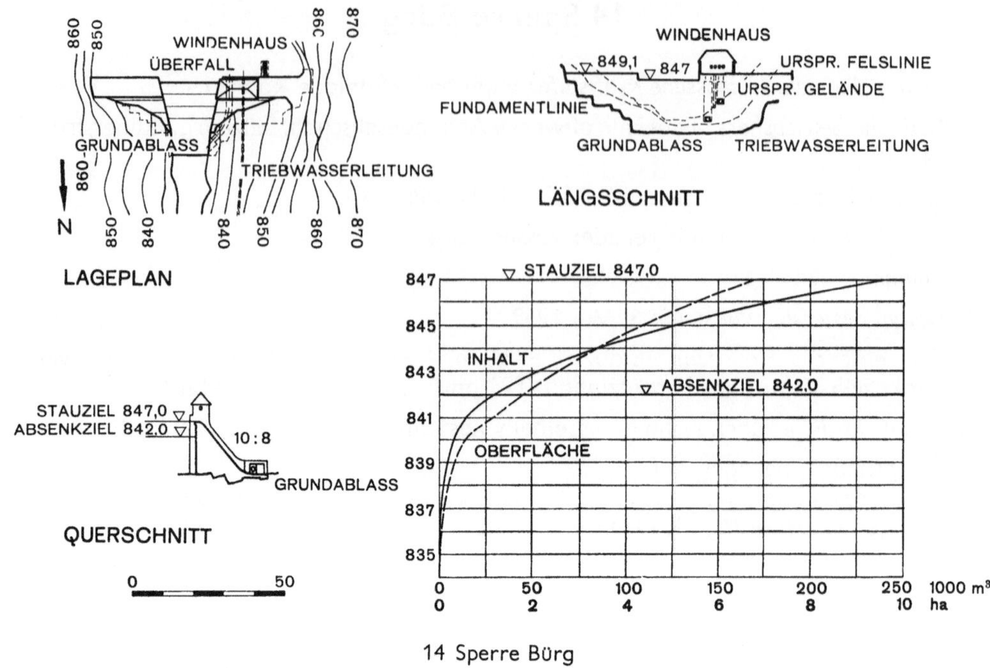

14 Sperre Bürg

10. *Wirtschaftliche Zielsetzung:* Abriegelung einer flachen Talmulde zur Schaffung eines Tages- und Wochenspeichers für die Eigenbedarfsanlage der Werksgruppe Glockner-Kaprun.

11. *Gründungsgestein:* Vorgezeichnete Sperrenstelle an der Verengung des mäßig weiten Talbodens zur Sigmund-Thun-Klamm. Kalkglimmerschiefer, teilweise graphitisch und sehr glimmerreich, ausreichend fest und — für die Kraftaufnahme und Dichtigkeit günstig — steil nordfallend. An der Sohle seicht anstehend, an beiden Flügeln mächtige Überlagerung von Hangschutt und Moränen.

12. *Nennbelastung:* 3.320 t.

13. *Hauptbaumaße:*
    a) Aushub ohne Nebenanlagen 16.400 m³ Überlagerung
                      7.800 m³ Fels
    b) Rauminhalt des Hauptkörpers ohne Nebenanlagen: 10.880 m³
    c) Höhe über alles: 19 m
    d) Kronenlänge: 73 m.

14. *Tragkörper, Baustoffe, Ausführung:* Gewichtsmauer; Wasserseite senkrecht, Luftseite 1:0,8 geneigt. Unterteilung in 8 Blöcke von 6,5 bis 12,25 m Länge. 4 Blockfugen als Kühlspalten ausgebildet, frühestens 2 Monate nach Blockbetonierung geschlossen und injiziert, verzahnt und mit Kupferblech gedichtet.

15. *Triebwasserfassung:* im linken Sperrenteil, Einlaufachse auf 840,0 m. Rechen, Rollschütz (Freifallschütz) 1,0/1,0 m; Dammtafel; Druckrohrleitung 80 cm Ø (92 m Stahlrohre, 320 m Spannbetonrohre).

16. *Entlastungsanlagen:*
    a) Grundablaß: im linken Sperrenteil, Einlaufschwelle auf 833,20 m. Rollschütz 1,8/1,8 m, Dammtafel. Förderfähigkeit bei Vollstau 26 m³/s. Antrieb im Windenhaus auf der Sperre, gemeinsam mit 15.

76

b) Überfall: über die Sperre, $l = 20$ m. Förderfähigkeit bei 1,50 m Überstau ca. 82 m³/s.
   KHQ = 95 m³/s (Überfall und halber Grundablaß).

17. *Abdichtungsmaßnahmen:* 24 Bohrlöcher, bis 33 m tief. 2500 m³ Zementmilch für 465 lfm Bohrloch.

18. *Beobachtungseinrichtungen:* Pegelschacht im linken Sperrenteil zur Wasserstandsmessung.

21. *Schrifttum:*

    1. Kropatschek: Die Nebenanlagen der Hauptstufe Glockner-Kaprun. „Die Hauptstufe des Tauernkraftwerkes Glockner-Kaprun", Festschrift 1951.

15 Salzasperre

1. *Unmittelbar angeschlossene Kraftstufe:* Salzakraftwerk St. Martin.

2. *Bau- und Betriebsherr:* Steirische Wasserkraft- und Elektrizitäts-Aktiengesellschaft, Graz, Opernring 7.

3. *Geographische Koordinaten:* 47° 29,5' N, 13° 57' O.

4. *Typ:* Gleichwinkelmauer (Gw_j).

5. *Baujahre:* 1947—49.

6. *Datum des ersten Vollstaus:* Ende Mai 1949.

7. *Geometrie des Stauraums:* Stauziel 771 m, Absenkziel 745 m. Speicherschwerpunkt auf 763 m, Nutzinhalt 10,6 hm³.

8. *Zufluß im Regeljahr:* 145 hm³, natürliches Einzugsgebiet 150 km².

9. *Energieinhalt, bezogen auf*
   a) Meeresspiegel . . . . 22,10 GWh
   b) Salzakraftwerk. . . . . 2,20 GWh
   c) Hieflau (Fernspeicherwirkung) . . . . 2,29 GWh
   d) Fernspeicherwirkung auf Altenmarkt . . . . 0,54 GWh
   e) Fernspeicherwirkung auf Großraming . . . . 0,57 GWh
   f) Fernspeicherwirkung auf Losenstein . . . . 0,37 GWh
   g) Fernspeicherwirkung auf Ternberg . . . . 0,35 GWh
   h) Fernspeicherwirkung auf Rosenau . . . . 0,30 GWh
   i) Fernspeicherwirkung auf Staning . . . . 0,32 GWh
   j) Fernspeicherwirkung auf Mühlrading . . . . 0,20 GWh

    Summe b—j . . . . 7,14 GWh

10. *Wirtschaftliche Zielsetzung:* Günstige Speichermöglichkeit mit anschließender Steilstrecke und leicht ausführbarer Triebwasserführung, genutzt zur Bereitstellung von Hochwinterenergie, die durch Fernspeicherwirkung auch der Ennskette zugute kommt. Arbeitsvermögen des Salzakraftwerks im Regeljahr 30 GWh, davon 10 im Winter.

11. *Gründungsgestein:* Obertriadischer Riffkalk, an der Baustelle schwach dolomitisch entwickelt. Im Süden abgeschnitten von Riesenverwerfung, längs der sich die nördliche Scholle emporgehoben und dabei die Felswand des Salzafalles am unteren Ende der Schlucht gebildet hat. Sperrenstelle zunächst an der engsten Stelle

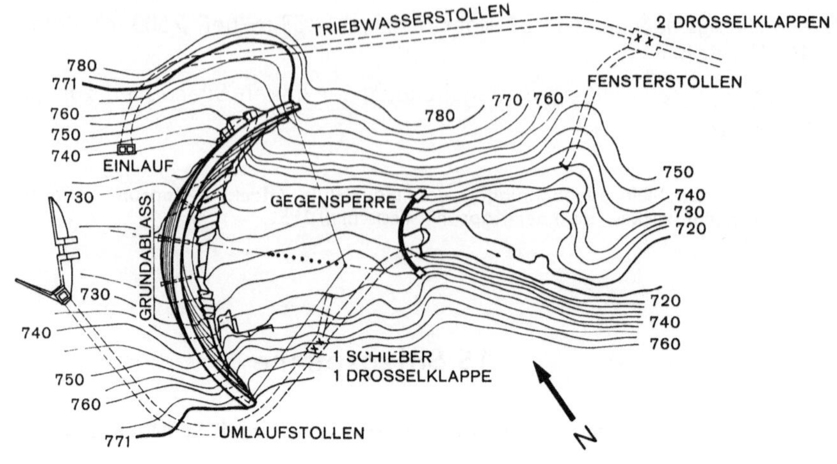

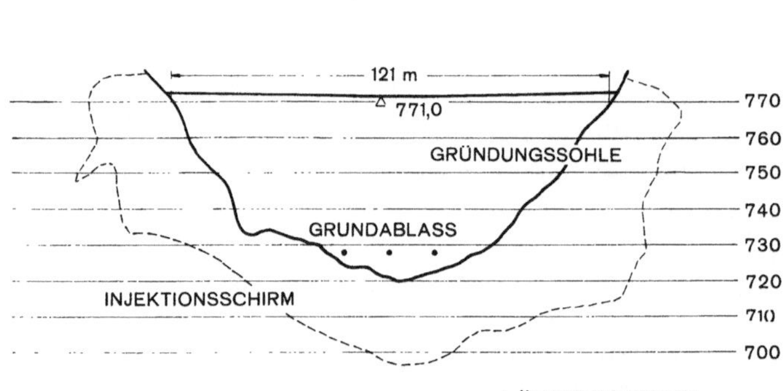

15 Salzasperre

15 Salzasperre

der Klamm erwogen, aber wegen eines Zerrüttungsstreifens und zugunsten massiverer Flanken weiter bachaufwärts verschoben. Bachsohle eine von wenigen Blöcken bedeckte Felsrinne. Linker Flügel lehnt sich an kräftige Rippe, die hoch in die Wände hinaufreicht; rechte Flanke etwas schwächer.

12. *Nennbelastung:* 47.000 t.

13. *Hauptbaumaße:*
    a) Aushub ohne Nebenanlagen: 10.000 m³
    b) Rauminhalt des Hauptkörpers, ohne Nebenanlagen: 23.000 m³
    c) Höhe über alles: 52,00 m
    d) Kronenlänge: 121 m
    e) Kronenradius: 55 m (bis Mitte Querschnitt).

14. *Kräftespiel im Tragkörper, Baustoffe und Bauausführung:*
    Berechnung: Versuchslastverfahren mit Radialausgleich. Modulverhältnis Fels/Beton = 1; maßgebliche Temperaturbilder nach älteren Beobachtungen geschätzt. Vorberechnung nach Lieurance, nachträgliche mehrschnittige Rechnung, Untersuchung nach Tölke und Modellversuch an der T. H. Graz (Gips—Kieselgur 1:50), alle in guter Übereinstimmung.

Maximale Spannungen	Druck kg/cm²	Zug kg/cm²
Luftseite	27	5
Wasserseite	24	5

Sorgfältige Ausformung der Aufstandfläche nach statisch-geologischen Gesichtspunkten, schonender Endaushub.
Beton: 4% 0 bis 0,2 mm, 28% 0,2 bis 3 mm, 7% 3 bis 7 mm, 41% 7 bis 30 mm, 20% 30 bis 100 mm. 250—270 kg Zement pro m³ Beton.
Zuschlagstoffe aus einem Altarm der Enns (Kreiselbrecher und Kugelmühlen für die Aufbereitung des bauplatznahen dolomitischen Kalkes 1946 nicht zu beschaffen). Einbringung mit 2 Turmdrehkranen in 1,67-m-Schichten.
Fugenschlußtemperatur + 2⁰ C (März-April 1949). Wasserseitig Fugenblech, luftseitig Dichtungsstab und im unteren Mauerdrittel auch Fugenblech. 2 Kühlspalten im unteren Drittel; eine Grenzfläche verblecht und als Preßfuge ausgebildet, die andere durch Spickeisen vernäht.

15. *Triebwasserfassung:* Einlauf 25 m unter Stauziel am linken Hang, sicher vor Verlandung und Hangrutschungen (Grobrechen).
    2 Drosselklappen ⌀ 1,8 m, Kammer durch Fensterstollen zugänglich.

16. *Entlastungsanlagen:* KHQ = 140 m³/s.
    a) Hochwasserüberfall: bewehrte, freie Krone steigt von der Mitte (771 m) nach den Kämpfern 1,65% an. Überfallstrahl hat nur in der Mitte Ablösungstendenz, trifft auf Wasserpolster hinter Gegensperre; keine Kolksicherungen zwischen Haupt- und Gegensperre notwendig.
    b) Grundablaß: ausgebauter Umlaufstollen in der rechten Flanke, l = 160 m, ⌀ 2,20 m. Grobrechen am Einlauf, lichter Abstand 10 cm. Blechpanzer in Verschlußnähe, konische Übergänge zur Betonauskleidung. 1 Drosselklappe und ein Ringschieber je 1 m ⌀; Zugangsstollen. Förderfähigkeit 8 m³/s.
    c) 2 Notablaßrohre: ⌀ 0,8 m, Achsen auf 727,50 m. Luft- und wasserseitiger Deckel, letztgenannter im Notfall zu sprengen.

17. *Abdichtungsmaßnahmen:* Kontaktinjektionen: Je Block und Mauerseite 3 Bohrlöcher durch den Beton in den Gründungsfelsen, insgesamt 2,2 t Zement. Dichtungsschleier: ca. 1,5—2facher Staudruck als Einpreßdruck, Bohrlochneigung tunlichst rechtwinklig zur Schichtung und Klüftung, mittlere Tiefe 30 m. Gesamtsumme der Bohrlängen 1098 m, 16 t Zement.

Geringfügige Durchsickerungen in den obersten Partien des linken Felswiderlagers, durch 16 Bohrlöcher (340 m, 10,5 t Zement) beseitigt.

18. *Beobachtungseinrichtungen und deren Ergebnisse:* 3 Lotschächte von der Krone bis in den Horizont der Notauslaßrohre, Meßkammer von dort aus zugänglich. Tagesgang der radialen Durchbiegungen unter Sonneneinfluß bekannt, Geländebewegungen bisher nicht festzustellen. Temperaturmessung durch in Rohre eingelegte Thermometer. Siehe Veröffentlichung von Reitz!

19. *Besondere Charakterisierung des Bauwerkes und seiner äußeren Erscheinung:* Ausgeprägte Schluchtsperre mit freier Krone, die durch einfaches Geländer begehbar ist.

20. *Baukosten einschließlich Triebwasserfassung:* 12,2 Millionen S (bezogen auf 1950).

21. *Schrifttum:*

1. Cornelius: Bericht über Aufnahmen in der Grauwackenzone des Ennstales. Verhandlungen der Zweigstelle Wien der Reichsstelle für Bodenforschung, 1939, Heft 1/3.
2. Häusler: Zur Tektonik des Grimmings. Mitteilungen des Reichsamtes für Bodenforschung, Zweigstelle Wien, 1943, Heft 5, Seite 19—54.
3. Stini: Talsperrenbauten und Speicherbecken im Kalkgebirge. Allgemeine Bauzeitung, Wien 1946, Heft 18/19.
4. Stini: Talsperrenbauten und Speicherbecken im Kalkgebirge. Protokoll der 3. Vollversammlung der Bundeshöhlenkommission in Wien vom 26. und 27. April 1949.
5. Fischer-Grengg: Die Gewölbemauern Salza und Hierzmann der Steweag. Österreichische Bauzeitschrift 1951, Heft 11/12.
6. Lindner: Das Salza-Kraftwerk. Österreichische Wasserwirtschaft 1952, Heft 8/9.
7. Stini: Verwerfungen und Talsperrenbau. Geologie und Bauwesen 1953, Jahrgang 20, Heft 3.
8. Reitz: Beobachtungseinrichtungen an den Sperren Salza, Hierzmann, Ranna und Wiederschwing. „Die Talsperren Österreichs", Heft 1.
9. Stini: Die geologischen Verhältnisse der österreichischen Talsperren. „Die Talsperren Österreichs", Heft 5.

16 Hollersbachdamm

1. *Unmittelbar angeschlossene Kraftstufe:* Werk Hollersbach.

2. *Bau- und Betriebsherr:* Salzburger Aktiengesellschaft für Elektrizitätswirtschaft, Salzburg, Schwarzstraße 44.

3. *Geographische Koordinaten:* 47⁰ 15,5' N, 12⁰ 24' O.

4. *Typ:* Erddamm mit Steinverkleidung (D).

5. *Baujahre:* 1948—49.

6. *Datum des ersten Vollstaus:* September 1949.

7. *Geometrie des Stauraums:* Normalstauziel 879,60 m
Winterstauziel 880,80 m
Normalabsenkziel 875,00 m
Tiefste Absenkung 873,00 m
Speicherschwerpunkt normal 877,70 m
Speicherschwerpunkt im Winter 878,40 m
Nutzinhalt 0,135 hm³ (zwischen 879,60 und 875,00).

8. *Zufluß im Regeljahr:*
a) natürliches Einzugsgebiet   67   km² 125,8 hm³ (davon 19,2 im Winter)
b) Bürgerbachbeileitung im Winter   2,4 km²   0,9 hm³

Summe   69,4 km² 126,7 hm³

9. *Energieinhalt*, bezogen auf
   a) Meeresspiegel .... 0,320 GWh
   b) Hollersbachwerk .... 0,016 GWh

10. *Wirtschaftliche Zielsetzung:* Versorgung des Oberpinzgaus von Bruck bis Krimml.
Betrieb im Winter als Wochenspeicher zur Deckung der Tagesspitzen, im Sommer
als Laufwerk mit abgesenktem Stau. Jahresarbeitsvermögen im Regeljahr 8 GWh,
davon 2,5 im Winter.

11. *Gründungsgestein:* Sande und Schotter aus den Ablagerungen des Hollersbaches.
Vom rechten Ufer vorgeschoben Murablagerungen des Bürgerbaches. Linke
Flanke Grünschiefer mittlerer Güte, Fallen steil bergeinwärts.

12. *Nennbelastung:* 1.500 t.

13. *Hauptbaumaße:*
   a) Aushub des Hauptkörpers ohne Nebenanlagen: 2.500 m³
   b) Rauminhalt des Hauptkörpers ohne Nebenanlagen: 16.000 m³
   c) Höhe über alles: 16,50 m
   d) Kronenlänge 87 m.

14. *Baustoffe und Ausführung:* Geschütteter, gewalzter Erddamm, mit Steinschlichtung
abgedeckt. Lehmiges Schüttmaterial bester Qualität in Baustellennähe. Dichtungskern luft- und wasserseitig 1:1, Damm selbst 1:2 geböscht. Betonfußmauer
wasserseitig.

15. *Triebwasserfassung und Hochwasserentlastung:* am linken Ende des Dammes in
einem auf Fels gegründeten Bauwerk vereinigt.

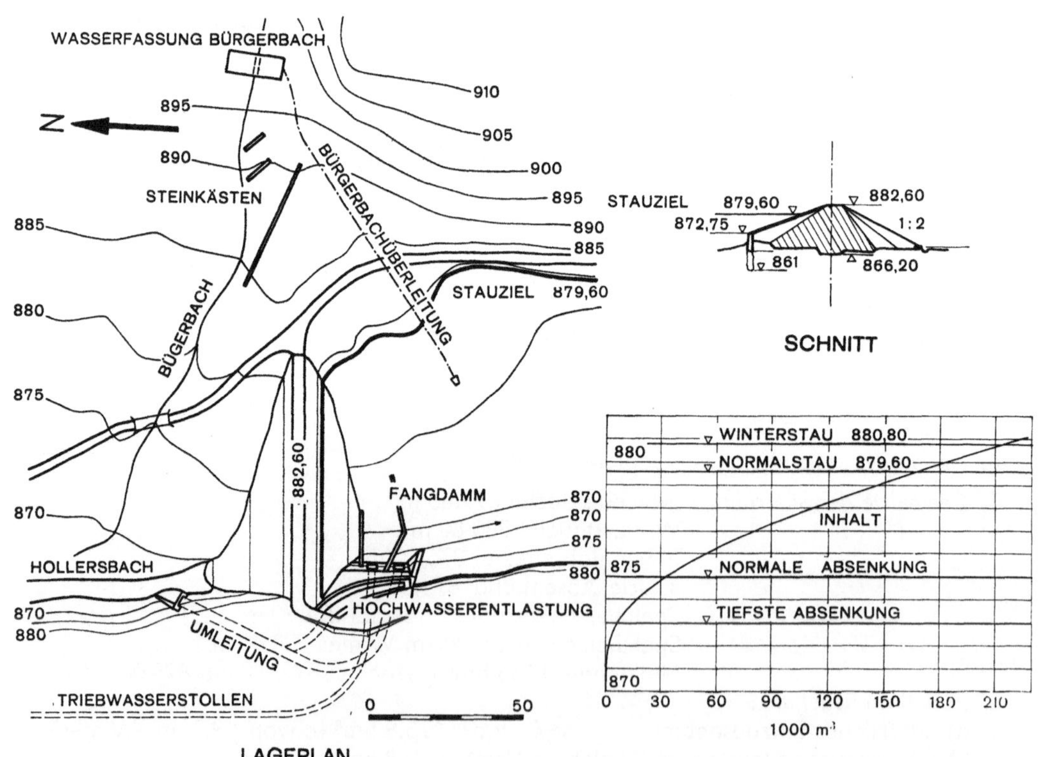

16 Hollersbachdamm

Einlaufbauwerk: Schwellenhöhe 872,67 m, schließt nach dem Naßschacht (Fallschütz) unmittelbar an den 555 m langen Triebwasserstollen.

Grundablaß: Schwellenkote 869,83 m, Verschluß durch Schütz 2,60/4,00 m (vom Krafthaus aus gesteuert), 103 m langer Stollen ins alte Bachbett (2,60/4,00 m). Förderfähigkeit 130 m³/s.

Hochwasserüberlauf: Krone auf 879,60 m, Kronenlänge 30 m, für 150 m³/s; anschließend 30 m langer Stollen (F = 9,6 m²) in den Grundablaßstollen.

17. *Abdichtungsmaßnahmen:* Dichtung der erbohrten durchlässigen Zonen in den Hollersbachablagerungen durch Injektionsschürze unter dem wasserseitigen Betonfuß. Bohrlochlänge 12—14 m, Druck 5—6 atü (stellenweise 10), sehr hoher Zementverbrauch von 60 t.

19. *Besondere Charakterisierung des Bauwerkes und seiner äußeren Erscheinung:* Starke Unsymmetrie der Gründungsverhältnisse; schwierige Abdichtung.

20. *Baukosten:* laut Schillingeröffnungsbilanz vom 1. Jänner 1955

Damm	2,800 Millionen S
Einlaufbauwerk	5,105 Millionen S
Summe	7,905 Millionen S

21. *Schrifttum:*

1. Saffer: Das Hollersbachwerk in Oberpinzgau. Österreichische Zeitschrift für Elektrizitätswirtschaft 1950, Heft 4.
2. Stini: Die baugeologischen Verhältnisse der österreichischen Talsperren. „Die Talsperren Österreichs", Heft 5.

17 Hierzmannsperre

1. *Unmittelbar angeschlossene Kraftstufe:* Projekt St. Martin; vorläufig nur Fernspeicher für Werk Arnstein.

2. *Bau- und Betriebsherr:* Steirische Wasserkraft- und Elektrizitäts-Aktiengesellschaft, Graz, Opernring 7.

3. *Geographische Koordinaten:* 46⁰ 59,5' N, 15⁰ 0,5' O.

4. *Typ:* Gleichwinkelmauer (GW$_j$).

5. *Baujahre:* 1948—50.

6. *Datum des ersten Vollstaus:* Mai 1950.

7. *Geometrie des Stauraums:*

	Projekt St. Martin	Fernspeicher für Arnstein
Stauziel	708,00 m	
Speicherschwerpunkt	697,80 m	
Absenkziel	675,00 m	658,80 m
Nutzinhalt	7,2 hm³	7,6 hm³

8. *Zufluß im Regeljahr:* 95 hm³ (davon 43 hm³ aus dem Packer Stausee), natürliches Einzugsgebiet 160 km².

9. *Energieinhalt,* bezogen auf

a) Meeresspiegel	14,45 GWh
b) Fernspeicherwirkung auf Arnstein	3,75 GWh
c) Fernspeicherwirkung auf Teigitschmühle	0,18 GWh
Summe b + c	3,93 GWh

17 Hierzmannsperre

10. *Wirtschaftliche Zielsetzung:* Da die 1925 erbaute Langmannsperre nur eine Tagesspeicherung ermöglichte und der 1931 geschaffene Fernspeicher Pack nur ein Drittel des Einzugsgebietes der Teigitsch erfaßt, ist erst durch den zwischen diesen beiden Stauräumen gelegenen Hierzmannspeicher die Steuerung der Wasserwirtschaft und damit der Einsatz des Kraftwerks Arnstein in vollem Ausmaß gegeben. Vorläufig nur Fernspeicher für dieses Werk; späterer Ausbau einer „mittleren Teigitschstufe" zur Vollendung der Werksgruppe geplant. Siehe auch „Sperre Pack" (Nr. 10) und „Langmannsperre" (Nr. 7) sowie Übersicht Nr. 4.

11. *Gründungsgestein:* Sperrenstelle im gesunden Hirschegger Gneis. Sohle schwach verschüttet, geringmächtiger Zerrüttungsstreifen (0,5—2 m) leicht überbrückbar. Der flachere rechte Hang stimmt mit den Schichtflächen ungefähr überein, während der steilere linke Hang sich mit den Schichtköpfen am linken Widerlager zu einem Felskopf auftürmt, der durch einen breiten Störungsstreifen isoliert wird, den man nicht überstauen wollte.

12. *Nennbelastung:* 75.000 t.

13. *Hauptbaumaße:*
    a) Aushub ohne Nebenanlagen: 16.000 m³
    b) Rauminhalt des Hauptkörpers ohne Nebenanlagen: 43.000 m³
    c) Höhe über alles: 58 m
    d) Kronenlänge: 172 m
    e) Kronenradius bis Mitte Querschnitt: 90 m.

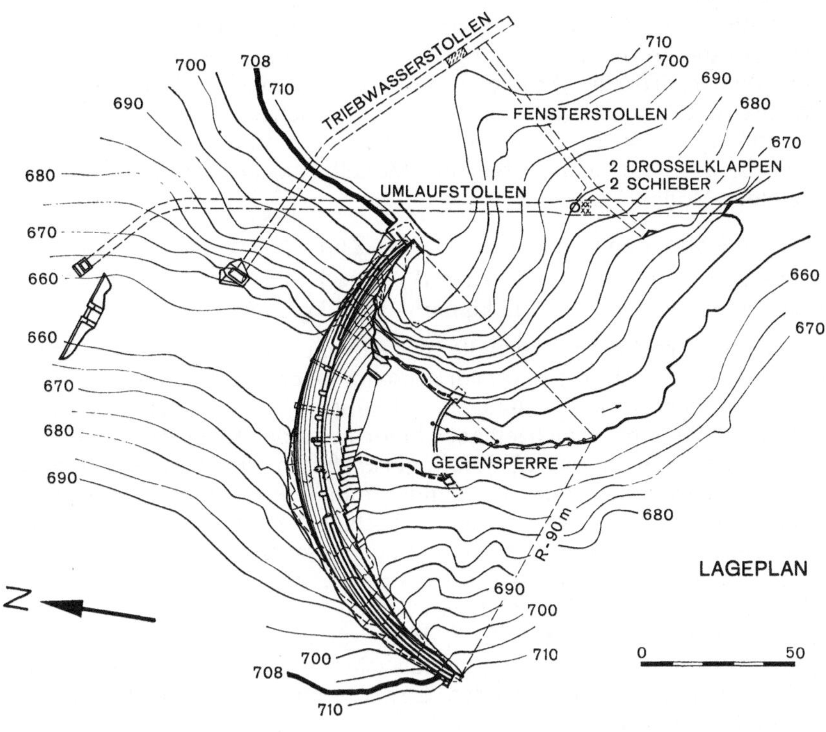

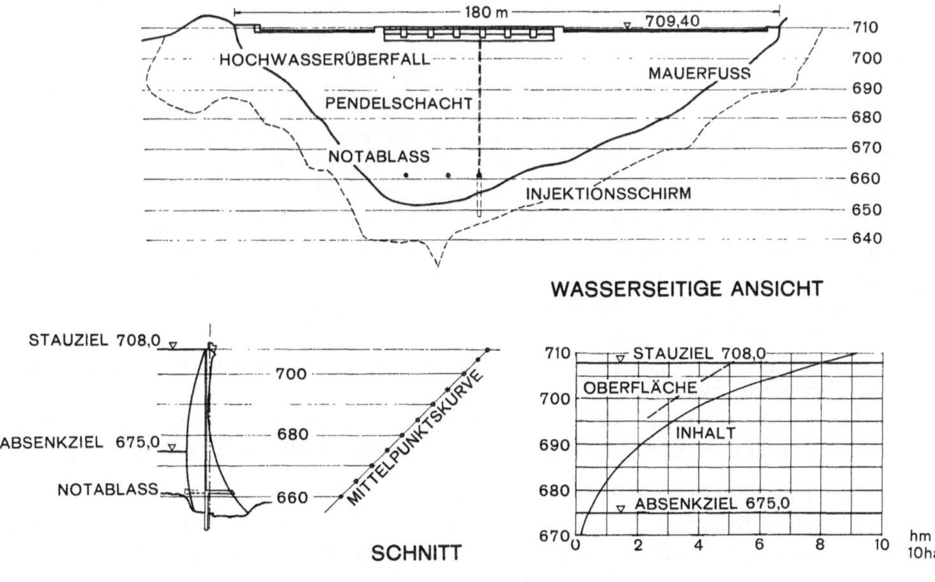

17 Hierzmannsperre

14. *Kräftespiel im Tragkörper, Baustoffe:* Berechnung nach Versuchslastverfahren mit Radialausgleich; 5 Bogen und 10 Kragträger (30 Punkte). Modulverhältnis Fels/Beton $= {}^1/_2$. Gesamtbilder des Temperaturzustandes nach Erfahrungen an der Salzasperre der Berechnung zugrunde gelegt. 3 Regelfälle untersucht: Vollstau Winter, Teilstau Frühjahr, Vollstau Sommer. Nebenfälle des über eine Wärme- und Kälteperiode leerstehenden Speichers flüchtig behandelt, da durch Berieselung leicht zu vermeiden. Gute Übereinstimmung mit den Ergebnissen einer Berechnung nach Tölke und Modellversuchen an der T. H. Graz (Gips-Kieselgur-Modell 1:50).

Maximale Spannung	Druck	Zug
Luftseite	29 kg/cm²	6 kg/cm²
Wasserseite	32 kg/cm²	4 kg/cm²

Nicht mehr rechnerisch erfaßte ausfeilende Gestaltänderung unmittelbar vor der Ausführung: Kämpferverstärkung im obersten Teil des linken Flügels zur Schonung der stark zerklüfteten Felskuppe, Vergrößerung des Kronenradius von 85 auf 90 m mit gleichzeitiger Umformung der Krümmungsmittelpunktskurve zur besseren Einleitung der Auflagerkräfte in die obersten 10 m der linken Felskanzel. Raumkurve der Krümmungsmittelpunkte als 1:1 geneigte Schraubenlinie auf der Mantelfläche eines senkrechten Kreiszylinders. Sorgfältige statisch-geologische Ausformung der Aufstandfläche, schonender Endaushub.
Beton: 3% 0 bis 0,2 mm, 27% 0,2 bis 3 mm, 10% 3 bis 7 mm, 40% 7 bis 30 mm, 20% 30 bis 100 mm. Pro m³ Beton 250 kg Bindemittel, hievon 50 kg Traß. Zuschlagstoffe aus dem Grazer Feld, da der glimmerreiche Teigitschgneis bauplatznaher Vorkommen erfahrungsgemäß (siehe die Sperren Pack und Langmann) keinen qualitativ entsprechenden Gewölbemauerbeton herstellen ließ. Einbringung mit Kabelkran in 2-m-Schichten.

15. *Triebwasserfassung:* am linken Hang, bis zur Klappenkammer ausgebaut und durch Blinddeckel dort verschlossen, da vorläufig nur Fernspeicherwirkung. Einlauf ca. 25 m unter Stauziel, sicher vor Verlandung und Hangrutschung (Grobrechen), Ø 2,60 m.

16. *Entlastungsanlagen und vorläufige Triebwasserdosierung:*
    a) Hochwasserüberfall über die Mauer: im überhängenden Mittelstück der Krone, l = 50 m. Strahl frei fallend, durch Betonpfeiler aufgespalten (Holzsteg bei Verklausung preiszugeben), reichliche Luftaufnahme; Wasserpolster hinter gewölbter Gegensperre, kein Kolkschutz notwendig.
    b) Grundablaß: ausgebauter Umlaufstollen am linken Hang, l = 226 m, Ø 2,60 m. Grobrechen am Einlauf. Blechpanzer in Verschlußnähe, konische Übergänge zur Betonauskleidung. Parallelgeschaltet 2 Drosselklappen Ø 1,00 m und 2 Ringschieber Ø 0,80 m zur geregelten Triebwasserabgabe für das Kraftwerk Arnstein über eine granitverkleidete Toskammer. Zugangsschacht zu den Verschlüssen zweigt aus dem Zugangsstollen zur Triebwasser-Klappenkammer ab. Förderfähigkeit 20 m³/s.
    c) 2 Notauslaßrohre: Ø 1,0 m. Achsen auf 661,0 m. Luft- und wasserseitiger Deckel, letztgenannter im Notfall zu sprengen. KHQ = 180 m³/s.

17. *Abdichtungsmaßnahmen:* Fugenschlußtemperatur + 5° C (Mitte März bis Anfang April), Fugenpreßdruck 5 kg/cm². Wasserseitig Fugenblech, luftseitig Dichtstab und im unteren Mauerdrittel ebenfalls Fugenblech, horizontales Querschott etwa im unteren Drittelpunkt. Kühlspalt als Hochwasserschlitz im unteren Drittel, eine Grenzfläche verblecht und als Preßfuge ausgebildet, die andere durch Spickeisen vernäht.

Kontaktinjektionen: je Block und Mauerseite 3 Bohrlöcher durch den Beton 3 m tief in den Gründungsfelsen, 49,2 t Zementverbrauch. Verfestigung des linken Felskopfes durch Injektionen (85 t Zement).
Dichtungsschleier: 1,5- bis 2facher Staudruck als Einpreßdruck, Bohrlochneigung jeweils senkrecht zur Schichtung und Klüftung, mittlere Tiefe 13 m. Gesamtsumme der Bohrlängen 1572 m, Zementverbrauch 173 t.

18. *Beobachtungseinrichtungen und deren Ergebnisse:* 1 Lotschacht, zugänglich durch eigenes Rohr 47 m unter der Mauerkrone und 6 m tief in den Fels beschliefbar, zum Studium des elastischen und plastischen Verhaltens des Felsuntergrundes. Tagesgang der radialen Durchbiegungen unter Sonneneinfluß bekannt, Geländebewegungen bisher nicht festzustellen. Temperaturmessung durch in Rohre eingelegte Thermometer. Siehe Veröffentlichungen von Reitz und Fischer.

19. *Besondere Charakterisierung des Bauwerkes und seiner äußeren Erscheinung:* Sorgfältig ausgeformtes stark unsymmetrisches Gewölbe.

20. *Baukosten einschließlich Triebwasserfassung:* bezogen auf 1948/49: 25 Millionen S.

21. *Schrifttum:*

  1. Heritsch-Czermak: Geologie des Stubalpengebietes. Graz 1923, Verlag U. Moser.
  2. Stini: Über die Anschätzung der Lage des Felsuntergrundes beim Planen von Wasserkraftanlagen. Die Wasserwirtschaft, Wien 1923, Heft 3, S. 25—27.
  3. Stini: Gesteinsklüftung im Teigitschgebiet. Tschermak's mineralog. und petrograph. Mitteilungen, Wien 1925, 38. Bd., S. 464—478.
  4. Stini: Gesteinsklüfte und alpine Aufnahmsgeologie. Jahrbuch der geologischen Bundesanstalt Wien 1925, Heft 1/2, Seite 118.
  5. Fill: Kluftmessung und Talsperrenlage. Geologie und Bauwesen 1950, Heft 4.
  6. Goriupp: Die Berechnung der Gewölbesperre am Hierzmann nach dem Versuchslastverfahren. Österreichische Bauzeitschrift, Jahrgang 50, Heft 9.
  7. Tschech-Jaburek: Berechnung von Bogenstaumauern im Vergleich mit den Ergebnissen statischer Modellversuche. Österreichische Bauzeitschrift, Jahrgang 1951, Heft 2.
  8. Fischer-Grengg: Die Gewölbemauern Salza und Hierzmann der Steweag. Österreichische Bauzeitschrift 1951, Heft 11/12.
  9. Reitz: Beobachtungseinrichtungen an den Sperren Salza, Hierzmann, Ranna und Wiederschwing. „Die Talsperren Österreichs", Heft 1.
10. Stini: Die baugeologischen Verhältnisse der österreichischen Talsperren. „Die Talsperren Österreichs", Heft 5.
11. Fischer: Beobachtungen an der Hierzmannsperre. „Die Talsperren Österreichs", Heft 11.

18 Rannasperre

1. *Name der unmittelbar angeschlossenen Kraftstufe:* Rannawerk Kramesau.

2. *Bau- und Betriebsherr:* Oberösterreichische Kraftwerke-Aktiengesellschaft, Linz, Bahnhofstraße 6.

3. *Geographische Koordinaten:* 48° 31' N, 13° 46,5' O.

4. *Typ:* Gleichwinkelmauer (GW_j).

5. *Baujahre:* 1948—50.

6. *Datum des ersten Vollstaus:* 16. November 1950.

7. *Geometrie des Stauraums:* Stauziel 493,0 m, Absenkziel 473,0 m. Speicherschwerpunkt auf 487,20 m. Speichernutzinhalt 2,20 hm³.

18 Rannasperre

8. *Zufluß im Regeljahr:*
   a) aus dem natürlichen Einzugsgebiet von 166 km²: .... 108 hm³
   b) Beileitung Höllbach ....8 km²
   c) Pumpspeicherung (Pumpzeit jährlich ca. 3200 Stunden) .... 70 hm³

   Zusammen .... 178 hm³

9. *Energieinhalt des Speichers,* bezogen auf
   a) Meeresspiegel .... 2,92 GWh
   b) Rannakraftwerk Kramesau .... 0,96 GWh

10. *Wirtschaftliche Zielsetzung:* Günstige Steilstufe im Durchbruch der Ranna zur
    Donau veranlaßt bereits 1919 erste Projektierung. 1923—26 Ausbau eines Lauf-
    werks mit Berücksichtigung späterer Erweiterungen durch die Elektrizitätswerke
    Stern & Hafferl A. G. 1948—50 Vollausbau durch die Oberösterreichische Kraft-
    werke-Aktiengesellschaft als Spitzenkraftwerk mit Wochenspeicher und Pump-
    speicherung aus der Donau. Arbeitsvermögen im Regeljahr 74,2 GWh, 26,9 GWh
    durch Pumpspeicherung. Jährlicher Pumpstromaufwand 51 GWh aus Laufwerken
    an Traun und Enns. Förderfähigkeit der Speicherpumpe 6 m³/s. Werkshöchst-
    leistung 18,2 MW.

11. *Gründungsgestein:* Gneisgranit. Eingriff der Sperrenflügel in Furchen vor Rippen
    der tiefen Schlucht, im allgemeinen günstige Krafteinleitung in die Flanken. Ge-
    stein im oberen Teil des linken Hanges engständig zerklüftet und aufgelockert,
    künstlicher Widerlagerklotz notwendig. 0,5—0,6 m breiter Zerrüttungsstreifen in
    der Talsohle.

12. *Nennbelastung:* 31.000 t.

13. *Hauptbaumaße:*
    a) Aushub ohne Nebenanlagen: 26.000 m³
    b) Rauminhalt des Hauptkörpers, ohne Nebenanlagen: 32.000 m³
    c) größte Höhe über alles: 45 m bis zur Krone, 53,5 m bis zur Brücke
    d) Kronenlänge: 126 m
    e) Kronenradius: 63,5 m.

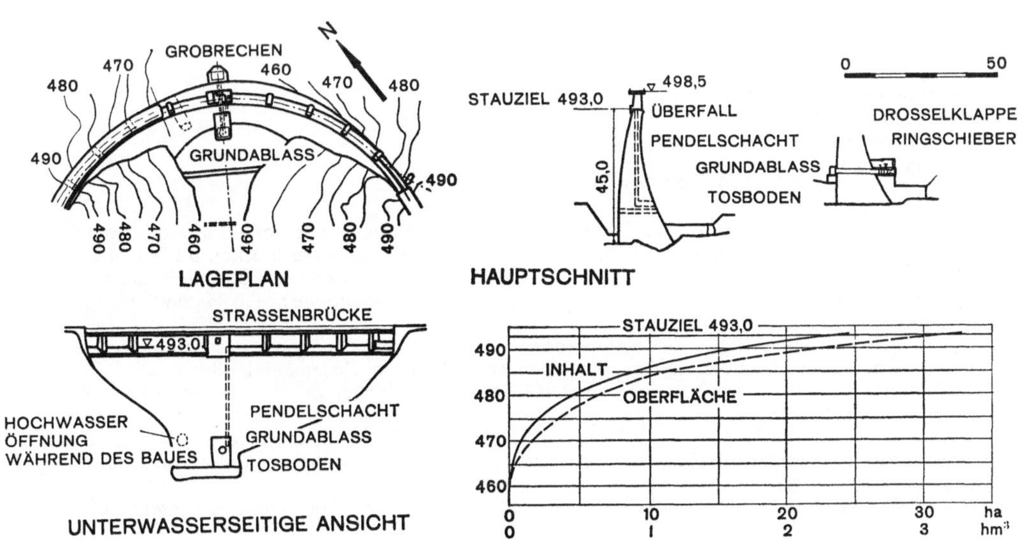

18 Rannasperre

14. *Kräftespiel im Tragkörper, Baustoffe, Ausführung:*
Berechnung nach Versuchslastverfahren, einschnittiger Radialausgleich für 5 Bogenlamellen und 1 Kragträger. Betongewicht 2,35 t/m³, Kronenlast durch Brücke 5 t/m; Modulverhältnis Fels/Beton $=$ 1 (2,000.000 t/m²); Berücksichtigung der gleichmäßigen, jahreszeitlich bedingten Temperaturveränderungen im Beton sowie der Differenz zwischen Luft- und Wasserseite. 4 Lastfälle: Vollstau und abgesenkter Stau jeweils am Sommer- und Winterende.

Lastfall	Höhe	Seite	Maximalspannungen in t/m² im		
			Bogenscheitel	Bogenkämpfer	Kragträger
Vollstau Sommer	484 m	L	$+$ 181,8 Druck		
Vollstau Winter	457 m	L	$-$ 82,4 Zug		
Vollstau Winter	493 m	L		$+$ 165,6 Druck	
Abgesenkt Sommer	466 m	L		$-$ 114,5 Zug	
Abgesenkt Sommer	448 m	W			$+$ 151,1 Druck
Abgesenkt Sommer	457 m	L			$-$ 56,7 Zug

Sperrenbeton: Zusammensetzung geprüft in Baustellenlabor, T. H. Graz und Wien.

Gusener Sand 0—0,2 mm	2,4 %	} Natursand
Gusener Sand 0,2—2 mm	3,6 %	

ungewaschener, gebrochener		
Granitsand 0—7 mm	30,0 %	} baustellennaher Steinbruch am linken Flügel,
Granitkies 7—15 mm	12,0 %	Sprengstellen im Mindestabstand 80 m von
Granitkies 15—30 mm	17,0 %	der Baustelle.
Grobkorn aus gebrochenem		
Granit 30—80 mm	35,0 %	
	100,0 %	

Portlandzement PZ 225   240 kg/m³
Steirischer Traß   60 kg/m³
Wasser/Bindemittel 0,6

$W_{B}28 = 220$ kg/cm² } aus 500 Versuchen
$W_{B}90 = 296$ kg/cm²

Einbringung mit Kabelkran in 0,5-m-Schichten, 20 m³/Stunde; Verwendung von Dywidag-Schalttafeln. Blöcke je 15 m breit, Endblöcke 18,17 m. Zwischen den mittleren Mauerblöcken bis h $=$ 472,56 m Kühlspalten mit 1,50 m Breite. Nach deren Schließung eigener Hochwasserdurchlaß angeordnet, knapp vor dem Einstau 1949 zubetoniert. Blockfugen und Kühlspalte verpreßt, Fugendichtung luft- und wasserseitig mit 1 mm Kupferblech.
a) Für Teilstau (wegen zu hoher Betontemperatur nur vorläufiges) Auspressen des unteren Mauerbereichs bis zu den horizontalen Dichtungsblechen auf 481,0 m im Dezember 1949.
b) Endgültiges Auspressen des Bereiches unter 481,0 m bei Minimaltemperatur, Bereich oberhalb bereits zu warm (Mai 1950).
c) Bereich von 481—491,80 m im Juli 1950 nur vorläufig ohne Rücksicht auf unterschiedliches Blockalter injiziert, da nach Schließen der Hochwasseröffnung Gefahr schnellen Anstaus bestand.
d) Dezember 1950: c neuerlich injiziert.
e) März 1951: Nachinjektionen sämtlicher Fugen mit „ZKS Ultrafein" der Plastimentgesellschaft.

15. *Triebwasserfassung:* Einlauf ca. 250 m oberhalb der Sperrenstelle. Feinrechen mit Reinigungsmaschine. Absperrklappe etwa 40 m im Berg, durch Schieberschacht erreichbar, anschließend 3,6 km Stollen, $\emptyset$ 2 m.

16. *Entlastungsanlagen:*
   a) Hochwasserüberfall über die Mauer: Kronenlänge 88 m, unterteilt in 8 zwischen den Pfeilern einer einspurigen Straßenbrücke gelegene Felder, neuntes Feld am linken Ende der Sperrenkrone geschlossen. Überfallkrone und Pfeiler nach Modellversuchen der T. H. Graz. Mittlerer Brückenpfeiler verbreitert, um den belüfteten Überfallstrahl von der Schieberkammer fernzuhalten, gleichzeitig Zugang zum Pendelschacht. Tosbecken mit Granitpflasterung.
   b) Grundablaß im Mittelblock: Achshöhe 459,0 m. Grobrechen, Stahlrohr 1400 mm, Klappe und Ringschieber in luftseitig der Mauer vorgesetzter Betonkammer.

18. *Beobachtungseinrichtungen:* siehe Hefte 1 und 3 der Reihe „Die Talsperren Österreichs" von Reitz.
   a) Lot im Pendelschacht: Maximaldurchbiegungen 12,0 mm talwärts und 4,5 mm seewärts.
   b) Geodätische Messungen von Fixpunkten aus: Durchbiegung 16,7 mm talwärts.
   c) Temperaturmessungen (großer Einfluß auf die Mauer).

19. *Besondere Charakterisierung des Bauwerkes und seiner äußeren Erscheinung:* Hohe Sperrenbrücke und zweigeteilter freier Hochwasserüberfall. Sperrenbau ohne Umlaufstollen, da Kraftstufe mit eigener Wasserfassung viele Jahre vorher schon in Betrieb.

20. *Baukosten* einschließlich Wasserfassung: 36 Millionen Schilling (1955).

21. *Schrifttum:*
   1. Graber: Geomorphologische Studien aus dem östlichen Mühlviertel. Petermann's Geographische Mitteilungen 1902.
   2. Kölbl: Geologische Untersuchungen der Wasserkraftstollen im oberösterreichischen Mühlviertel. Jahrbuch der geologischen Bundesanstalt, Wien 1925, 75. Bd. H. 3/4.
   3. Ornig: Österreichs Energiewirtschaft. Springer — Wien 1927.
   4. Faehndrich: Der Bau der Rannatalsperre. Österreichische Bauzeitschrift 1952, Heft 1, 2.
   5. Reitz: Beobachtungseinrichtungen an den Talsperren Salza, Hierzmann, Ranna und Wiederschwing. „Die Talsperren Österreichs", Heft 1.
   6. Reitz, Kremser, Prokop: Beobachtungen an der Ranna-Talsperre 1950—52 mit besonderer Berücksichtigung der betrieblichen Erfordernisse. „Die Talsperren Österreichs", Heft 3.
   7. Frisch: Der Ausbau des Hochdruck-Laufwerkes Ranna zu einem Pumpspeicherwerk. „10 Jahre Kraftwerksbau" (Festschrift für Oskar Vas), Springer — Wien 1956.

19 Limbergsperre

1. *Unmittelbar angeschlossene Kraftstufe:* Kaprun — Hauptstufe.

2. *Bau- und Betriebsherr:* Tauernkraftwerke Aktiengesellschaft, Salzburg, Rainerstraße 29.

3. *Geographische Koordinaten:* 47° 12' N, 12° 43,5' O.

4. *Typ:* Gleichwinkelmauer (GW$_j$).

5. *Baujahre:* 1940—51.

6. *Datum des ersten Vollstaus:* 22. 9. 1951.

7. *Geometrie des Stauraums:* Stauziel 1672,00 m, Absenkziel 1590,00 m, Nutzinhalt 83,0 hm³: Speicherschwerpunkt 1641,61 m.

8. *Zufluß im Regeljahr:*

	km²	Sommer	Winter	Jahr
Zuflüsse aus dem Mooserboden-speicher (s. Moosersperre)	100,7	180,8	23,4	204,2
restliche Zuflüsse in den Wasser-fallbodenspeicher (Limbergsperre)	17,4	25,9	4,0	29,9
	118,1	206,7	27,4	234,1
Bacheinleitungen in den Druckstollen der Hauptstufe	8,9	2,1	14,6	16,7

9. *Energieinhalt,* bezogen auf
   a) Meeresspiegel .... 379 GWh
   b) Hauptstufe Kaprun .... 160 GWh
   c) Schwarzach (Fernspeicherwirkung) .... 26 GWh

   Summe b + c .... 186 GWh

10. *Wirtschaftliche Zielsetzung:* Ausnützung des Wasserfallbodens als unterer der beiden Langzeitspeicher der Kraftwerksgruppe „Glockner-Kaprun". Diese umfaßt das Hauptstufenkraftwerk „Kaprun", das Oberstufenkraftwerk „Limberg", die beiden Speicher „Wasserfallboden" (Limbergsperre) und „Mooserboden" (s. Moosersperre und Drossensperre, Nr. 26a und 26b), die Möllüberleitung mit dem kleinen Speicher „Margaritze" (s. Möllsperre und Margaritzensperre, Nr. 21a und 21b) und mehrere Bacheinleitungen. Als betriebstechnische und energiewirtschaftliche Einheit bedeutendstes österreichisches Winterspitzenwerk, Rückgrat der Winterstromversorgung im Verbundnetz, das durch die anpassungsfähige Leistungs- und Energieabgabe der Gruppe erst den wirtschaftlichen Einsatz der übrigen Kraftwerke gestattet. Siehe auch Übersicht 2.
Beachtliche Aufbesserung des Winterdargebots der Salzach ermöglichte Ausbau der Laufwerkstufe Schwarzach (weitere projektiert). Verwertung von Sommernachtenergie durch Pumpbetrieb der Oberstufe.
Energie-Regeljahrdargebot 1938/39 — 1951/52:

	GWh		
	Winter	Sommer	Gesamt
Hauptstufe 220 MW	394	96	490
Oberstufe 112 MW	88	74	162
Gesamte Werksgruppe ohne Pumpbetrieb	482	170	652
Aufwand für Möllpumpwerk	— 3	— 22	— 25
Netto: gesamte Werksgruppe ohne Pumpbetrieb	479 (76 %)	148 (24 %)	627 (100 %)
Durch Pumpbetrieb erzeugbare Spitzenenergie im Sommer	—	200	200

11. *Gründungsgestein:* Naturgegebene Sperrenstelle auf der Felsschwelle der Schlucht, mit der sich das heute verlandete ehemalige Seebecken des Wasserfallbodens gegen Norden zum Steilabfall in die nächstuntere Talstufe öffnet. Schwach unsymmetrischer Talquerschnitt, besonders im oberen, von Schutt überlagerten Drittel. Auch Talsohle von Lockermassen überdeckt. Sonst überall im allgemeinen sehr guter, vom Eis überformter Fels anstehend; geringe Verwitterungsschwarte.
Weitaus vorherrschend Kalkglimmerschiefer der „Oberen Schieferhülle". Daneben auch etwas Grünschiefer (am Fuß der westlichen Talflanke) und graphitische Schiefer (im oberen Bereich des Westflügels, vom Eis ausgehobelt und mit Moräne gefüllt; Betonplombe erforderlich). Westflanke im geologischen Aufbau unruhiger, mehrere NS-streichende kleine Verwerfungen mit geringer Nordverschiebung der jeweiligen Westtrümmer. Talparallele Kluftschar bildet Steilwände des östlichen Hanges, begünstigt Wassereintritte und Hangablösungen. Zweite Kluftschar streicht quer zum Tal und fällt steil gegen Norden ein, keine Gefahr für Gleitsicherheit und Wasserdichtigkeit.

12. *Nennbelastung:* 757.000 t.

19 Limbergsperre mit Krafthaus Limberg. Im Hintergrund rechts die Moosersperre

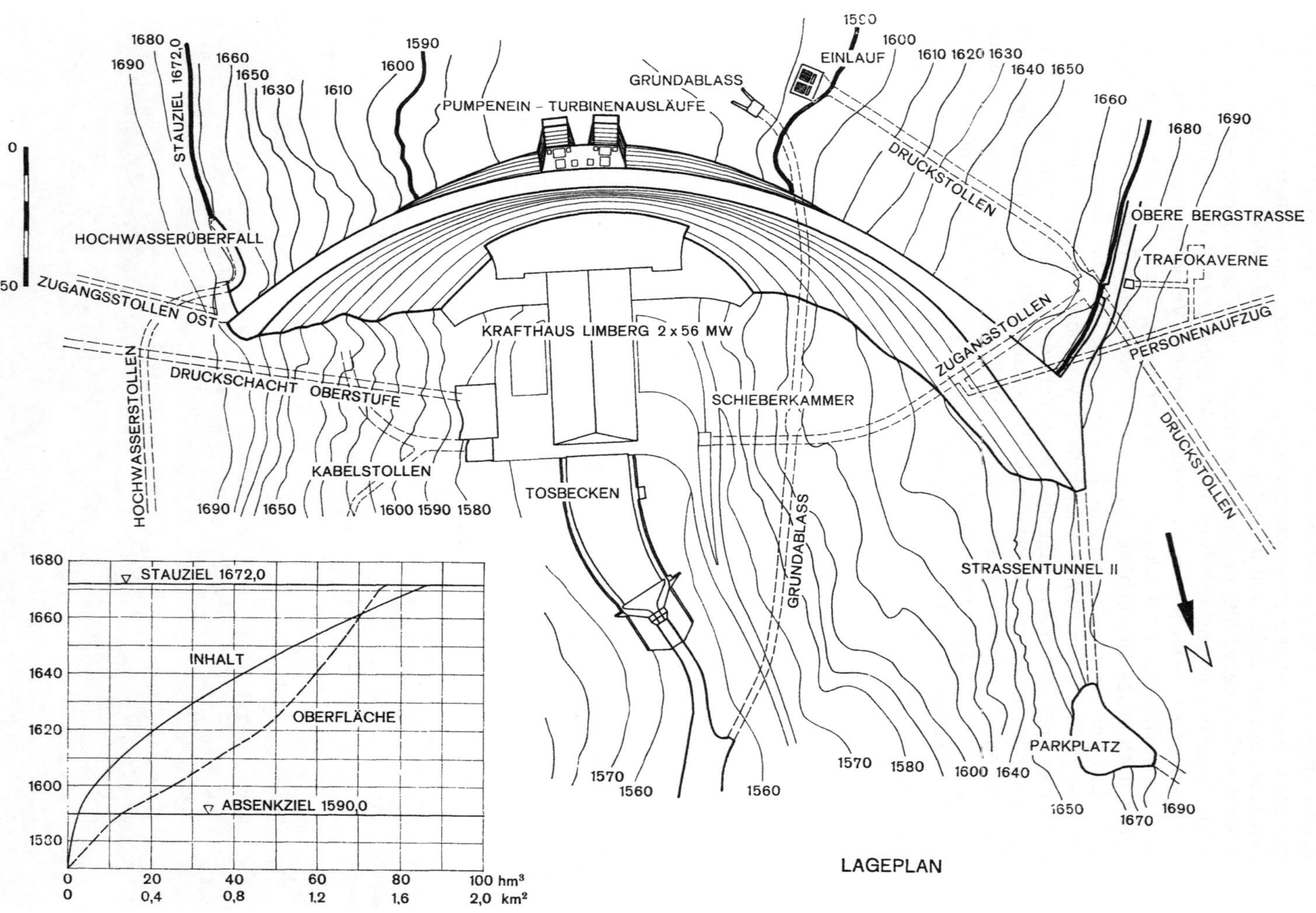

19 Limbergsperre

94

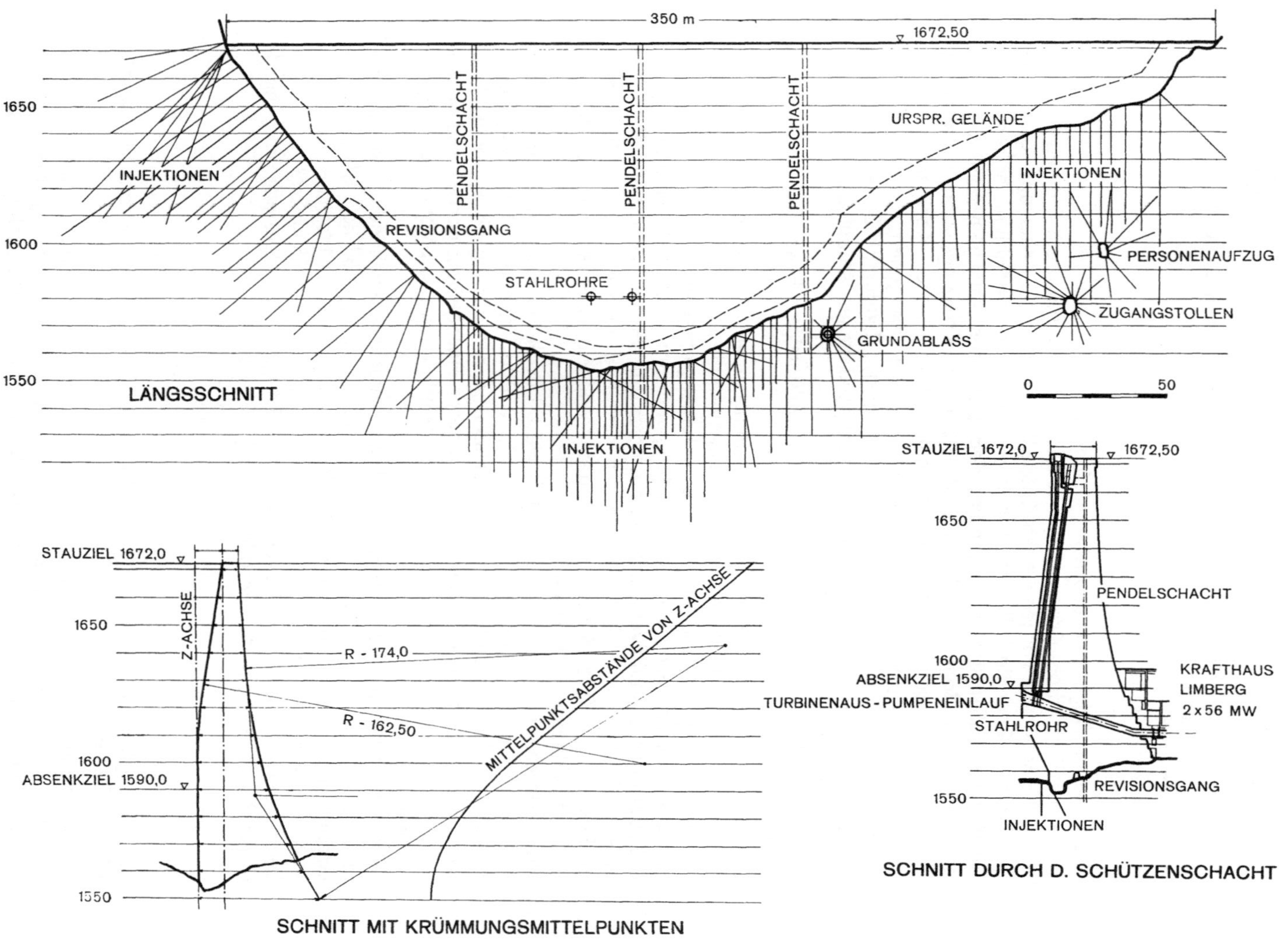

350 m
1672,50
1650
1600
1550
PENDELSCHACHT
PENDELSCHACHT
PENDELSCHACHT
URSPR. GELÄNDE
INJEKTIONEN
INJEKTIONEN
REVISIONSGANG
STAHLROHRE
PERSONENAUFZUG
ZUGANGSTOLLEN
GRUNDABLASS
LÄNGSSCHNITT
INJEKTIONEN
0   50
STAUZIEL 1672,0
1672,50
1650
1600
1550
PENDELSCHACHT
ABSENKZIEL 1590,0
TURBINENAUS - PUMPENEINLAUF
STAHLROHR
KRAFTHAUS LIMBERG 2 x 56 MW
REVISIONSGANG
INJEKTIONEN
SCHNITT DURCH D. SCHÜTZENSCHACHT
STAUZIEL 1672,0
1650
1600
1550
Z-ACHSE
R - 174,0
R - 162,50
MITTELPUNKTSABSTÄNDE VON Z-ACHSE
ABSENKZIEL 1590,0
SCHNITT MIT KRÜMMUNGSMITTELPUNKTEN
19 Limbergsperre

13. *Hauptbaumaße:*
   a) Aushub ohne Nebenanlagen: 122.000 m³ Überlagerung, 165.000 m³ Felsausbruch.
   b) Rauminhalt des Hauptkörpers ohne Nebenanlagen: 443.600 m³.
   c) Höhe über alles: 120 m
   d) Kronenlänge: 350 m
   e) Kronenradius: 187,80 m.

14. *Kräftespiel im Tragkörper, Baustoffe, Ausführung:*
   Bei einem Verhältnis Kronenlänge zu Höhe = 2,9 und dem kleinen Stich des durch die Baugrube vorgegebenen Kronenbogens sind die Kragträger gegenüber den weichen Bogenlamellen stark beansprucht. Zur Vermeidung höherer Zugspannungen daher starke Lotschnitte; dem statischen Verhalten nach Gewölbegewichtsmauer. Bogenlamellen im Mittelbereich Kreisringsektoren konstanter Dicke; anschließende Verbreiterung mittels exzentrischer Korbbogen, die in Kämpfernähe tangentiell in geradlinige Anläufe übergehen (im Bereich der Westhangverflachung entsprechend verlängert). Dadurch Bogenversteifung, Herabsetzung der Felspressungen und genügend steiler Anlauf der Bogen zum Fels.
   Ostflügel findet vorzügliches Widerlager in wulstartigem Felspfeiler; unterer und mittlerer Westflügel ähnlich.
   Einschnittige Vorberechnung unter vereinfachenden Annahmen der Sperrenform für die wichtigsten Haupt- und Nebenlastfälle einschließlich verschiedener Temperaturzustände; 2 Grenzwerte für Felsnachgiebigkeit.
   Statische Hauptberechnung: Lastaufteilungsverfahren mit 6 Bogenlamellen und 6 Kragträgern, Radialverschiebungsausgleich für 24 Kreuzungspunkte. In den unteren Bogen hyperbolische Spannungsverteilung nach Navier; Modulverhältnis Fels/Beton = 0,75. Berücksichtigung der Widerlagerbewegung nach den vereinfachten Vogt'schen Formeln.
   Hauptberechnung nur für Hauptlastfall Herbst (Vollstau mit sommerlicher Temperaturerhöhung): Eigengewicht 2,4 t/m³; Vollstau auf 1672,0 m; Sohlwasserdruck von 0,25 des statischen Wasserdrucks linear auf Null abnehmend; Temperaturverteilung nach Beobachtungen anderer Hochgebirgssperren, auf Fugenschlußtemperatur + 4° bezogen. Gute Übereinstimmung von Vor- und Hauptberechnung.
   Maximale Betondruckspannung bei Temperaturberücksichtigung im wasserseitigen Bogenscheitel in 1660 m .... 56 kg/cm²
   Größter Biegezug im wasserseitigen Fuß .... 1 kg/cm²
   Maximale Felspressung .... 35 kg/cm²
   Beton: schwachplastischer Rüttelbeton γ = 2,4 t/m³. Zuschlagstoffe vom nördlichen Baggerfeld am Mooserboden: 25 %   0— 3 mm
                                                           13 %   3—10 mm
                                                           31 % 10—40 mm
                                                           31 % 40—120 mm

250—260 kg/m³ PZ 225, Wasserzementfaktor 0,55—0,57; Zusatz von Plastiment N 1 % des Zementgewichts.

Mittelwerte nach 90 Tagen: Druck (30 cm-Würfel) ...... 311 kg/cm²
                                     Biegezug (Balken 20×20×60)   47 kg/cm²
Direkte Betoneinbringung durch drei Kabelkrane; Stahlschalung in Rollausführung.
Aushub zunächst nur im unteren Talbereich bis 1620 m, um den Fels nicht zu lange der Verwitterung auszusetzen, Ostflanke wegen Steilheit und Klüftigkeit berg-

männisch abgebaut, ebenso Westflanke zwecks Winterarbeit. Aufstandsfläche tunlichst senkrecht zu den Kräften. Verzahnte Radialfugen in 15 m Abstand, zu 1,20 m breiten Kühlspalten erweitert und jeweils erst im nächsten Jahr geschlossen; ein weiteres Jahr danach Auspressen der Doppelfugen zwischen Kühlspaltfüllung und Betonierblock (Fugenschlußtemperatur $+ 4^0$, Frühjahrsbeginn). Luft- und wasserseitig Z-förmige Kupferblechdichtung. Da Zwischenstaubeginn bereits Ende des 2. Baujahrs, zum Teil noch freie Kühlspalten durch Dammbalken geschlossen. Zur Wasserseite abgetreppte Arbeitsfugen mit Druckwasser behandelt und vor der nächsten Betoneinbringung mit einer einige cm starken Mörtelschicht versehen (450—500 kg/m^3 PZ, 70% Feinsand 0—3 mm, 30% Grobsand 3—10 mm, Wasserzementfaktor 0,56). Jahresfugen vorher 10 cm abgeschrämt, zusätzliche Kupferblechdichtung. Längsfugen im unteren Mauerbereich (d > 20 m) ebenfalls verzahnt und verpreßt.

15. *Triebwasserführung:*
   a) Einlaufbauwerk am linken Hang, Schwelle auf 1580 m. 2 Rechen 4,10/6,50 m, Stabweite 4 cm. 2 Dammtafeln 4,10/4,30 m, Einlauftrompete zum Druckstollen $\varnothing$ 3,20 m, Q = 32 m^3/s. 130 m talauswärts Schieberkammer mit 2 Drosselklappen $\varnothing$ 2,80 m (Fernsteuerung und Handantrieb).
   b) Turbinenausläufe bzw. Pumpeneinläufe des am luftseitigen Sperrenfuß gelegenen Oberstufenkraftwerks Limberg. Jeweils doppelt vorhanden: Rechen 4,0/6,0 m, Stabweite 4 cm; Einlauftrompete; 2 Gleitschützen 2.20/3,20 m, davon eine luftseitig, die andere wasserseitig dichtend; Antrieb vom Naßschacht aus, Steigrohrleitung zur Entlastung gegen den Wasserdruck der Oberstufe. Durchführungsrohre $\varnothing$ 2,20 m, durch Bewehrung und Ringspante gesichert, bewegliche Verbindung zum Krafthaus über doppelte Kugelgelenke.

16. *Entlastungsanlagen:*
   a) Grundablaß: im westlichen Sperrenhang (Schwellenhöhe 1570 m), ausgebauter Umlaufstollen. Rechen 3,20/7,75 m; Dammbalken 3,20/3,50 m; Druckstollen $\varnothing$ 2,50 m mit 20 cm Betonauskleidung und 5 cm bewehrtem Torkret, bis Schieberkaverne (Stahlkonus mit Drosselklappe 1600 mm und Ringschieber 1600/1400 mm). Ausfluß in unterirdisches Tosbecken, von dort über den nur mit einer Sohlverkleidung ausgestatteten Umlaufstollen frei ins Achenbett.
   b) Zu Leerlaufleitungen $\varnothing$ 2,0 m verlängerte Pumpeneinläufe, als Grund- und Katastrophenauslaß heranziehbar. Förderfähigkeit bei Vollstau 45 m^3/s; eine Leitung durch Ringschieber 1600/1400 mm, andere mit absprengbarem Blinddeckel verschlossen.
   c) Hochwasserüberfall: abgedecktes Streichwehr vor dem östlichen Kronenende. Kronenhöhe 1672 m, Länge 20 m. Förderfähigkeit bei 80 cm Überstau 25 m^3/s, durch Hangstollen $\varnothing$ 2,60 m über Felsrinne ins Achenbett.

17. *Abdichtungsmaßnahmen:*
Sondierbohrungen 65 mm Kernbohrung, Bohrlochabstand 30 m, bis 120 m tief. Probeabpressungen: Hauptdurchlässigkeitszone im Bereich der Talsohle 25—40 m tief.
   a) Tiefenschirm wasserseitig, Bohrlochabstand 6—8 m, 50—60 m tief; Kernbohrung, im Talboden und am Westhang lotrecht, am Osthang senkrecht zur Hangfläche.
   b) Sekundärschirm: unter Betonauflast von der Wasserseite gebohrt, talabwärts geneigte Bohrlöcher 25 m lang, zwischen den Bohrlöchern des Tiefenschirmes.
   c) Flächeninjektionen: Über die Aufstandsfläche verteilt, nur zur Konsolidierung des Felsuntergrundes, da Sohlfuge bereits überall satten Anschluß aufwies.

Bohrlöcher strahlenförmig (l = 15 m) vom Kontrollgang aus und vom luft- und wasserseitigen Fuß her.

Zementaufnahme bei a und b nicht sehr bedeutend, bei c sehr unterschiedlich.

	Aufnahme im Schirm a + b				Flächeninjektionen	
	Bohrung	Zementaufnahme	kg/m	kg/m²	Zementaufnahme	kg/m³
	lfm	t	Bohrung	Schirm	t	Fels
Westhang	2680	221	82,4	21,6	82	0,6
Osthang	1960	177	90,3	26,3	29	0,9
Baugrube	2702	196	72,5	27,3	110	1,2
Gesamt	7342	594	80,9	24,6	221	1,0

Kontrollbohrungen: Firmengarantie für Gesamtverluste unter 20 l/s. Injektionsgut: Portlandzement mit teilweisem Zusatz von Plastiment, in Einzelfällen auch Alfesil. Aufbereitung im SWIBO-Mischer mit hochdisperser Zementverteilung.

18. *Beobachtungseinrichtungen und deren Ergebnisse:*
    a) Sohlwasserdruck: am Felsgrund aufgesetzte gußeiserne Sammelglocken, Manometerablesung im Kontrollgang.
    b) Porenwasserdruck: perforierte Sammelkugeln.
    c) Dehnungs- und Spannungsmessungen: Teleformeter in einer Reihe von Punkten. In der Nähe der Außenflächen in 4, im Sperreninnern in 9 verschiedenen Richtungen.
    d) Geometrische Beobachtung der Außenflächen durch trigonometrische Feinmessungen von unverschieblichen Standpunkten aus.
    e) Drei lotrechte Pendelschächte, 18 m unter die Mauersohle hinabreichend. Ergebnisse: siehe Veröffentlichung von Tremmel (Heft 7 der Reihe „Die Talsperren Österreichs").

19. *Besondere Charakterisierung des Bauwerkes und seiner äußeren Erscheinung:* Unkundige vermuten im Zusammenbau einer großen Talsperre und einer ansehnlichen Kraftstation ein Talsperrenkraftwerk. In Wahrheit bindet die Limbergsperre die beiden Stufen des Tauernwerkes zu einer betrieblichen Einheit zusammen und hatte dabei die interessanteste Bauaufgabe zu lösen, die dem österreichischen Talsperrenbau bisher gestellt worden ist. Als Folge der Kriegs- und Nachkriegsereignisse sowie des Führungswechsels erstreckte sich die Bauausführung über mehr als ein Jahrzehnt.

21. *Schrifttum:*
    1. Cornelius u. Clar: Geologische Karte des Großglocknergebietes 1 : 25.000, Wien 1935.
    2. Cornelius: Erläuterungen zur geologischen Karte des Großglocknergebietes, Wien 1935, Verlag der geologischen Bundesanstalt.
    3. Cornelius: Geologie des Großglocknergebietes, 1. Teil, Wien 1939, Geologische Bundesanstalt.
    4. Stini: Staumauerbauweise und Baugrund, Österreichische Bauzeitung 1947, Heft 7/9.
    5. Grengg u. Lauffer: Der Gewölbemauerbau in Österreich. Österreichische Bauzeitung 1948, Heft 8/9.
    6. Böhmer: Über den derzeitigen Stand der Bauarbeiten am Tauernkraftwerk Kaprun. Zeitschrift des Österr. Ingenieur- und Architektenvereins 1948, Heft 23/24.
    7. Böck: Die Fortschritte beim Bau des Tauernkraftwerkes in Kaprun während des Jahres 1948. Österreichische Wasserwirtschaft 1949/50, Sonderheft.
    8. Ascher: Die geologischen Gründe für die Wahl der Gewölbemauer bei der Limbergsperre. Österreichische Wasserwirtschaft 1950, Heft 10.

9. Böck: Das Kraftwerk Kaprun. Österreichische Zeitschrift für Elektrizitätswirtschaft 1950, Heft 10.
10. Horninger: Beobachtungen am Fels der Limbergsperre. Österreich. Wasserwirtschaft 1951, Heft 6.
11. Festschrift „Die Hauptstufe Kaprun" 1951: Aufsätze u. a. von Ascher: Geologische Verhältnisse an der Limbergsperre; Schüller: Die Limbergsperre; Tremmel: Grundlagen der statischen Berechnung der Limbergsperre; Horninger: Die geologischen Voraussetzungen für die Dichtung des Untergrundes der Limbergsperre; Blatter-Hübel: Die Abdichtungs- und Verfestigungsarbeiten im Felsuntergrund der Limbergsperre; Wogrin: Entwicklung und Prüfung des Betons für die Limbergsperre; Stini: Die landformenkundlichen und die geologischen Verhältnisse der Hauptstufe des Kapruner Werkes.
12. Rind: Die Behandlung der Arbeitsfugen beim Bau der Limbergsperre. Österreichische Wasserwirtschaft 1952, Heft 8/9.
13. Grengg: Das Großspeicherwerk Glockner-Kaprun. Österreichische Bauzeitung 1952, Heft 8/9.
14. Grengg: Das Großspeicherwerk Glockner-Kaprun. Heft 23 der Schriftenreihe des Österreichischen Wasserwirtschaftsverbandes.
15. Tremmel: Limbergsperre, statistische Auswertung der Pendelmessungen. Heft 7 der Reihe „Die Talsperren Österreichs".
16. Stini: Die baugeologischen Verhältnisse der österreichischen Talsperren. Heft 5 der Reihe „Die Talsperren Österreichs".

20 Bächentalsperre

1. Dürrachüberleitung zum Achenseekraftwerk.

2. *Bau- und Betriebsherr:* Tiroler Wasserkraftwerke A. G. Innsbruck, Landhausplatz 2.

3. *Geographische Koordinaten:* 47^0 30,5' N, 11^0 35,5' O.

4. *Typ:* fast als Kuppelmauer anzusprechen (Gw_j).

5. *Baujahre:* 1950—51.

6. *Datum des ersten Vollstaus:* 15. Oktober 1951.

7. *Stauziel:* 952,00 m (kein Stauraum, daher entfällt Pkt. 9).

8. *Zufluß im Regeljahr:* 70 hm³ (Einzugsgebiet 63 km²).

10. *Wirtschaftliche Zielsetzung:* Sperre dient nicht der Gewinnung von Speicherraum (rasche Verlandung zu erwarten), sondern soll nur durch Aufstau das nötige Fließgefälle für die Dürrachüberleitung zum Achensee schaffen, die zum Zwecke rechtzeitiger Wiederauffüllung des Achensees und längerer Winterbetriebszeit des Achenseekraftwerkes gebaut werden mußte. Zusätzlich 30 GWh Winterenergie und 25 GWh Sommerenergie. Siehe auch Anhang „Der Achensee".

11. *Gründungsgestein:* Gut geschichteter, fester und kluftarmer Hauptdolomit.

12. *Nennbelastung:* 7200 t in nicht verlandetem Zustand.

13. *Hauptbaumaße:*
   a) Aushub ohne Nebenanlagen: 2300 m³ (davon 2000 m³ Fels)
   b) Rauminhalt des Hauptkörpers ohne Nebenanlagen: 2810 m³
   c) Höhe über alles: 34 m
   d) Kronenlänge: 70 m bis zum Widerlagerklotz
   e) Kronenradius: 40 m (wasserseitig).

14. *Kräftespiel im Tragkörper, Baustoffe und Ausführung:*
   Berechnung nach Lastaufteilungsverfahren für 1 Kragträger und 5 Bogenlamellen, Modulverhältnis Fels/Beton $= {}^1\!/_2$ für folgende Lastfälle:

a) Eigengewicht vor dem Auspressen der Fugen
b) Eigengewicht nach dem Auspressen der Fugen mit Vorspannung nach dem Fugenexpansionsverfahren von Dr. techn. H. Lauffer
c) Wasserlast
d) Erdlast für vollständige Verlandung
e) Temperatureinflüsse.

Größte Beanspruchungen für die Betriebslastfälle (kg/cm²)		ohne Verlandung	mit Verlandung
Kragträger	Druck	+ 12,8	+ 13,7
	Zug	— 1,2	—
Bogenscheitel	Druck	+ 29,3	+ 32,4
(Beton)	Zug	— 2,8	—
Bogenkämpfer	Druck	+ 19,8	+ 21,5
(Fels)	Zug	—	—

Sperrenbeton: 270 kg/m³ Portlandzement 225 mit 30 kg/m³ steirischem Traß; Zuschlagstoffe aus Hangschutt der Dürrach nach 4 Kornstufen aufbereitet (36% 0/3, 8% 3/7, 24% 7/30, 32% 30/80 mm), Wasserbindemittelwert W/(Z+T) = 0,55. Prüfung an der T. H. Graz. Betoneinbringung mit Kübel (Arbeitsbrücke mit Portalkran) im unteren Mauerbereich mit 2 m, im oberen, stärker überhängenden Teil mit 1 m Schichthöhe. Infolge guter Felsbeschaffenheit nur 1—2 m tiefe Einbindungsrinne.

20 Bächentalsperre

8 Mauerblöcke; Radialfugen sind verwundene Flächen und in beiden Richtungen verzahnt. Zur Dichtung Z-förmige Fugenbleche an der Luft- und Wasserseite sowie Querschotten. Die dadurch in Abschnitte unterteilten Fugen wurden nach dem Verfahren von Dr. H. Lauffer durch hydraulischen Druck auf ein genau einstellbares Maß geöffnet; dadurch Radialverschiebung der Blöcke zur Wasserseite. Anschließende Fugenauspressung unter Aufrechterhaltung des Wasserdrucks macht Vorspannung dauernd wirksam. Erster Fugenschluß Ende September 1951, endgültige Auspressung Mitte Mai 1952. In der Regel Portlandzementmilch mit Druckluftpumpe, abschnittsweise auch ZKS-Gemisch der Österreichischen Traßwerke mit Handpumpe durch Schlitz- und Dosenrohre eingepreßt. Maximaldruck 8—10 atü; 2000 kg Zement, 500 kg ZKS.

15. *Triebwasserfassung:* Sperre dient nur dem Fallhöhengewinn durch Aufstau, daher Entnahme wie bei Gebirgsbach, mit zusätzlicher Einrichtung zur Holztrift. Einlaufschwelle 1,5 m unter Stauziel, mit aufsteckbaren Stahlrohren zur Abhaltung des Triftholzes vom Einlaufbecken. Schwimmrechen verhindert Abtreiben über die Mauerkrone bei Hochwasser. Stämme vom Bedienungssteg aus einzeln vor die Tauchwand geholt und an ihr entlang in den Triftkanal geführt (talseits vom Entsander gelegen, mit Absperrschütz und Geschwemmselablaß). Dreiteiliger Einlauf mit Grobrechen (100 mm) und Geschiebe-Spülschützen, über Vorbecken zum Zweikammer-Dufour-Entsander (nach Modellversuchen T. H. Graz), mit Absperrschützen und Rückstauschützen, Spülwasser über Steilrinne zur Dürrach.

16. *Entlastungsanlagen:* Hochwasserüberfall über die ganze überhängende Krone (von der Mitte zu den Flanken parabolisch ansteigend) auf Wasserpolster hinter 5 m hoher Gegensperre. Als zusätzliche Möglichkeit: Geschiebespülkanal des Triebwassereinlaufes. Zur allenfalls nötigen Entleerung auch des verlandeten Stauraums dient Grundablaßrohr von 1000 mm Durchmesser mit luftseitigem Schieber sowie ehemaliger Umlaufstollen (Betonpfropfen, Schieber und Rohrleitung zum Dürrachbett).

17. *Abdichtungsmaßnahmen:* Kontaktinjektionen und Dichtungsschleier. Bohrlöcher je nach geologischen Verhältnissen an Hand räumlichen Modelles angesetzt. 10 t Zement, 500 m Bohrloch-Gesamtlänge.

18. *Beobachtungseinrichtungen und deren Ergebnisse:* Bei verschiedenen Füllungs- und Temperaturverhältnissen trigonometrische Messungen von 4 auf Fels betonierten Beobachtungspfeilern aus; 5 Meßbolzen über die Krone verteilt. Maximale Radialverschiebung des Meßpunktes in Sperrenmitte im Zustand „gefülltes Staubecken nach der zweiten Fugenauspressung" gegenüber dem leeren Becken vor der ersten Auspressung: rund 3 mm. Während der Auspressung an zwei Punkten Durchbiegungsmessungen, Kontrolle der Öffnungsweite sämtlicher Fugen.

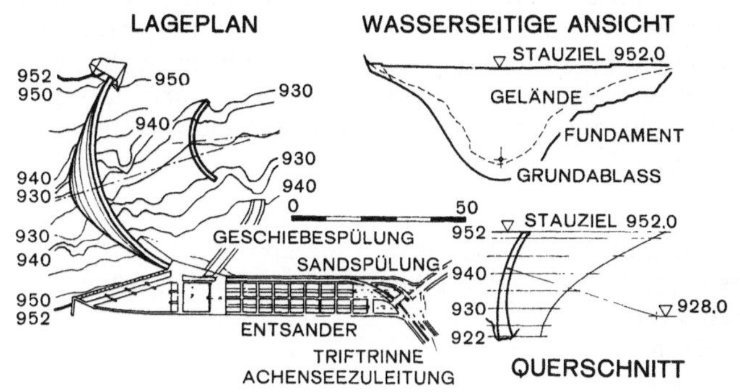

20 Bächentalsperre

19. *Besondere Charakterisierung des Bauwerkes und seiner äußeren Erscheinung:* Erste Anwendung der Vorspanntechnik im Talsperrenbau. Talsperre ohne Speicher, aber mit Trifteinrichtung.

20. *Baukosten:* einschließlich Triebwasserfassung und Triftrinne 23,8 Millionen S (1955).

21. *Literatur:*

1. Ampferer: Geologische Beschreibung des nördlichen Teiles des Karwendelgebirges. Jahrbuch der geologischen Reichsanstalt, Wien 1903, Bd. 53 H. 2 S. 24—252.
2. Hamann: Die Dürrachüberleitung zum Achensee. Österreichische Zeitschrift für Elektrizitätswirtschaft 1951/12.
3. Lauffer: Bericht über die hydraulische Vorspannung (Fugenexpansion) und Fugenauspressung der Bächentalsperre im Herbst 1951. Nicht veröffentlicht.
4. Stini: Die baugeologischen Verhältnisse der österr. Talsperren. „Die Talsperren Österreichs", Heft 5.

21 a Möllsperre

1. Keine unmittelbar angeschlossene Kraftstufe, sondern Überleitung (Möllpumpwerk) zum Speicher Mooserboden der Oberstufe des Tauernkraftwerkes Glockner-Kaprun.

2. *Bau- und Betriebsherr:* Tauernkraftwerke Aktiengesellschaft, Salzburg, Rainerstraße 29.

3. *Geographische Koordinaten:* 47⁰ 04' N, 12⁰ 46' O.

4. *Typ:* stark unsymmetrische Gleichwinkelmauer (GW_j).

5. *Baujahre:* 1950—52.

6. *Datum des ersten Vollstaus:*

7. *Geometrie des Stauraums:*

8. *Zufluß im Regeljahr:*   siehe Margaritzensperre (Nr. 21 b)

9. *Energieinhalt des Speichers:*

10. *Wirtschaftliche Zielsetzung:*

11. *Gründungsgestein:* Vom Gletscher ausgehobelte Mulde am Ausgang des Unteren Keesbodens, deren Profil sich nach unten in der vom Möllwasser eingeschnittenen Schlucht fortsetzt. Flanken aus festem Kalkglimmerschiefer, ausgezeichnete Einbindung der Kraftlinien in die sich zum Talboden erweiternden Schichtenlinien. Parallelstörung der kilometerlangen, in Nordsüdrichtung oberhalb der Sperre verlaufenden Stockerschartenverwerfung tritt auf 1967 m Meereshöhe in die Aufstandsfläche des rechten Flügels ein und durchzieht sie mit ihrem 2 m breiten Hauptast steil westfallend bis zu ihrem Erlöschen auf 1993 m, während ein Seitenast gegen die Luftseite ausschert. Die anschließenden, stark zerhackten Kalkglimmerschiefer erzwangen Mehraushub und Verfestigungsinjektionen.

12. *Nennbelastung:* 79.000 t.

13. *Hauptbaumaße:*
    a) Aushub ohne Nebenanlagen: 9.000 m³
    b) Rauminhalt des Hauptkörpers ohne Nebenanlagen: 35.000 m³
    c) Höhe über alles: 93 m
    d) Kronenlänge: 164 m
    e) Kronenradius: 62,30 m.

14. *Kräftespiel im Tragkörper, Baustoffe, Ausführung:*
Stark unsymmetrische Gleichwinkelmauer mit überwiegender Gewölbewirkung.
Berechnung nach einschnittigem Lastaufteilungsverfahren (lotrechter Mittelkrag-
träger und sechs horizontale Bogenlamellen). Lastannahmen: Eigengewicht des
Betons 2,4 t/m³; Wasserdruck bezogen auf die Spiegelhöhe 2002 m (2 m über
Stauziel); Sohlwasserdruck von 25% des statischen Wasserdrucks auf Null linear
abnehmend.
Belastungsfälle:
a) Hauptlastfall Herbst: Vollstau und sommerliche Erwärmung des Sperrenkör-
   pers, bezogen auf die Fugenschlußtemperatur.
b) Lastfall Verlandung: Vollstau und Verlandung bis zum Stauziel.
c) Hauptlastfall Winter: Vollstau (2002 m) und winterliche Abkühlung des Mauerkörpers bezogen auf die Fugenschlußtemperatur (2⁰ C unter und 4⁰ C über
   Horizont 1950 m).
Maximalspannungen:
Größte Betondruckspannung: 48,1 kg/cm²
   (im wasserseitigen Bogenscheitelpunkt auf Höhe 1970).
Größte Biegezugspannung: 14,4 kg/cm²
   (im luftseitigen Bogenscheitelpunkt auf Höhe 1960).
Größte Felspressung: 37,7 kg/cm²
   (im östlichen Bogenkämpfer, Luftseite, auf Höhe 1960).
Rüttelbeton wie bei der Margaritzensperre. Betonierung in 14 m breiten Blöcken
mit verzahnten Fugen, die durch Kupferbleche an der Luft- und Wasserseite
gedichtet sind und mit Hilfe eingelegter Horizontalbleche abschnittsweise mit
Zementmilch ausgepreßt wurden.
Erosionsrinne unterhalb der Kote 1946 durch verbreiterten Fundamentblock geschlossen, der auch den zweiten Grundablaß aufnimmt (Aufstandsfläche auf
1910 m). Infolge Verzögerung beim Aushub der Erosionsrinne im Jahr 1951 ober-
ster Teil des Fundamentblocks als lotrechtes Gewölbe auf den Talschutt betoniert
und in dessen Schutz spätere Ausräumung der Klamm bei gleichzeitigem Arbeiten
an der Mauer.

15. *Triebwasserfassung:* Einlauf vor dem linken Sperrenflügel, Schwellenhöhe
1972,60 m. 2 Einlaufrechen je 2,20 m breit und 5 m lang, fischbauchförmige Stäbe.
Nach 50 m Schieberkammer mit 2 Abschlußschützen 2,5/2,5 m Lichtweite, die
erste mit Fülldüse, die zweite mit Füllschieber. Zahnstangenwindwerk.

16. *Entlastungsanlagen:*
a) Hochwasserüberfall: siehe Margaritzensperre.
b) Grundablaß I: unterhalb der Triebwasserfassung (ausgebauter Umlaufstollen)
   im linken Berghang. Einlaufschwelle auf 1961,00 m. Stollendurchmesser 2,40 m.
   Wasserseitiger Dammtafelverschluß 2,60/3,00 m. Luftseitiger Düsenschieber
   1,00/1,33 m, luftseitiger Dichtdeckel 1,60/1,60 m.
c) Grundablaß II: im Fundamentblock. Abfallschacht mit 3 übereinanderliegen-
   den, durch Grobrechen geschützten Einläufen, die der fortschreitenden Auf-
   landung Rechnung tragen sollen. Grobrechen mit 200 mm Lichtweite, Dammtafelverschluß 2600/3000 bzw. 2000/3000 mm. Düsenschieber 1000/1000 mm
   Lichtweite, 30⁰ schräg zur stauraumseitigen Grundablaßpanzerung. Förderfähigkeit 30 m³/s.

17. *Abdichtungsmaßnahmen:* umfangreiche Dichtungsinjektionen mit Zementmilch, die
besonders an der Nordseite eine große Aufnahmsfähigkeit des Gebirges zeigten.

18. *Beobachtungseinrichtungen:* Drei Neigungsgeber im lotrechten Sperren-Mittel-
schnitt mit elektrischer Fernanzeige; elektrische Widerstandsthermometer, Tele-

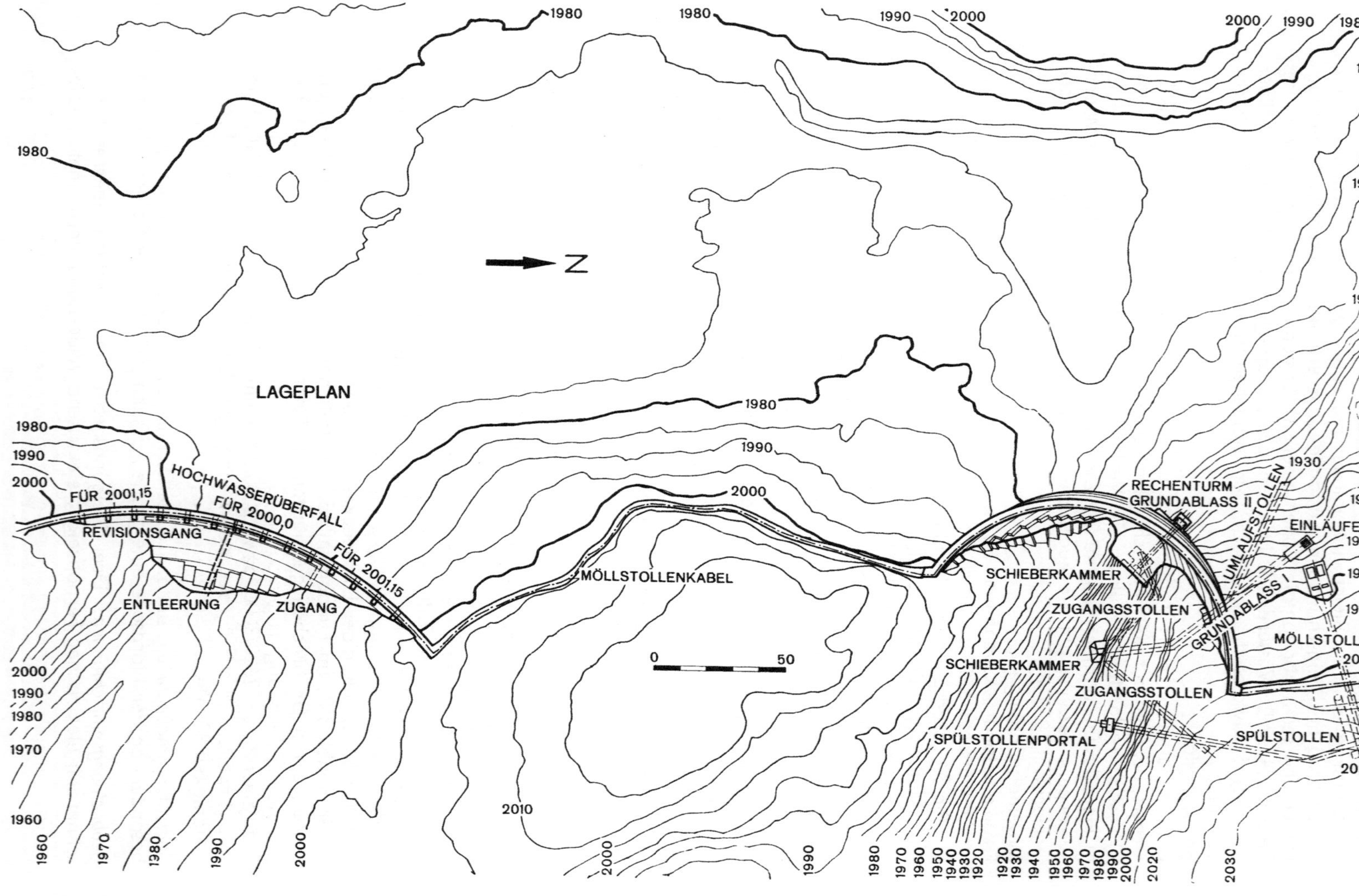

21b Margaritzensperre

21a Möllsperre

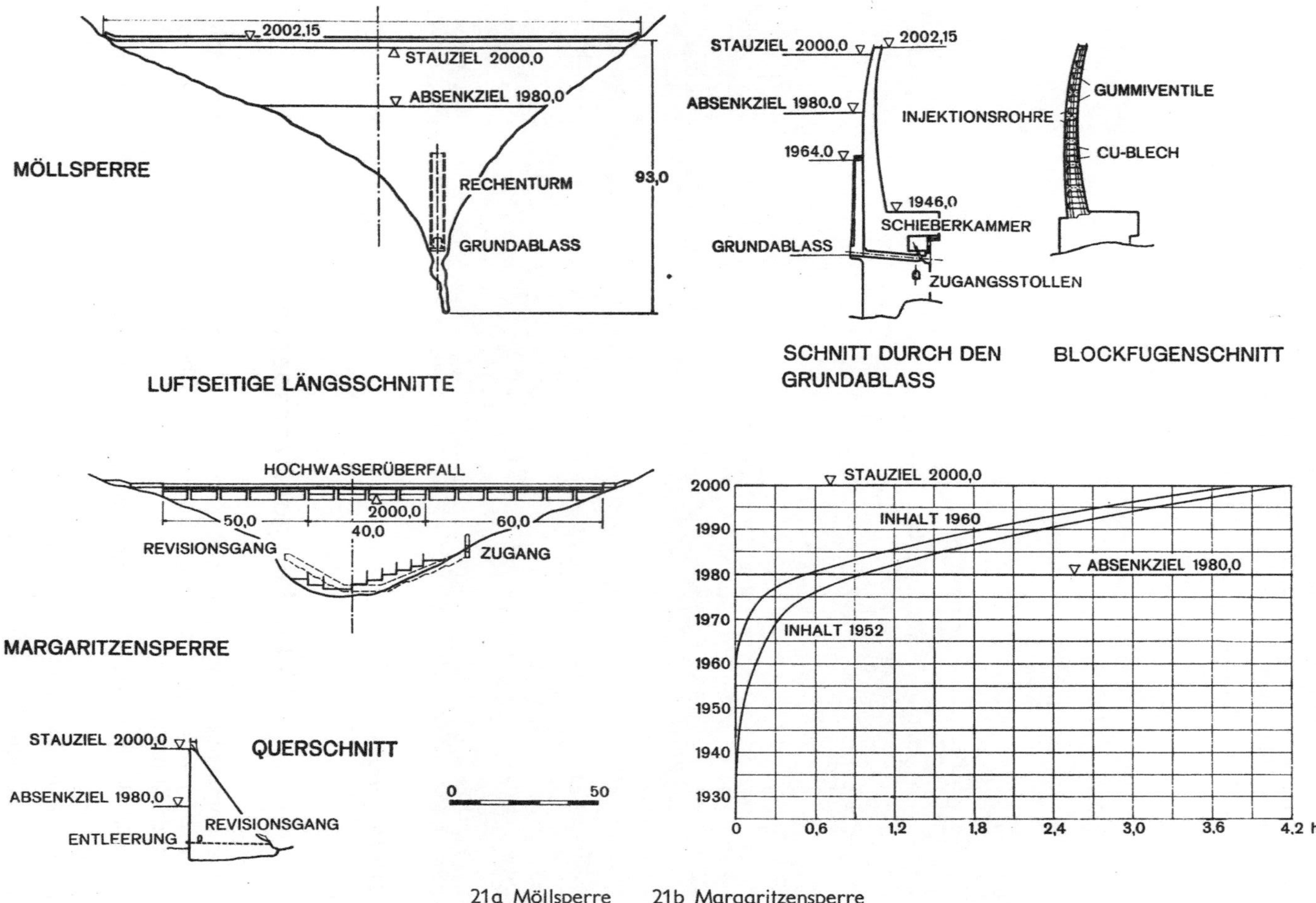

21a Möllsperre   21b Margaritzensperre

formeter; Beobachtungspfeiler und Meßbolzen für geodätische Deformationsmessung.

19. *Besondere Charakterisierung des Bauwerkes und seiner äußeren Erscheinung:* Der Möll-
speicher mit seinen beiden Sperren gibt in der durch die Glocknerstraße ohnehin
technisierten Hochgebirgslandschaft ein gutes Bild.

21. *Schrifttum:* siehe Moosersperre (Nr. 26a).

21 b Margaritzensperre   21 a Möllsperre

21 b Margaritzensperre

1. Keine unmittelbar angeschlossene Kraftstufe, sondern Überleitung (samt Möllpumpwerk) zum Speicher Mooserboden der Oberstufe des Tauernkraftwerkes
Glockner-Kaprun.

2. *Bau- und Betriebsherr:* Tauernkraftwerke Aktiengesellschaft, Salzburg, Rainerstraße 29.

3. *Geographische Koordinaten:* 47⁰ 04' N, 12⁰ 46' O.

4. *Typ:* Gewölbegewichtsmauer (GwG$_r$).

5. *Baujahre:* 1951—52.

6. *Datum des ersten Vollstaus:* 20. 5. 1953.

7. *Geometrie des Stauraums:* Stauziel 2000,00 m, Absenkziel 1980,00 m, Speicherschwerpunkt 1991,41 m; Speichernutzinhalt 3,2 hm³.

8. *Zufluß im Regeljahr:*

natürliches Einzugsgebiet	44,4 km² (60% Gletscher)	87,1 hm³
Leiterbachbeileitung	19,6 km² (7% Gletscher)	25,3 hm³
	64,0 km²	112,4 hm³

9. *Energieinhalt des Speichers,* bezogen auf
   a) Meeresspiegel . . . . .17,35 GWh
   b) Oberstufe Limberg (abzüglich Energieaufwand für
      Möllpumpwerk) . . . . 1,90 GWh
   c) Hauptstufe Kaprun . . . . 6,32 GWh
   d) Fernspeicherwirkung auf Schwarzach . . . . 1,00 GWh

   Summe b — d . . . . 9,22 GWh

10. *Wirtschaftliche Zielsetzung:*
Möglichst hohe und verlustfreie Fassung der im Tagesablauf stark schwankenden
Schmelzwässer der Pasterze, die zur Füllung des Speicherraumes am Mooserboden
unbedingt erforderlich sind und außerdem zur Deckung des Spitzenbedarfs im
Sommer herangezogen werden. Ausgleich der Zuflußschwankungen und Speicherung zwecks Pumpüberleitung in der Schwachlastzeit zum Mooserboden (Kaverne
des Möllpumpwerks in der rechten Felsflanke oberwasserseitig der Drossensperre).
Siehe auch Übersicht Nr. 2.

11. *Gründungsgestein:* Flache, vom Eis überarbeitete Abflußfurche mit talwärts zusammenrückenden Schichtenlinien im Süden des Margaritzenkopfes. Überall guter
Kalkglimmerschiefer anstehend. Die obere Hälfte des rechten Flügels quert ein
Band von Grünschiefer mit etwas Glimmerschiefer, die nordsüdliche Stockerschartenstörung zieht jedoch vor der Abschlußstelle durch. Staubecken durch
Schluffsand gut abgedichtet, keinerlei Wasserverluste.

12. *Nennbelastung:* 27.000 t.

13. *Hauptbaumaße:*
   a) Aushub ohne Nebenanlagen: 6.000 m³
   b) Rauminhalt des Hauptkörpers, ohne Nebenanlagen: 33.100 m³
   c) Höhe über alles: 40 m
   d) Kronenlänge: 150 m
   e) Kronenradius: 150 m.

14. *Tragkörper, Baustoffe, Ausführung:*
Aus Gründen der Geländeanpassung leicht gekrümmte Gewichtsmauer mit ausgepreßten Fugen, ohne statische Berücksichtigung der Bogenwirkung. Sohlwasserdruck von 0,5 des statischen Wasserdrucks auf 0 geradlinig abnehmend angenommen. Senkrechte Wasserseite, Luftseite 1 : 0,72 geneigt.
Rüttelbeton mit einem Zementgehalt von einheitlich 250 kg/m³ Fertigbeton. Zuschlagstoffe aus dem Naßfeld des Pfandlschartenbachs, Größtkorn 100 mm.
Wasserzementfaktor über 0,5, Zugabe von Frioplast 0,55% des Zementgewichts.

15. *Triebwasserfassung:* siehe Möllsperre (21 a).

16. *Entlastungsanlagen:*
   1) Gestufter Hochwasserüberfall über die Krone:
      a) auf Höhe 2000,00 m (Normalstauziel): 4×10 = 40 m Kronenlänge,
         Förderfähigkeit 70 m³/s bei 1,15 m Überstau;

b) auf Höhe 2001,15 m: Kronenlänge 11 × 10 = 110 m (5+6 Felder beiderseits von a); Gesamtförderfähigkeit des Überfalls a+b bei 1,65 m Überstau: 210 m³/s.

Zum Schutz gegen Auskolkungen im Fels im mittleren Hochwasserbett am luftseitigen Mauerfuß Strahlabweiser mit schwerer Granitverkleidung.

2) Entleerungsleitung: ⌀ 40 cm.

3) Grundablässe: siehe Möllsperre (21 a).

17. *Abdichtungsmaßnahmen:* Primärschirm mit rund 50 m mittlerer Tiefe, Sekundärschirm mit rund 25 m mittlerer Tiefe.

18. *Beobachtungseinrichtungen:* wasserseitiger Revisionsstollen 2,0/1,2 m zur Sohlentwässerung und für eventuelle spätere Nachinjektionen. Elektrische Widerstandsthermometer, Auftriebsglocken in der Fundamentsohle, Beobachtungspfeiler und Meßbolzen für geodätische Deformationsmessung.

19. *Besondere Charakterisierung des Bauwerkes und seiner äußeren Erscheinung:* siehe 21a.

21. *Schrifttum:* siehe Moosersperre (Nr. 26 a).

22 Dobra-Sperre

1. *Name der unmittelbar angeschlossenen Kraftstufe:* Krumau.

2. *Bau- bzw. Betriebsherr:* Niederösterreichische Elektrizitätswerke Aktiengesellschaft, Wien I, Teinfaltstraße 8.

3. *Geographische Koordinaten:* 48⁰ 35,5' N, 15⁰ 24' O.

4. *Typ:* Zylindermauer (GW_r).

5. *Baujahre:* 1950—52.

6. *Datum des ersten Vollstaus:* 18. 7. 1955.

7. *Geometrie des Stauraums:* Stauziel 437,00 m, Absenkziel bei Pumpbetrieb normal 435,00 m, tiefstes Absenkziel 410,00 m, Schwerpunkt des Nutzinhalts 428,95 m. Gesamtinhalt 21 hm³, Nutzinhalt 20 hm³, Nutzinhalt bei Pumpbetrieb 2,8 hm³.

8. *Zufluß im Regeljahr:* 271 hm³, Einzugsgebiet 940 km².

9. *Energieinhalt des Speichers,* bezogen auf
   a) Meeresspiegel . . . . 23,30 GWh
   b) Krumau . . . . 2,69 GWh
   c) Fernspeicherwirkung auf Wegscheid . . . . 0,85 GWh

   Summe b+c . . . . 3,54 GWh

10. *Wirtschaftliche Zielsetzung:* Zusammen mit dem Speicher und Talsperrenkraftwerk Ottenstein (Oberlieger) und dem Ausgleichswerk Thurnberg-Wegscheid (Unterlieger) Verlagerung von 68% der Jahreswasserfracht des Kamp in das Winterhalbjahr (von Natur aus 42%) zur Gewinnung von Spitzen- und Winterenergie (Stufe Dobra-Krumau 22,5 GWh im Winter und 17,5 GWh im Sommer; weitere Stufe Thurnberg-Wegscheid). Außerdem Funktion als Unterbecken für das Pumpspeicherwerk Ottenstein.
Siehe auch Sperren Ottenstein (Nr. 27) und Thurnberg-Wegscheid (Nr. 23) und Übersicht 5!

11. *Gründungsgestein:* Orthogneise („Spitzergneis") mit eingeschalteten Amphibolit-
    bänken meist geringer Mächtigkeit und Zwischenlagen von Glimmerschiefer, am
    linken Ufer seicht unter Hangschutt und Mutterboden liegend und auch an der
    Flußsohle in geringer Tiefe anstehend. An der rechten Talflanke stark gefaltete
    und zerdrückte, teilweise zu Blockwerk aufgelockerte Gneise, stark mit Glimmer-
    schiefer und Lehmlassen durchsetzt, darunter gesunder Fels.

12. *Nennbelastung:* 69.000 t.

13. *Hauptbaumaße:*
    a) Aushub des Hauptkörpers ohne Nebenanlagen:
       87.000 m³ Überlagerung und Felsausbruch
    b) Rauminhalt des Hauptkörpers ohne Nebenanlagen: 90.000 m³
    c) Höhe über alles: 52 m
    d) Kronenlänge: 220 m
    e) Kronenradius: wasserseitig 106,50 m.

14. *Kräftespiel im Tragkörper, Baustoffe, Bauausführung, Schäden:*
    Statische Vorberechnung: für eine spiegelsymmetrische Ersatzmauer nach dem Last-
    aufteilungsverfahren in Form eines einschnittigen Radialausgleichs für fünf Bogen-
    lamellen und einen Mittelkragträger. Berücksichtigung von 4 Hauptlastfällen mit
    zugehöriger Temperatureinwirkung, Fundamentverformung und Sohlwasser-
    druck sowie Untersuchung eines Katastrophenfalls, bei dem infolge waagrechter
    Risse die Bogenlamellen allein die Last abtragen.

    Statische Hauptberechnung: mit den genauen Abmessungen des Bauwerks nach dem
    Lastaufteilungsverfahren für fünf Bogenlamellen und 6 Kragträger, Radialausgleich
    für 23 Kreuzungspunkte, jedoch infolge geänderter Speicherwirtschaft nur 2 Last-
    fälle.
    Maximale Hauptdruckspannungen:
    Wasserseite des Bogenkämpfers rechts: . . . .   9,6 kg/cm² Fels
    Luftseite des Bogenkämpfers links . . . . 33,5 kg/cm² Fels
    Wasserseite des Bogens in Höhe 435 m . . . . 35,8 kg/cm² Beton
    Maximale Hauptzugspannungen:
    Scheitelkragträger, Aufstandfläche,
       wasserseitig, lotrecht . . . .   7,1 kg/cm²
    Scheitelkragträger, Sperrenkörper,
       wasserseitig, lotrecht . . . . 11,8 kg/cm²

Betonzusammensetzung: 20% Natursand, 80% gebrochener Gneis, 240 kg/m³
Fertigbeton PZ und EPZ 225. Wasserzementfaktor 0,53—0,58; 1,2 kg/m³ Frioplast.
Überprüfung im Baustellenlaboratorium.
Felsqualität des rechten Widerlagers weit schlechter als nach Sondierung ver-
mutet: stark zerrüttete und aufgelockerte, mit Schiefer und Lehmlassen durch-
setzte Gneise, die weder zu dichten noch zu verfestigen waren. Daher Ausräumung
bis auf den gesunden Fels und Verstärkung des rechten Widerlagers zur Aufnahme
der Kämpferkräfte: Block 18 zusätzlich angeordnet, Blöcke 17 und 18 in voller
Fundamentbreite bis zur Krone hochgeführt (mit Steckeisen als weiterer Schub-
sicherung), Blöcke 15 und 16 luftseitig in Absätzen verstärkt.
Vorspannung der ausgekühlten Mauer nach Verfahren Dr. Lauffer ergab Einpressung des rechten Widerlagers 4 mm in den Hang und verbesserte die Festigkeit des Gebirges durch Zudrücken der Klüfte. Nachträgliche Erhöhung der Überfallkrone und des Stauziels von 436 auf 437 m.
Im Dezember 1953 Triebwasserleitung wegen Ausbesserung einer Rohrbrücke
geschlossen, Abgabe von 16 m³/s für Thurnberg und Unterlieger durch den

22 Dobrasperre

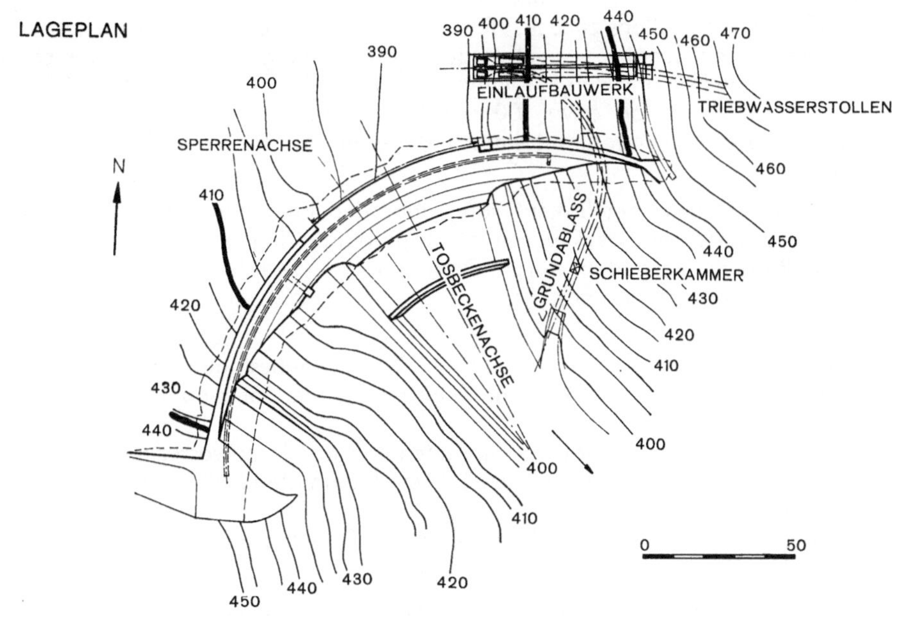

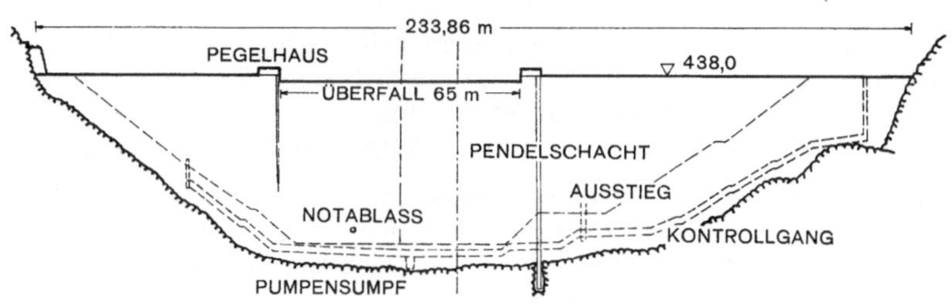

WASSERSEITIGER LÄNGSSCHNITT

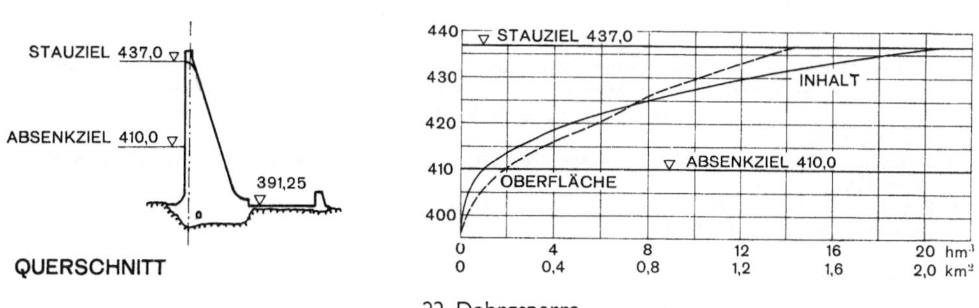

22 Dobrasperre

normalerweise sonst unbelasteten Grundablaßstollen. Nach 10 Tagen schwache
Wasseraustritte aus der Lehne im Bereich der Schieberkammer, gefolgt von spontanem Bruch des an sich dichten Felsens unter dem Druck des auf Undichtigkeiten
des Grundablaßstollens zurückzuführenden Kluftwassers. Herausdrücken und Verschieben einer Scholle von etwa 30 m Ausdehnung samt dem unbeschädigten
Schieberhäuschen und den Flügelmauern des Auslasses; durch den ca. 80 cm breiten Spalt Austritt von etwa 100 m³/s bis zur Entleerung des Speichers. Später
Panzerung des Grundablaßstollens und Verlegung der Verschlüsse in den Bergkörper.

15. *Triebwasserfassung:* am linken Hang über den Einläufen zum Grundablaß, mit
diesen zu einem Bauwerk vereinigt. 2 Einlauföffnungen, je 3 m breit und 9,5 m
hoch. Rechen, Verschluß durch Dammbalken (versetzt mit Schrägaufzug der
Rechenreinigungsmaschine).

16. *Entlastungsanlagen:*
    a) Kronenüberfall: Kronenlänge 65 m, Tosbeckengestaltung nach Modellversuchen der T. H. Graz. Förderfähigkeit bei 2,20 m Überstau 473 m³/s, bei 2,28 m
       Überstau 500 m³/s.
    b) Grundablaß (Umlaufstollen): Einläufe unter der Triebwasserfassung, $\varnothing$ 2,20 m.
       Verschluß durch Rollschütz 1,80/2,20 m. Maximale Förderfähigkeit bei Stauziel
       80 m³/s.
    c) Notablaßrohr mit Sprengdeckel in Block 8, Achse auf 395,50 m. Förderfähigkeit bei Absenkziel 410 m: 22 m³/s.

17. *Abdichtungsmaßnahmen:* Injektionsschleier an der Wasserseite unter dem durchgehenden Kontrollgang, Bohrlöcher 20—25 m tief, Abstand ca. 2,5—4 m, verstärkt durch kreuzende Schrägbohrungen, Einpreßdruck 15 atü (an einzelnen
    Stellen 25 atü bei 40 m Tiefe). PZ 225 mit geringer Traßzugabe.
    Injektionen der Zerrüttungszone im oberen Teil des rechten Hanges ohne Erfolg,
    Dichtschluß mit einer radial zur Sperre angeordneten Flügelmauer, die das Stauwasser von den schlechten Bodenarten fernhält.
    3 m tiefe Kontaktinjektionen in der ganzen Aufstandfläche, Abstand ca. 4 m, 3 atü.

18. *Beobachtungseinrichtungen und deren Ergebnisse:* siehe Petzny, Meßeinrichtungen
    und Messungen an der Gewölbesperre Dobra, in der Reihe „Die Talsperren
    Österreichs" des Österreichischen Wasserwirtschaftsverbandes, Heft 6.

19. *Besondere Charakterisierung des Bauwerkes und seiner äußeren Erscheinung:* Erste
    Zylindermauer in Österreich. Siehe auch Nr. 23.

20. *Baukosten einschließlich Wasserfassung:* 84 Millionen Schilling (1951—53).

21. *Schrifttum:*
    1. Petzny: Der Stand der Bauarbeiten am Kamp. Österreichische Wasserwirtschaft 1950, Heft 11.
    2. Niederösterreichische Elektrizitätswerke A. G.: Kampkraftwerke. Sonderdruck der Österreichischen Wasserwirtschaft, Jahrgang 9, Heft 12, Beiträge siehe im Schrifttumsverzeichnis
       der Sperre Ottenstein.
    3. Waldmann: Das außenalpine Grundgebirge Österreichs. S. A. aus „Geologie von Österreich",
       Wien 1951.
    4. Exner: Über geologische Aufnahmen beim Bau der Kampkraftwerke. Jahrbuch d. Geol. Bundesanstalt, Wien 1953, Bd. 96, Heft 2.
    5. Stini: Die baugeologischen Verhältnisse der österreichischen Talsperren. Heft 5 der Reihe „Die
       Talsperren Österreichs".
    6. Petzny: Meßeinrichtungen und Messungen an der Gewölbesperre Dobra. Heft 6 der Reihe
       „Die Talsperren Österreichs".

23 Sperre Thurnberg-Wegscheid

1. *Unmittelbar angeschlossene Kraftstufe:* Kraftwerk Wegscheid.

2. *Bau- und Betriebsherr:* Niederösterreichische Elektrizitätswerke Aktiengesellschaft, Wien I, Teinfaltstraße 8.

3. *Geographische Koordinaten:* 48° 36' N, 15° 29' O.

4. *Typ:* Damm und Gewichtsmauer mit gerader Krone (G_g + D).

5. *Baujahre:* 1950—52.

6. *Datum des ersten Vollstaus:* 26. 2. 52.

7. *Geometrie des Stauraums:* Stauziel 364,0 m, Absenkziel 362,0 m, ausnahmsweise 360,0 m. Gesamtinhalt 2,5 hm³; Nutzinhalt 0,75 hm³, bzw. 1,4 hm³ bei Absenkung auf 360 m.

8. *Zufluß im Regeljahr:* 274 hm³, Einzugsgebiet 1015 km².

9. *Energieinhalt des Speichers,* bezogen auf
   a) Meeresspiegel . . . . 0,74 GWh (Absenkziel 362 m)
                                                      1,38 GWh (Absenkziel 360 m)
   b) Kraftwerk Wegscheid . . . . 0,29 GWh (Absenkziel 362 m)
                                                      0,55 GWh (Absenkziel 360 m)

10. *Wirtschaftliche Zielsetzung:* wasserwirtschaftlich notwendiges Gegenausgleichsbecken für die Werke Ottenstein und Krumau. Erzeugung von Spitzenenergie (6,5 GWh im Winter und 5,0 GWh im Sommer) in der angeschlossenen Kraftstufe Wegscheid. Siehe auch Sperren Dobra und Ottenstein (Nr. 22 u. 27) sowie Übersicht Nr. 5.

11. *Gründungsgestein:* Mit Amphiboliten wechsellagernde Paragneise, parallel zur Dammachse streichend und steil zum Unterwasser fallend. Im Bereich der Gewichtsmauer einzelne meterbreite Zerrüttungsstreifen, jedoch nur mäßige Beanspruchung des Gründungsgesteins durch das Bauwerk. Im Dammbereich dichter Lehmteppich über die ganze Talbreite, darunter Lagen und Nester von schotterigen Massen. Gewachsener Fels in 4—8 m Tiefe, durchschnittlich 2 m mächtige Verwitterungsschwarte.

12. *Nennbelastung:* 10.000 t.

13. *Hauptbaumaße:*

	Geschütteter Damm	Gewichtsmauer
a) Aushub des Hauptkörpers ohne Nebenanlagen:	28.000 m³	
b) Rauminhalt	46.000 m³	23.000 m³
c) Höhe über alles	15 m	25,7 m
d) Kronenlänge	200 m	51 m

14. *Kräftespiel im Tragkörper, Baustoffe, Ausführung:*
    a) *Erddamm:* auf der Baustelle reichlich vorhandener Lehm im Erdbaulaboratorium der Technischen Hochschule Wien zwar als dicht befunden, aber wegen zu geringen Reibungswinkels nicht verwendungsfähig. Schüttungsmaterial 600 m bzw. 2 km von der Baustelle entfernt, dem Kampbett entnommen und in 30 cm hohen Lagen eingebaut. Verdichtung durch Walzen und Explosionsrammen. 10% Feinsand, 50% Grobsand bis 2 mm, Rest Kies bis 30 mm, sehr durchlässig; Reibungswinkel 37°.

23 Sperre Thurnberg-Wegscheid

Einbau eines 50 cm hohen Basisfilters in den luftseitigen drei Fünfteln der Aufstandfläche, mit Drainrohren zum luftseitigen Sickergraben. Außendichtung mit Betonplatten, s. 17.
Näherungsberechnung nach amerikanischen Methoden (Creager-Justin-Hinds),
Sicherheit gegen Abscheren normal 6, bei völligem Versagen der Dichtung 5.
b) *Gewichtsmauer:* Aufteilung in 3 Baublöcke mit nachträglich verpreßten Fugen,
am linken Ufer Block mit Triebwassereinläufen; rechts, gleichfalls in Blöcke auf-
geteilt und wegen Zerrüttungsstreifen tiefer fundiert, die 80 m lange Abschluß-
mauer des Dammes mit lotrechten Rillen zwecks Verbesserung des Anschlusses
zum Dammkörper.
Berechnung: Trotz Fugenverpressung Blöcke einzeln untersucht; Katastrophen-
sicherheitsnachweis nach Lieckfeldt ergab Bewehrung der Krone an der Wasserseite.

15. *Triebwasserfassung:* am linken Ufer. Spülrohr vor dem Einlauf; 1 Schütz 4×2,9 m
Lichtweite, anschließend Triebwasserstollen $\emptyset$ 2,9 m, Ausbaudurchfluß 16,5 m³/s.

16. *Entlastungsanlagen:* Überfall über die Gewichtsmauer, mit 3 Senkschützen (je
8,6 m lang und 3,4 m hoch), Antrieb im Bedienungsgang unter der Wehrkrone.
Förderfähigkeit bei 365,0 m Höchststau zusammen mit dem Grundablaß (Umlaufstollen, Schütz 2,4/1,2 m) 500 m³/s. Tosbecken nach Modellversuchen der Technischen Hochschule Graz, mit 1 m Betonplatten abgedeckt und durch Bohrlöcher
gegen Sohlwasserdruck entlastet.

17. *Abdichtungsmaßnahmen:*
a) Damm: Außendichtung aus Betonplatten 3×4 m, auf papierüberdeckter Sauber-
keitsschicht; wegen ohnedies großer Durchlässigkeit kein Filter dahinter. Fugen-

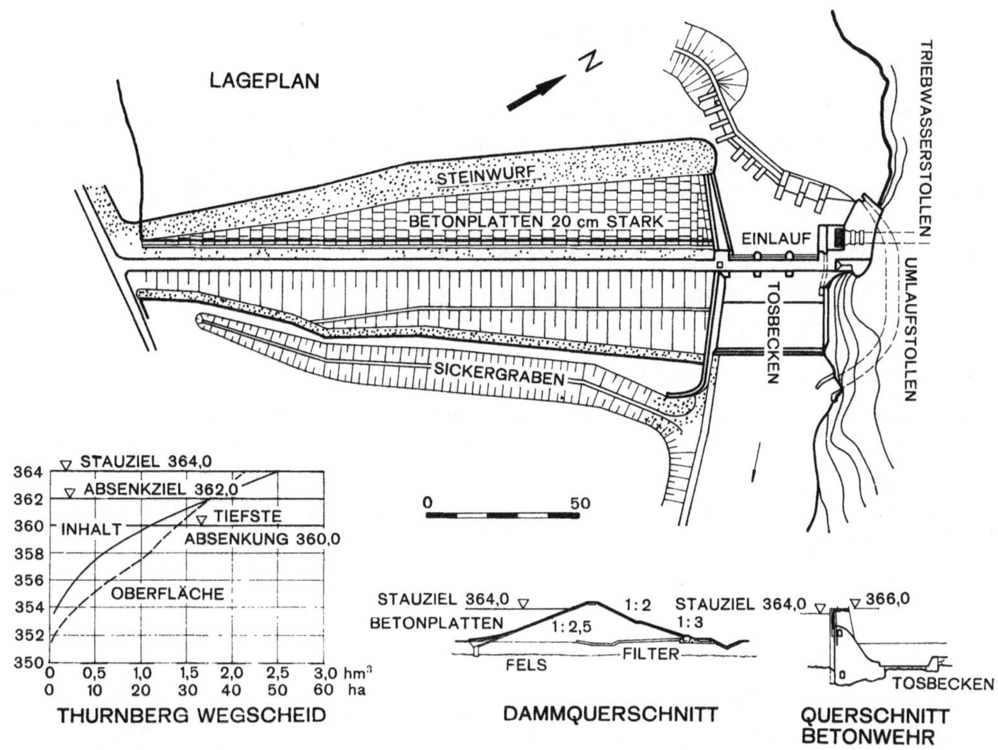

23 Sperre Thurnberg-Wegscheid

dichtung mit 5 cm Igaskitt, darunter angequollenes Schalholz. Herdmauer am Dammfuß bis zum gebrächen Fels, darunter 5 m tief Zementinjektionen. An der Dammwurzel wegen des durch Stau gehobenen Grundwassers 12 m Larsenwand notwendig.

b) Gewichtsmauer: Wasserseitig und an der Damm-Abschlußmauer doppelreihige Zementinjektionen 6—9 m tief; Kontaktinjektionen an der Aufstandsfläche.

18. *Beobachtungseinrichtungen und deren Ergebnisse:*
Setzungsmessungen am Erddamm (max. 12 mm) und trigonometrische Bewegungskontrolle der Gewichtsmauer. Überprüfung der Funktion des Basisfilters durch 8 Meßrohre (Wasserstand wenige Prozent der Stauhöhe), 7 Beobachtungsrohre im gebrächen Fels (Wasserstand 18—49% der Stauhöhe).
Je ein Kontrollgang unter der Krone (auch zur Wehrbedienung) und knapp oberhalb des Gründungsfelsens.

19. *Besondere Charakterisierung des Bauwerkes und seiner äußeren Erscheinung:* Die drei Kampsperren brachten eine totale Umgestaltung der Landschaft mit vielen positiven Werten.

21. *Schrifttum:*
1. Exner: Über geologische Aufnahmen beim Bau der Kampkraftwerke. Jahrbuch der Geolog. Bundesanstalt, Wien 1953, Bd. 96, H. 2.
2. Sondernummer der Österreichischen Wasserwirtschaft, Jg. 9, Heft 12, mit Beiträgen von: Männl: Kraftnutzung am Kamp; Kollik: Wasser- und Energiewirtschaft am Kamp; Petzny: Die Talsperren am Kamp; Chwalla-Kettner: Die Statik der Kamptalsperren; Jordan: Der Beton der Kamptalsperren.
3. Stini: Die baugeologischen Verhältnisse der österreichischen Talsperren. Heft 5 der Reihe „Die Talsperren Österreichs".

24 Weißseesperre

1. *Unmittelbar angeschlossene Kraftstufe:* projektierte Stufe Tauernmoos. Derzeit Fernspeicher für die Werke Enzingerboden, Schneiderau und Uttendorf.

2. *Bau- und Betriebsherr:* Österreichische Bundesbahnen, Generaldirektion Wien IV, Prinz-Eugen-Straße 68.

3. *Geographische Koordinaten:* 47⁰ 04' N, 12,⁰ 38' O.

4. *Typ:* Gewichtsmauer mit gerader Krone (G_g).

5. *Baujahre:* 1950—52.

6. *Datum des ersten Vollstaus:* 1953.

7. *Geometrie des Stauraums:* Stauziel 2250 m, natürliches Absenkziel 2197 m (durch Pumpen 2191,1 m). Speicherschwerpunkt 2232 m. Speichernutzinhalt 15,7 hm³.

8. *Zufluß im Regeljahr:*
   a) natürliches Einzugsgebiet .... 5,42 km² 15,0 hm³
   b) Beileitung Amertalersee + oberste Öd +
   Stollenwässer .... 5,18 km² 14,0 hm³
                                        10,60 km² 29,0 hm³

9. *Energieinhalt des Speichers,* bezogen auf
   a) Meeresspiegel .... 95,7 GWh
   b) Fernspeicherwirkung auf Enzingerboden .... 17,0 GWh
   c) Fernspeicherwirkung auf Schneiderau .... 13,2 GWh
   d) Fernspeicherwirkung auf Uttendorf........................ 7,4 GWh
   e) Fernspeicherwirkung auf Schwarzach .... 5,0 GWh

   Summe b bis e .... 42,6 GWh

10. *Wirtschaftliche Zielsetzung:* Vergrößerung des Speichervolumens und des Jahreszuflusses der Kraftwerksgruppe Stubachtal der Österreichischen Bundesbahnen durch Aufstau des Weißsees und Überleitung seines noch durch 2 Beileitungen vermehrten Wassers zum Speicher Tauernmoossee. Derzeit nur Fernspeicher für die 3 Kraftstufen Enzingerboden, Schneiderau und Uttendorf, spätere direkte Abarbeitung in einer vierten, obersten Stufe zum Tauernmoossee geplant. Siehe auch Tauernmoossperre (Nr. 8) sowie Übersicht Nr. 1.

11. *Gründungsgestein:* fester und gesunder, an der Oberfläche geschliffener Kerngneis. Störungszone entlang der Furche des Weißseebaches, daher verschiedenes Einfallen des Gneises an den beiden Flanken des Taleinschnittes. Verwerfung scheint zur Ruhe gekommen zu sein.

12. *Nennbelastung:* 46.000 t.

13. *Hauptbaumaße:*

	Hauptsperre	Ostsperre
a) Aushub ohne Nebenanlagen	30.040 m³	
b) Rauminhalt des Hauptkörpers	59.000 m³	710 m³
c) größte Höhe über alles	37 m	7,6 m
d) Kronenlänge	235 m	64 m

14. *Ausführung des Tragkörpers, Baustoffe:*
    Wasserseite 1 : 0,02, Luftseite 1 : 0,725 geneigt. 17 Blöcke je 15 m lang. Block-

24 Weißseesperre

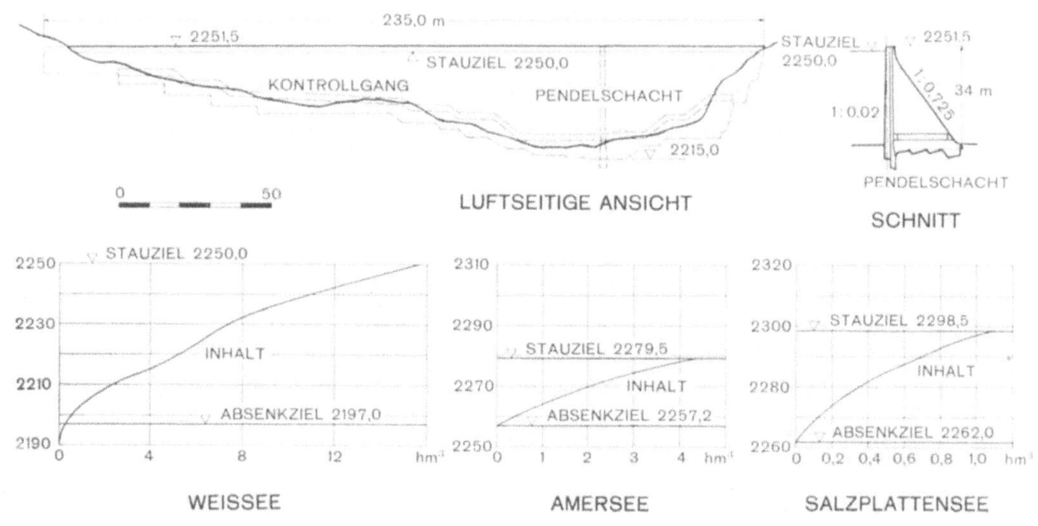

24 Weißseesperre

fugen mit Kupferblechdichtung und Kontrollschächten. Betongut mit Seilbaggern dem Seegrund entnommen und in 4 Fraktionen gelagert (Korngrößen bis 3, 7, 30, 100 mm). Betonherstellung nach Untersuchungen der Materialprüfungsanstalt Kaprun, laufende Kontrolle. Zementbeigabe: 300 kg/m³ im Vorsatzbeton (wasserseitig 2 m, luftseitig 1 m und in der Grundplatte 2—3 m) und 180 kg/m³ im Kernbeton. 0,5% Frioplastzusatz. Einbringung mit Kabelkrankübel über Transportbühne und Verteilrüssel, Rütteln.

15. *Entnahmebauwerk:* Ausgebauter Seeanstichstollen. Einlauf mit Grobrechen und 15 m langem Druckstollen, der sich in einer 96 m langen Rohrleitung, $\emptyset$ 1500 mm, zur Schieberkammer fortsetzt (zugänglich durch 54 m tiefen Schacht mit Steigleiteranlage; Ringschieber und Abzweigstutzen für das geplante Kraftwerk Tauernmoos). Anschließend 354 m langer Freispiegelstollen. Seitlich unterhalb des Entnahmestollens Schachtpumpenanlage zur Absenkung des Seespiegels um weitere 6,50 m, Pumpenleistung maximal 5000 l/min.

16. *Entlastungsanlagen:* 20 m langer Hochwasserüberfall an der Ostsperre (siehe 13) und anschließendes gepflastertes Gerinne.

17. *Abdichtungsmaßnahmen:* Tiefbohrungen und Injektionen in der Felssohle.

18. *Beobachtungseinrichtungen:* Kontrollstollen und Pendelschacht (6 m in den Untergrund hinabreichend). 30 Temperaturmeßstellen mit zentraler Anzeige. Sohlwasserdruckmessung durch einbetonierte Glocken: Wasseraustritte nur bei wenigen Glocken, Höchstwert 22% des statischen Wasserdrucks.

19. *Besondere Charakterisierung des Bauwerkes und seiner äußeren Erscheinung:* Abwehr des Sohlwasserdrucks durch eine Reihe von lotrechten kreisrunden, beschliefbaren Entlastungsschächten nahe der Wasserseite.

21. *Schrifttum:*

1. Kölbl: Zur Tektonik des mittleren Abschnitts der Hohen Tauern. Zentralblatt für Mineralogie usw. 1924.
2. Kölbl: Tektonik der Granatspitzgruppe in den Hohen Tauern. Sitzungsbericht der Akademie der Wissenschaften, Wien 1925. Math. nat. Kl., Bd. 133, Ab. 1, S. 291.
3. Cornelius und Clar: Geologische Karte des Großglocknergebiets 1 : 25.000, Wien 1935.
4. Schiffmann: Der Anstich des Weißsees in der Granatspitzgruppe. Österr. Bauzeitschrift 1947, Heft 4/6.
5. Österreichische Bundesbahnen: Wasserkraftwerk Enzingerboden. Merkblätter über Energieversorgungsanlagen der ÖBB, Ausgabe Jänner 1951.
6. Fischer: Die Weißseesperre der Österreichischen Bundesbahnen. Österr. Wasserwirtschaft 1954, Heft 3, Seite 93/94.
7. Stini: Die baugeologischen Verhältnisse der österreichischen Talsperren. „Die Talsperren Österreichs", Heft 5.

25 Sperre Wiederschwing

1. *Unmittelbar angeschlossene Kraftstufe:* Werk Kamering.

2. *Bau- und Betriebsherr:* Kärntner Elektrizitäts-Aktiengesellschaft Klagenfurt, Völkermarkterring 29.

3. *Geographische Koordinaten:* 46° 43,5' N, 13° 35' O.

4. *Typ:* Zylindermauer (Gw_r).

5. *Baujahre:* März 1951 bis Oktober 1953.

6. *Datum des ersten Vollstaus:* 26. Oktober 1952.

7. *Geometrie des Stauraumes:* Stauziel 675,50 m, Absenkziel 663,00 m, Speicherschwerpunkt 673,0 m, Speichernutzinhalt 1,15 hm³. Erhöhung des Stauziels durch Dammbalken auf 676,50 m im Gang.

8. *Zufluß im Regeljahr:* 115 hm³, natürliches Einzugsgebiet 153,4 km².

9. *Energieinhalt,* bezogen auf
   a) Meeresspiegel . . . . 2,11 GWh
   b) Werk Kamering . . . . 0,39 GWh

10. *Wirtschaftliche Zielsetzung:* Ausbau der günstigen Unterstufe (162 m Rohfallhöhe bis zur Drau) eines hinsichtlich der Oberstufen noch nicht geklärten Gesamtprojektes der Weißenseenutzung. Vorläufiger Einsatz des Weißensees als Winter-Fernspeicher mit 65 cm natürlicher Spiegelschwankung (4,25 hm³ Nutzinhalt). Zusatzspeicher Wiederschwing als Wochenspeicher für Werk Kamering (derzeit ausgebaut auf 9 MW und 32,8 GWh, davon 15,6 im Winter).

11. *Gründungsgestein:* Felsschlucht des Weißenbaches im harten Quarzphyllit. Nach Injektionen dicht. Einige bedeutungslose schmale Zerrüttungsstreifen.

12. *Nennbelastung:* 2300 t.

13. *Hauptbaumaße:*
    a) Aushub ohne Nebenanlagen: 3000 m³
    b) Rauminhalt des Hauptkörpers ohne Nebenanlagen: 8000 m³
    c) Höhe über alles: 30 m
    d) Kronenlänge: 75 m
    e) Kronenradius: 38 m.

14. *Kräftespiel im Tragkörper, Baustoffe und Ausführung:*
    Berechnung: Lastaufteilungsverfahren mit Radialausgleich für 6 Bogenlamellen und 1 Kragträger im Hauptschnitt, nach Lieurance-Tabellen bzw. ergänzenden Tabellen von Dr. Jurecka. Annahmen: $\gamma_B = 2{,}35$ t/m³; Modulverhältnis Fels/Beton = 1 (200.000 kg/cm²), $G_b = 1/2{,}4\ E_b$, $\alpha_t = 9.10^{-6}$ Sohlwasserdruck von 25% des statischen Wasserdruckes auf 0 zur Luftseite abnehmend, kein Eisdruck. Berücksichtigung von Temperaturänderung und ungleichmäßiger Erwärmung, Vollstau und Absenkung.

Maximalspannungen	Druck	Zug
Sommervollstau, Kragträger	13 kg/cm²	7 kg/cm²
Bogen	20 kg/cm²	5,5 kg/cm²

Bei leerem Speicher müßte die Mauer im Sommer berieselt werden.
Beton: 250 kg/m³ PZ 225. Festigkeiten: Würfelfestigkeit nach 28 Tagen 243 kg/cm², Biegezug: 34,2 kg/cm².
Fugen mit Kupferblechdichtung, Fugenauspressung bei $+ 5^{\circ}$ C, Preßdruck 5 atü.

15. *Triebwasserentnahme:* Einlauf in der linken Flanke, Schwelle auf 659,06 m, Rechen 6,07/5,50 m schräge Länge mit Reinigungsmaschine auf Schrägbahn, Einlauftrompete zum Druckstollen $\emptyset$ 2,6 m. Dammbalkenverschluß.

16. *Entlastungsanlagen:*
    a) Hochwasserüberfall: über die Mauer, Kronenlänge 30 m in 5 Felder geteilt durch Brückenpfeiler, Krone auf 676,17 m. Überfallstrahl trifft auf Wasserpolster hinter 8 m hoher Bogen-Gegensperre. Förderfähigkeit bei 1,20 m Überstau 85 m³/s.

25 Sperre Wiederschwing

b) Grundablaß: In der rechten Talflanke, ehemaliger Umlaufstollen. Einlauf auf 653,67 m. Dammbalkenverschluß. Druckstollen ϕ 2,60 m zur Schieberkammer (2 Drosselklappen ϕ 1000 mm), Zugang durch Schrägstollen. Förderfähigkeit bei Vollstau 12,5 m³/s.

c) Notauslaßrohr: In Sperrenmitte am Mauerfuß, Ausmündung unter der Gegensperre, Achse auf 650,30 m. Deckel luft- und wasserseitig, erstgenannter im Notfall zu sprengen. Förderfähigkeit bei Vollstau 11,3 m³/s.

17. *Abdichtungsmaßnahmen:* Gründliche Injektionen vorwiegend in den Flanken. 4.300 m Bohrungen, 330 t Zementinjektionen.

18. *Beobachtungseinrichtungen:* 2 Meßlote in 30 m tiefen Pendellotschächten, Zugang durch Rohre ϕ 80 cm.

19. *Besondere Charakterisierung des Bauwerkes und seiner äußeren Erscheinung:* Mäßig überhängende Zylindermauer. Stauerhöhung im Gange, wobei die Brüstung über dem Hochwasserüberfall entfernt wird.

120

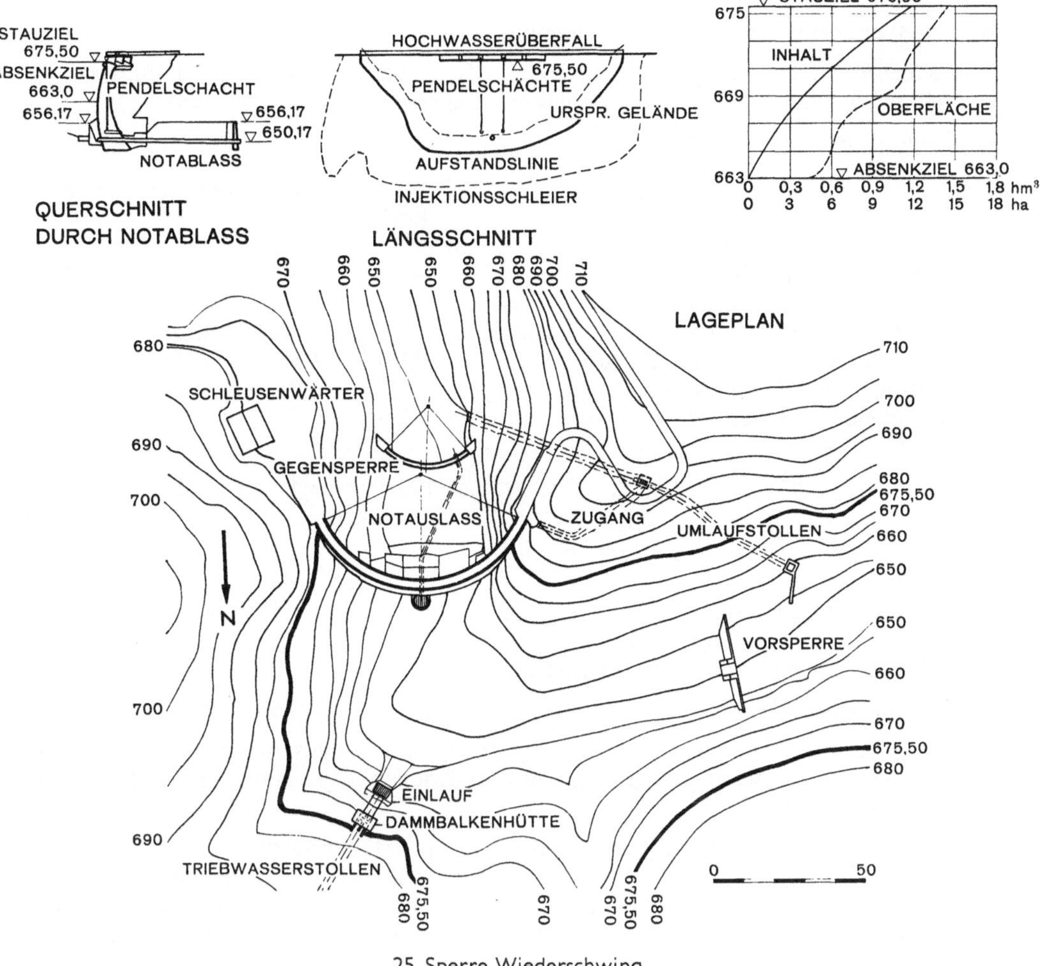

25 Sperre Wiederschwing

20. *Baukosten:* 11,019 Millionen S (1955).

21. *Schrifttum:*
    1. Schatzmayer: Der Weißensee und die Wasserkraftnutzung. Österr. Wasserwirtschaft 1953, S. 113.
    2. Reitz: Beobachtungseinrichtungen an den Talsperren Salza, Hierzmann, Ranna und Wiederschwing. „Die Talsperren Österreichs", Heft 1.

26a Moosersperre

1. *Unmittelbar angeschlossene Kraftstufe:* Kaprun-Oberstufe (Limberg).

2. *Bau- und Betriebsherr:* Tauernkraftwerke Aktiengesellschaft, Salzburg, Rainerstraße 29.

3. *Geographische Koordinaten:* 47⁰ 10' N, 12⁰ 44' O.

4. *Typ:* Gewölbegewichtsmauer (GwG_r).

5. *Baujahre:* 1951—55.

6. *Datum des ersten Vollstaus:* 30. September 1956.

7. *Geometrie des Stauraums:* Stauziel 2036 m (seit 1959, früher 2035 m), Absenkziel 1960 m, Speicherschwerpunkt 2004,0 m; Speichernutzinhalt 85,4 hm³

8. *Zufluß im Regeljahr:*

	km²	Winter hm³	Sommer hm³	Jahr hm³
Überleitung der Möll	44,4	8,9	78,2	87,1
Überleitung des Leiterbaches	19,6	3,9	21,4	25,3
Fassung der Käferbäche	9,6	2,7	20,2	22,9
Mooserboden, natürlicher Zufluß	21,8	6,5	50,5	57,0
Wielingerkees-Beileitung	2,9	0,8	5,9	6,7
Ebmattenbach-Beileitung	2,4	0,6	4,6	5,2
Gesamt	100,7	23,4	180,8	204,2

9. *Energieinhalt des Speichers,* bezogen auf
   a) Meeresspiegel .... 467 GWh
   b) Oberstufe (Limberg) .... 72 GWh
   c) Hauptstufe (Kaprun) .... 169 GWh
   d) Fernspeicherwirkung auf Schwarzach .... 27 GWh

   Summe b + d.................................... 268 GWh

10. *Wirtschaftliche Zielsetzung:* Ausnützung des Mooserbodens als oberer Langzeitspeicher der Kraftwerksgruppe „Glockner-Kaprun". (S. Limbergsperre Nr. 19 sowie Übersicht 2).

11. *Gründungsgestein:* Schmaler Felsriegel zwischen „Höhenburg" und „Heidnischer Kirche" auf ungefähr 1940 m Meereshöhe, durchbrochen von der rückschreitenden Erosionsrinne der Kapruner Ache. Mächtiger Mischstoß der in sich verfalteten und verschuppten Decke der „Bündner Schiefer": Kalkglimmerschiefer, Glimmerschiefer, Grünschiefer, Quarzschiefer, dunkle Blätterschiefer, Dolomite u. a. m. Störungen mannigfacher Art schwächen Gesteinsverband und Festigkeit der einzelnen Bergarten. 4 m breiter Quetschstreifen am rechten Hang (Hebung der Scholle der Höhenburg um einige Zehner von Metern). Schmalheit des sowohl zum Wasserfallboden als auch zum Speicher Mooserboden steil abfallenden Felsriegels förderte Eindringen der Verwitterungsvorgänge (Verkarstungsbeginn im Kalkglimmerschiefer) und machte tiefe Einpressungen notwendig.

12. *Nennbelastung:* 632.000 t.

13. *Hauptbaumaße:*
    a) Aushub ohne Nebenanlagen: 80.000 m³ Überlagerung
                                  100.000 m³ Felsausbruch
    b) Rauminhalt: 670.000 m³ (davon 150.000 m³ Vorsatzbeton)
    c) Höhe über alles: 104 m
    d) Kronenlänge: 461,5 m
    e) Kronenradius: 425 m.

14. *Kräftespiel im Tragkörper, Baustoffe, Ausführung:*
    Breite Talform und große Stauhöhe, schmale Aufstandsfläche und ausreichende Standsicherheit ohne übermäßige Beanspruchung der mürben Talflanken erfor-

dern Gewichtsmauer mit leichter Krümmung und ausgepreßten Fugen als zusätzlicher Sicherung gegen Abgleiten. Profil mit lotrechter Wasserseite und leicht geknickter Luftseite: oberhalb Kote 1940,00 m, Neigung 1 : 0,64, unterhalb 1 : 0,685. Bei Annahme eines wahrscheinlichen, linear auf Null abnehmenden Sohlwasserdrucks von 50% der statischen Druckhöhe an der Wasserseite zugspannungsfrei; auch bei Ansteigen des Sohlwasserdrucks auf 85% (theoretisches Maximum) Biegezugspannungen in der Grundfuge noch unter 5 kg/cm². Maximale Hauptdruckspannungen 35 kg/cm².

Vorsatzbeton: Luftseite 3 m, Wasserseite 4 m; alle Schächte und Gänge besitzen Mindestumhüllung von 2 m Stärke. Zuschlagstoffe vom Mooserboden, Größtkorn 120 mm. 250 kg/m³ Portlandzement, Frioplastzusatz 0,5% des Zementgewichts, Wasserzementfaktor 0,49. Druckfestigkeit eines 30-cm-Würfels nach 90 Tagen: 340 kg/cm². Minimale Biegezugfestigkeit 45 kg/cm².
Kernbeton: 150 kg/m³ bzw. ab 1953 135 kg/m³ Portlandzement.
Abschnittweise ohne besondere Kühlmaßnahmen in schachbrettartig versetzten, maximal 15 m tiefen und 20 m langen Türmen betoniert. Radialfugen verzahnt, Dichtung an der Wasserseite mit Kupfer-, an der Luftseite mit Eisenblech; nach mindestens einer Überwinterung mit Zementmilch ausgepreßt. Längsfugen mit kräftiger Schubverzahnung, auch verpreßt (Unterteilung der Flächen durch horizontale Schottenbleche).

16. *Entlastungsanlagen:*
    a) Hochwasserüberfall: am rechten Flügel seitlich anschließend 2 selbsttätige Klappen, Länge je 25 m, Förderfähigkeit 140 m³/s. Ablauf durch Schußrinne und Wildbett zum Wasserfallboden.
    b) Grundablaß West: ausgebauter Umlaufstollen. Einlauf 2,9/5,3 m, Schwellenhöhe 1951,0 m. Dammtafelverschluß 2,9/3,0 m. Stollen ϕ 2,9 m, 128 m lang. Bewehrter Torkret, anschließend auf 52 m Länge Panzerung, ϕ 1,6 m. An der Luftseite zwei Düsenschieber 1,1/0,9 m und ein Dichtdeckel. Förderfähigkeit 30 m³/s.
    c) Grundablaßbetrieb auch durch die Triebwasserentnahme möglich.

17. *Abdichtungsmaßnahmen:* Herdmauer über 20 m tief; lotrechter Dichtungsschleier bis 120 m Tiefe, durch schrägen, 60 m tiefen Sekundärschirm ergänzt. Kontaktinjektionen über die ganze Aufstandsfläche zur Verdichtung und Verfestigung.

18. *Beobachtungseinrichtungen:* durchgehender Revisionsstollen entlang der Felssohle, zur Messung der Wasserverluste und des Sohlwasserdrucks, sowie für nachträgliche Injektionen. Mittlerer Revisionsgang und Verbindungsgang in der Krone mit Ableseeinrichtung der elektrischen Sperrenmeßgeräte. Drei Pendelschächte ϕ 1,20 m, Sohlwasserdruckglocken, Temperaturgeber; geodätische Deformationsmessung.

19. *Besondere Charakterisierung des Bauwerkes und seiner äußeren Erscheinung:* Die an sich schwache Krümmung ist immerhin so weit gesteigert, als es die Geländeformen irgendwie zuließen. Dadurch ist eine gewisse Gleichartigkeit des Abschlusses des Mooserbodens zu beiden Seiten der Höhenburg erzielt worden.

21. *Schrifttum:*
    1. Frasl: Aufnahmebericht 1953 betreffend Blatt Rauris. Verhandl. der Geolog. Bundesanstalt Wien 1909, S. 29—99.
    2. Cornelius und Clar: Geologische Karte des Großglocknergebietes 1 : 25.000.
    3. Horninger: Manganminerale von Mooserboden bei Kaprun. Tschermaks mineral. und petrogr. Mitteilungen, Bd. 5, Heft 1/2, S. 48—69.
    4. Grengg: Das Großspeicherwerk Glockner-Kaprun. Österreichische Bauzeitung 1952, Heft 8/10.

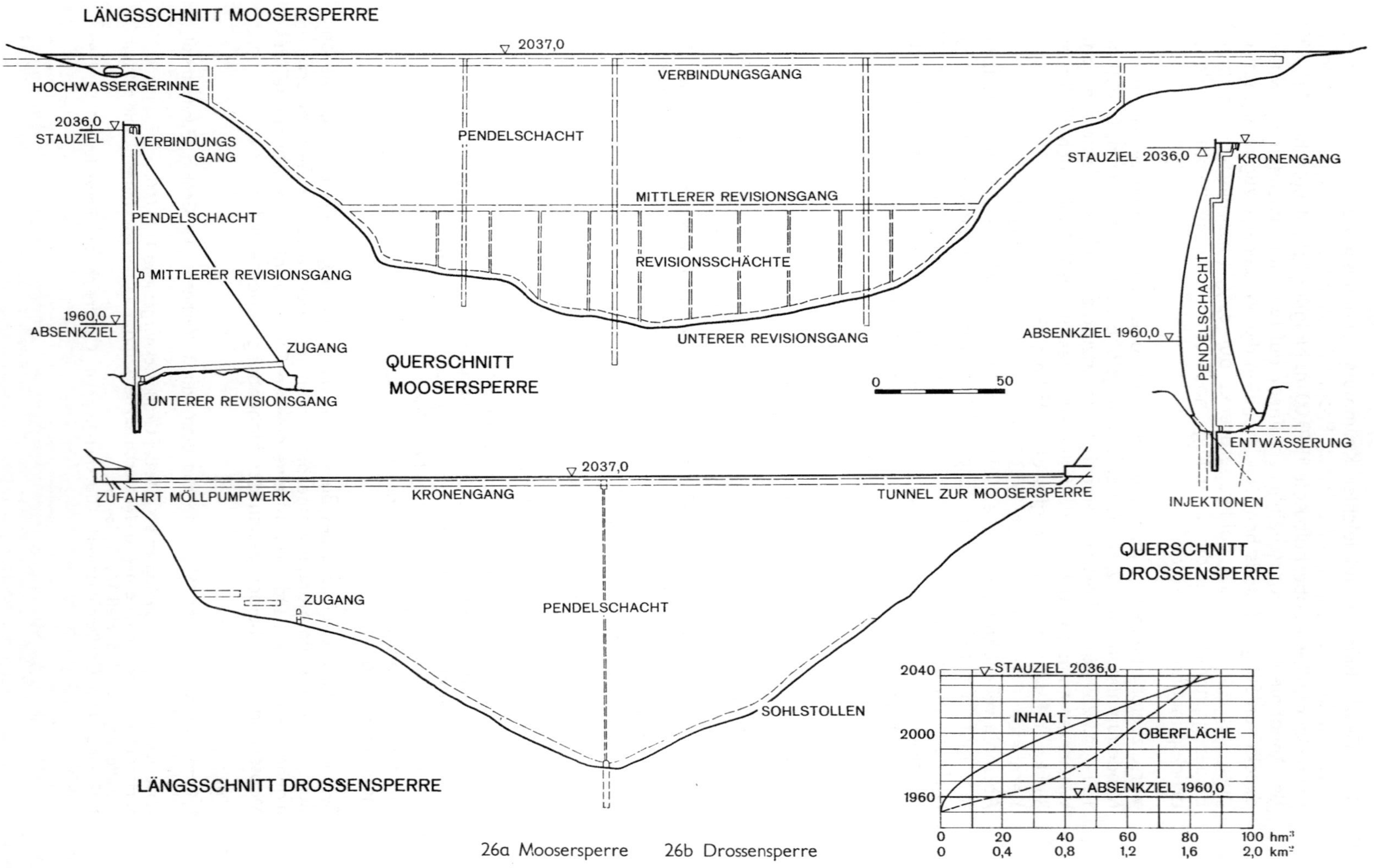

LÄNGSSCHNITT MOOSERSPERRE
2037,0
HOCHWASSERGERINNE
2036,0 STAUZIEL
VERBINDUNGS GANG
PENDELSCHACHT
MITTLERER REVISIONSGANG
1960,0 ABSENKZIEL
ZUGANG
UNTERER REVISIONSGANG
VERBINDUNGSGANG
PENDELSCHACHT
MITTLERER REVISIONSGANG
REVISIONSSCHÄCHTE
UNTERER REVISIONSGANG
QUERSCHNITT MOOSERSPERRE
0
50
STAUZIEL 2036,0
KRONENGANG
PENDELSCHACHT
ABSENKZIEL 1960,0
ENTWÄSSERUNG
INJEKTIONEN
QUERSCHNITT DROSSENSPERRE
2037,0
ZUFAHRT MÖLLPUMPWERK
KRONENGANG
PENDELSCHACHT
TUNNEL ZUR MOOSERSPERRE
ZUGANG
SOHLSTOLLEN
LÄNGSSCHNITT DROSSENSPERRE
26a Moosersperre
26b Drossensperre
2040
STAUZIEL 2036,0
INHALT
OBERFLÄCHE
2000
1960
ABSENKZIEL 1960,0
0   20   40   60   80   100 hm³
0   0,4 0,8 1,2 1,6 2,0 km²

Additional material from *Die Talsperren Österreichs,*
ISBN 978-3-7091-5547-9 (978-3-7091-5547-9_OSFO3),
is available at http://extras.springer.com

26 b Drossensperre   26 a Moosersperre

5. Grengg: Das Großspeicherwerk Glockner-Kaprun. Schriftenreihe des Österreichischen Wasserwirtschaftsverbandes, Heft 23.
6. Schüller: Die Talsperren der Oberstufe der Tauernkraftwerke Glockner-Kaprun. Österreichische Bauzeitschrift 1954, H. 1/2.
7. Festschrift „Die Oberstufe Glockner-Kaprun", mit Beiträgen u. a. von: Kothbauer: Planung und konkrete Dimensionierung der Oberstufe; Mitterecker: Die Wasserwirtschaft der Oberstufe der Kraftwerksgruppe Glockner-Kaprun; Schüller: Die Talsperren der Oberstufe Glockner-Kaprun; Stini: Die geologische Lage des Staubeckens Mooserboden und seiner Abschlußbauwerke; Wogrin: Die Betontechnik der Oberstufensperren; Horninger: Zur Baugeologie des Margaritzenspeichers und des Möllstollens.
8. Stini: Die baugeologischen Verhältnisse der österreichischen Talsperren. Heft 5 der Reihe: „Die Talsperren Österreichs".

26 b Drossensperre

1. *Unmittelbar angeschlossene Kraftstufe:* Kaprun-Oberstufe (Limberg).

2. *Bau- und Betriebsherr:* Tauernkraftwerke Aktiengesellschaft, Salzburg, Rainerstraße 29.

3. *Geographische Koordinaten:* 47⁰ 10' N, 12⁰ 44' O.

4. *Typ:* Gleichwinkelmauer (Gw$_j$).

5. *Baujahre:* 1952—55 mit Vorbereitungen ab 1938.

6. *Datum des ersten Vollstaus:*

7. *Geometrie des Stauraums:*

8. *Zufluß im Regeljahr:* } siehe Moosersperre (Nr. 26a).

9. *Energieinhalt des Speichers:*

10. *Wirtschaftliche Zielsetzung:*

11. *Gründungsgestein:* Von Hangschuttmassen, Moränen und Bachablagerungen etwa 13 m tief überlagerte Felsschwelle am vermutlichen früheren Abfluß des Mooserbodens durch das Drossental. Im einzelnen komplizierte geologische Verhältnisse; wilde und gewaltsame Verfaltung und Verschuppung der Schichten (Kalkglimmerschiefer, Glimmerschiefer, Grünschiefer u. a. m.) an der Grenze der sogenannten „Unteren und Oberen Schieferhülle".
Zur Ruhe gekommene Begleitstörung einer größeren Verwerfung streicht zwischen den Blöcken 19 und 21 radial durch den äußersten rechten Mauerflügel (umfangreiche Ausräumungen des zerdrückten Gesteins und massige Plombe). Weitere Verwerfung schräg durch die Aufstandsfläche des linken Flügels von Block 12 bis zum wasserseitigen Austritt in Block 20, steil nach ONO fallend und gegen die Luftseite von einer weiteren Verwerfung begleitet; Felsqualität am linken Flügel schlechter als im restlichen Mauerbereich, schwierige Einbindung (s. auch 14).

12. *Nennbelastung:* 498.000 t.

13. *Hauptbaumaße:*
   a) Aushub ohne Nebenanlagen: 120.000 m³ Überlagerung
                                190.000 m³ Felsausbruch
   b) Rauminhalt des Hauptkörpers ohne Nebenanlagen: 350.000 m³
   c) Höhe über alles: 112 m
   d) Kronenlänge: 357 m
   e) Kronenradius: 199,65 m.

14. *Kräftespiel im Tragkörper, Baustoffe, Ausführung:* Geologisch und topographisch
jede Sperrenform möglich, bei gleicher Sicherheit Gewölbemauer am wirt-
schaftlichsten. Variantenstudium ergab u. a. künstliche Sohleintiefung zur Herabsetzung der Zugspannungen in den Kragträgern, die gegenüber den bei einem
Verhältnis 2,9 von Talbreite zu Kronenhöhe weitgespannten Bogenlamellen
zunächst zu steif waren; eine letzte Änderung bezweckte eine bessere Einbindung
des linken Flügels in die Höhenburg (war infolge einer Erosionsrinne an der
Luftseite knapp und von schlechterer Beschaffenheit als im übrigen Mauerbereich;
Abgleiten einer Felsscholle von mehreren tausend Raummetern während der
Aushubarbeiten).
Berechnung nach einschnittigem Lastaufteilungsverfahren, Rost aus einem Mittel-
kragträger und sechs horizontalen Bogenlamellen. Eigengewicht des Betons
2,4 t/m³; Wasserdruck bezogen auf die Spiegelhöhe 2037 m ü. d. M.; Sohlwasserdruck von 0,25 des vollen statischen Wasserdrucks linear auf Null abnehmend.
Belastungsfälle:
a) Hauptlastfall Herbst: Vollstau und sommerliche Erwärmung des Sperrenkörpers. Temperaturwerte bezogen auf eine Fugenschlußtemperatur von +5⁰C.
b) Lastfall Winter, volles Becken: Vollstau mit Berücksichtigung der halben
   winterlichen Abkühlung, bezogen auf die Fugenschlußtemperatur.
c) Lastfall Winter, leeres Becken: Absenkziel (H = 1960) bei voller winterlicher
   Abkühlung, bezogen auf die Fugenschlußtemperatur.
Modellversuche im Labor der Tauernkraftwerke und bei Prof. Oberti in Bergamo
ergaben größere Differenzen zur Berechnung nur am Mauerfuß und im Kronen-
bereich (Modell etwas günstiger, bei Berücksichtigung des Gewichts vermutlich
keine Zugspannungen längs der wasserseitigen Einbindung).
Größte Scheitelpressung in Höhe 1980 m rund 60 kg/cm².
Größter Biegezug an der Wasserseite des Mittelschnitts unter 10 kg/cm².
Größte Felspressung 55 kg/cm².
Wasserarmer Rüttelbeton, wie Vorsatzbeton der Moosersperre (s. d.). Einbringung
mit Kabelkran.
15 m Radialfugenabstand. Fugen verzahnt, luft- und wasserseitige Kupferblechdichtung. Auspreßflächen durch horizontale Schottenbleche unterteilt. Fugenschlußtemperatur + 5⁰ C.

15. *Triebwasserfassung:* Einlaufbauwerk am Talboden, vor Vermurungen und Hang-
abrutschungen geschützt, auf Lärchenpfähle gegründet. Lichte Öffnung 2 × 5,0/
3,5 m, Schwellenhöhe 1952 m (8 m unter Absenkziel). Rechen mit 40 mm Stabweite, Dammbalkenverschluß. 136 m Einlaufleitung zum Hang, gleichzeitig Auslauf der Möllüberleitung; Stahlrohr Ø 3500 mm, 10 mm Wandstärke, Kiesbettung,
mit Stopfbüchsen beim Einlaufbauwerk und beim Übergang zum 240 m langen
Einlaufstollen in die Möllpumpkaverne, die auch die Absperrorgane für die
verschiedenen Betriebsfälle enthält.

16. *Entlastungsanlagen:* siehe Moosersperre (Nr. 26a).

17. *Abdichtungsmaßnahmen:* in ähnlicher Weise wie bei der Moosersperre durchge-
führt.

18. *Beobachtungseinrichtungen:* entlang der Felsoberfläche bis zur halben Mauerhöhe
begehbarer Revisionsstollen zur Kontrolle der Wasserdichtheit, zur Messung der
Wasserverluste und des Sohlauftriebs und für spätere Zementinjektionen bei
auftretenden Undichtigkeiten. Ablesung der elektrischen Sperrenmeßgeräte in
durchgehendem Verkehrsgang unter der Krone.

19. *Besondere Charakterisierung des Bauwerkes und seiner äußeren Erscheinung:* Bei sparsamster Ausformung des Baukörpers eine Grenzleistung des Gewölbemauerbaues.

21. *Schrifttum:*
    Siehe Moosersperre (Nr. 26a).

27 Sperre Ottenstein

1. *Name der unmittelbar angeschlossenen Kraftstufe:* Ottenstein.

2. *Bau- und Betriebsherr:* Niederösterreichische Elektrizitätswerke Aktiengesellschaft, Wien I, Teinfaltstraße 8.

3. *Geographische Koordinaten:* 48^0 35,5' N, 15^0 20' O.

4. *Typ:* Gleichwinkelmauer (Gw_j).

5. *Baujahre:* 1953—57.

6. *Datum des ersten Vollstaus:* 11. August 1957.

7. *Geometrie des Stauraums:* Stauziel 495 m, Absenkziel 476,5 m, Schwerpunkt des Nutzinhalts 487,22 m. Nutzinhalt 51 hm³, Gesamtinhalt 73 hm³.

8. *Zufluß im Regeljahr:*
   natürlicher Zufluß 271 hm³ aus 889 km² Einzugsgebiet
   Pumpwasser   505 hm³ aus dem Speicher der Dobrasperre
          767 hm³

9. *Energieinhalt des Speichers,* bezogen auf
   a) Meeresspiegel . . . . 67,60 GWh
   b) Werk Ottenstein . . . . 6,00 GWh
   c) Fernspeicherwirkung auf Krumau . . . . 7,65 GWh
   d) Fernspeicherwirkung auf Wegscheid . . . . 2,13 GWh

   Summe b bis d . . . . 15,78 GWh

10. *Wirtschaftliche Zielsetzung:* höchstgelegener der drei Speicher am mittleren Kamp, verlagert zusammen mit diesen 68% der Jahreswasserfracht des Kamp in den Winter (von Natur aus nur 42%). Talsperrenkraftwerk Ottenstein ist Führungswerk der Gruppe und arbeitet mit zusätzlicher Umwälz-Pumpspeicherung, die das Arbeitsvermögen des Regeljahres auf das 2,86fache (84 GWh) erhöht. Gruppe deckt bis auf weiteres die Bedarfsspitzen im Versorgungsnetz der NEWAG, und trägt damit bei zum Ausgleich zwischen dem großen Erzeugungspotential Westösterreichs und dem Verbrauchsschwerpunkt in den östlichen Bundesländern. Siehe auch Übersicht 5!

11. *Gründungsgestein:* Nach Ausräumung von Hangschutt und Blockwerk baugeologisch sehr günstige Verhältnisse im porphyrartigen Rastenberger Granit. An der linken Flanke auf ca. 470 m Seehöhe mächtiger, mit dem Granit vollkommen dicht verbundener Aplitgang, technisch ebenso unschädlich wie eine sehr alte Verwerfung rechts. Linker Hangfuß durch alte Kampschleife stark unterwaschen, nach Ausräumung mit 3000 m³ Beton plombiert.

12. *Nennbelastung:* 210.000 t.

128

27 Sperre Ottenstein mit Krafthaus

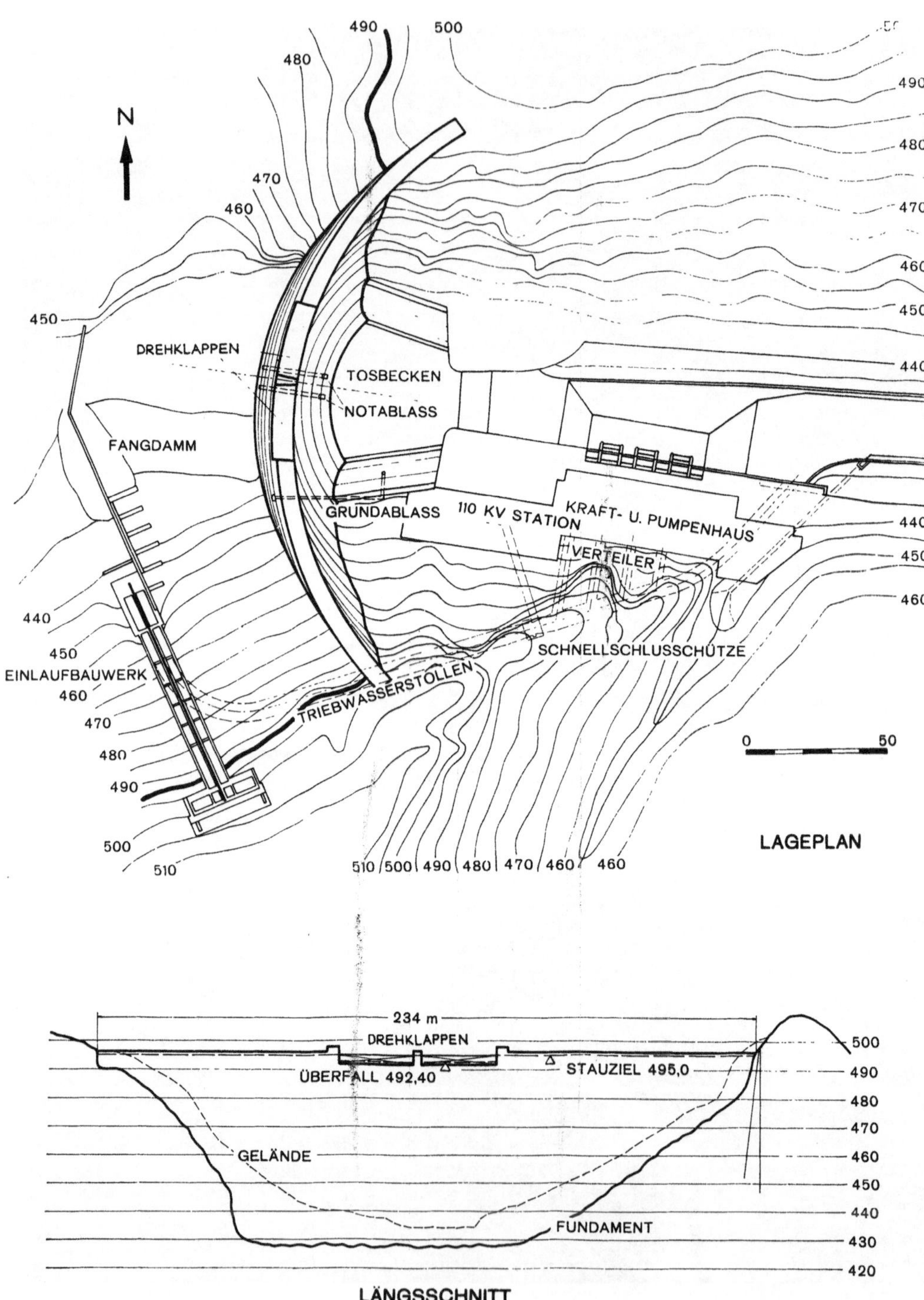

27 Sperre Ottenstein

130

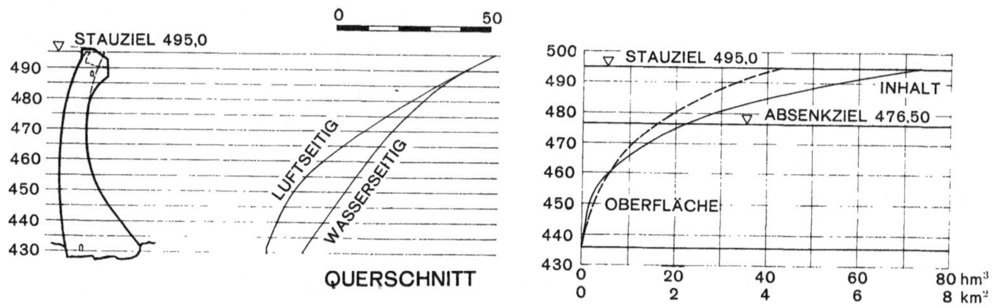

27 Sperre Ottenstein

13. *Hauptbaumaße:*
   a) Aushub des Hauptkörpers ohne Nebenanlagen: 27.800 m³ Überlagerung, 29.000 m³ Felsausbruch
   b) Rauminhalt des Hauptkörpers ohne Nebenanlagen: 128.000 m³ Beton
   c) Höhe über alles: 65 m
   d) Kronenlänge: 240 m
   e) Kronenradius: 59 m wasserseitig.

14. *Kräftespiel im Tragkörper, Baustoffe, Ausführung:* Doppelt gekrümmte Gewölbemauer, außer im obersten Sperrenteil. Stärke der Bogenlamellen vom Scheitel zu den Kämpfern zunehmend. Kronenüberfall bewehrt.
Statische Vorberechnung: für eine spiegelsymmetrische Ersatzmauer nach dem Lastaufteilungsverfahren als einschnittiger Radialausgleich für 4 Bogenlamellen und den Scheitelkragträger; Berücksichtigung von 4 Hauptlastfällen und einem Ergänzungslastfall mit zugehöriger Temperatureinwirkung und Fundamentverformung (Modulverhältnis Fels/Beton = 1,0). Untersuchung von 11 Varianten.
Maximalspannungen:
Horizontal: Felswiderlager + 28,9 kg/cm²
            Beton + 29,9 kg/cm² wasserseitig im Bogenscheitel auf Kote 480 m
            Beton-Randzug — 8,3 kg/cm² Luftseitig im Bogenscheitel auf Kote 460 m
Vertikal: Felspressung + 23,6 kg/cm² Scheitelkragträger
            Betondruck + 31,6 kg/cm² Scheitelkragträger, luftseitig auf Kote 445 m
            Betonzug — 10,9 kg/cm² Scheitelkragträger, wasserseitig, auf Kote 428,5 m

Statische Hauptberechnung: für eine symmetrische Ersatzmauer nach dem Lastaufteilungsverfahren als einschnittiger Ausgleich von 18 Kreuzungspunkten (5 Bogenlamellen, 7 symmetrisch liegende Kragträger) bezüglich der radialen und tangentialen Verformungen sowie der Verdrehungen um lotrechte Achsen. Schwingungsuntersuchungen der Überfallklappen.
Betonzusammensetzung wie bei der Dobrasperre, Herstellung in automatischer Betonfabrik. Im Winter und Frühjahr Heizung der Zuschlagstoffe, Anwärmen des Anmachwassers und der Arbeitsfugen. Kühlung des Betons durch waagrechte, wasserdurchflossene Rohre, dadurch frühere Fugenauspressung und Teilstau möglich. Fugendichtung wasserseitig mit 1 mm Kupferblech, luftseitig und in den horizontalen Zwischenfugen mit verzinktem Eisenblech.

15. *Triebwasserfassung:* Einlaufbauwerk 50 m oberhalb der Sperre am rechten Ufer, durch horizontale und vertikale Stahlbetonwand in 4 gleich große Öffnungen von 3 m Breite und 7,2 m Höhe geteilt. Feinrechen und 4 Dammtafeln auf 103 m langer Schrägbahn. 40 m lange Einlauftrompete zum Stollen (ϕ 5,8 m, bis zum Dichtungsschleier der Sperre mit armiertem Torkret, von dort bis zum Krafthaus gepanzert).

16. *Entlastungsanlagen:*
   a) Hochwasserüberfall über die Krone (Modellversuche in der Bundesversuchs-anstalt in Wien); da wegen eines Kraftwerks des Stiftes Zwettl kein Überstau möglich, 2 Stauklappen je 27 m lang, 2,6 m hoch. 52 m freier Fall mit starker Luftaufnahme auf das Wasserpolster des Tosbeckens (unverkleidet, nur Schwelle). Förderfähigkeit 420 m³/s.
   b) Grundablaß: ϕ 1,20 m, Ringstrahlschieber ϕ 1,00 m. Eingebaut in Block 6 (rechts), Abfluß ins Tosbecken des Überfalls, Förderfähigkeit 16 m³/s.
   c) Zwei Notablaßrohre mit Sprengdeckel ϕ 1,50 m, im Scheitelblock 0 auf Höhe 437,0 m. Förderfähigkeit je 53 m³/s.

17. *Abdichtungsmaßnahmen:* Injektionen nach ausgiebigen Kluftmessungen des Geologen festgelegt. Dichtungsschleier im Sperrenfundament zur Wasserseite hin leicht geneigt, zahlreiche Schrägbohrungen unter 50°. Bohrlochtiefe mit halber Mauerhöhe angenommen, stellenweise auch tiefer. Ohne Betonauflage abgepreßt, daher erst 5—8 m unter der Oberfläche nach der Tiefe zunehmend mit 10—25 atü injiziert, bei großen Tiefen von 30—50 m mit Drücken bis zu 35 atü. Mittlerer Abstand 1,5 m.

Abhaltung von Sickerwasser vom Felsrücken des rechten Widerlagers durch Verlängerung des Injektionsschleiers 100 m weit in den rechten Hang, bis 60 m Tiefe. Links ebensolche Fortsetzung in den Hang, 70 m weit und 40 m tief.
Insgesamt 11.080 m Kernbohrungen und 1067 t Zement (EPZ + Traß); für Kontaktinjektionen 1941 m Schlagbohrung und 167 t Zement. Mit Rücksicht auf die unter Kluftwasserdruck aufgetretenen Felsgrundbrucherscheinungen von Dobra Entwässerung des Felssporns am rechten Widerlager durch 4 frostfreie, verrohrte Bohrlöcher (ϕ 100 mm) zum Peygartengraben hin.

18. *Beobachtungseinrichtungen und deren Ergebnisse:* Messung von Sohlwasserdruck und Sickerwassermenge an mindestens 3 Punkten jedes Blockes durch 0,5 m in den Fels getriebene und in den Kontrollgang geführte Rohre. Sohlwasserdruck beträgt im Abstand 1 m, 4 m und 12 m hinter dem Dichtungsschleier im Mittel 34%, 25% bzw. 20% des statischen Wasserdruckes.
Pendelschächte in den Blöcken 0, 3, 4, 7, davon 0 und 7 je 12 m in den Fels.

19. *Besondere Charakterisierung des Bauwerkes und seiner äußeren Erscheinung:* Bei sehr kurzer Triebwasserführung bilden Talsperre und Kraftstation eine auch baukünstlerisch zusammengehörige Gruppe. Auffallend ist die Kronenkerbe für den selbsttätigen Hochwasserüberfall.

20. *Baukosten:* auf Preisbasis 1954/56 Sperre und Umlaufstollen 125 Millionen S.

21. *Schrifttum:*

1. Köhler: Die moldanubischen Gesteine des Waldviertels und seiner Randgebiete. Fortschritte d. Min., Krist. u. Petr. 1925.
2. Waldmann: Über weitere Begehungen im Raume der Kartenblätter Zwettl-Weitra, Ottenschlag und Ybbs. Verhandlungen d. Geolog. Bundesanstalt, Wien 1938.
3. Nickel: Das Mischgestein vom Typus Exenbach und seine Stellung im Rastenberger Tiefenkörper. Neues Jahrbuch für Mineralogie. Abhandl. 81, 1950.
4. Waldmann: Das außenalpine Grundgebirge Österreichs. S. A. aus „Geologie von Österreich", Wien 1951.
5. Stini: Ganggesteine und Bauwesen. Geologie und Bauwesen, Jg. 19, 1952.

6. Exner: Über geologische Aufnahmen beim Bau der Kampkraftwerke. Jahrbuch der Geolog. Bundesanstalt, Wien 1953, Bd. 96, H. 2.
7. Stini: Die baugeologischen Verhältnisse der österreichischen Talsperren. „Die Talsperren Österreichs", Heft 5.
8. Sonderheft der Österreichischen Wasserwirtschaft, Jg. 9, Heft 12 mit folgenden Beiträgen: Männl: Kraftnutzung am Kamp; Kollik: Wasser- und Energiewirtschaft; Petzny: Die Talsperren am Kamp; Rind: Gründung und Dichtschluß des rechten Flügels der Dobra-Sperre; Chwalla/Kettner: Die Statik der Kamptalsperren; Lahr: Triebwasserleitung und Krafthaus Ottenstein; Jordan: Der Beton der Kampsperren.

28 Sperre Rotgüldensee

1. *Unmittelbar angeschlossene Kraftstufe:* Kraftwerk Rotgülden.

2. *Bau- und Betriebsherr:* Salzburger Aktiengesellschaft für Elektrizitätswirtschaft, Salzburg, Schwarzstraße 44.

3. *Geographische Koordinaten:* 47⁰ 06' N, 13⁰ 25' O.

4. *Typ:* Steinschüttdamm (D).

5. *Baujahre:* 1956—57.

6. *Datum des ersten Vollstaus:* Dezember 1957.

7. *Geometrie des Stauraumes:* Stauziel 1710,50 m, Absenkziel 1699,00 m, Speicherschwerpunkt 1705,40 m. Nutzinhalt 3 hm³.

8. *Zufluß im Regeljahr:*
   a) natürliches Einzugsgebiet . . . . 10,17 km²   18,73 hm³
   b) aus Beileitungen . . . . 0,81 km²   0,50 hm³
   ────────────────────────────
   10,99 km²   19,23 hm³

9. *Energieinhalt des Speichers,* bezogen auf
   a) Meeresspiegel . . . . 14 GWh
   b) Kraftwerk Rotgülden . . . . 2,3 GWh
   c) Murwerke im Lungau (Murfallwerk, Ramingstein) . . . . 0,5 GWh
   ─────────
   Summe b + c . . . . 2,8 GWh

10. *Wirtschaftliche Zielsetzung:* Aufstau des Rotgüldensees zu einem Speicherraum von 3 hm³ für die Hochdruckstufe Rotgülden (h = 370 m), die der Energieversorgung des Lungau aus dem Netz der Safe dient, als dringende Ergänzung zu zwei unzureichenden Laufwerken an der Mur und einer stark gefährdeten 30-kV-Leitung über die Niederen Tauern.

11. *Gründungsgestein:* Gletschergeschliffene Gneisschwelle, in geringer Tiefe anstehend. Deutlich ausgeprägte Schieferung, jedoch ohne Bankungs- oder Gleitfugenbildung; sehr geringe Kluftbildung und Wasserwegigkeit.

12. *Nennbelastung:* 5000 t.

13. *Hauptbaumaße:*
    a) Aushub ohne Nebenanlagen: 10.500 m³
    b) Rauminhalt des Hauptkörpers ohne Nebenanlagen: 34.500 m³
    c) Höhe über alles: 18 m
    d) Kronenlänge: 112 m
    e) Krone in der Mitte geknickt, Ausrundung R = 75 m.

28 Sperre Rotgüldensee

14. *Baustoffe und Ausführung:* Steinschüttdamm aus baustellennahen, mit Moränenmaterial durchsetzten Bergstürzen; grobes, kantiges Korn. Wasserseitige Hälfte
(Breite am Fuß ca. 30 m) aus gebrochenem Material, luftseitiger Stützkörper aus
Blockhaldenmaterial mit Moränensand, 3 m Berme. Verdichtung mit 8 t schwerem
Keller-Rüttler. Mit Rücksicht auf fehlendes Tonmaterial und spätere Erhöhung
auf 1740 m Wahl einer schrägen Bitumen-Innendichtung: Auffüllen der Poren-
räume des durch Rütteln verdichteten, statisch homogen wirkenden Bruchstein-
gefüges im Bereich einer 1 : 1 geneigten, 1,50 m starken Schrägzone mit Bitumen-
Grobmörtel. In die heiß eingebrachte Masse (Bitumen B 80, Steinmehl, Sand und
Splitt bis 30 mm) werden saubere Bruchsteine bis 10 cm Korndurchmesser und
40 cm Kantenlänge mit 3 t schweren Rüttlern eingerüttelt. Anschlüsse an das
Überlaufbauwerk mit Kaltasphaltanstrich und Kupferblech.

15. *Triebwasserentnahme:* Einlauf am rechten Ufer, Schwelle auf 1698,60 m. Druckstollen ⌀ 2,20 m zur Apparatekammer, dort Teilung in Rohrstollen und Grundablaß (2 Klappen je NW 700 mm, Rohrleitung 650/550 mm).

16. *Entlastungsanlagen:*
a) Hochwasserüberfall mit Schußrinne am linken Dammende, feste Krone auf
1710,50 m, Kronenlänge 14 m.
b) Grundablaß: siehe Triebwasserentnahme!

17. *Abdichtungsmaßnahmen:* Felseinbindung der Abdichtungszone durch Künette
b = 3,0 m, h = 1,6 m; von dort aus Dichtungsschleier und Kontaktinjektionen.
Volle Abdichtung erreicht.

134

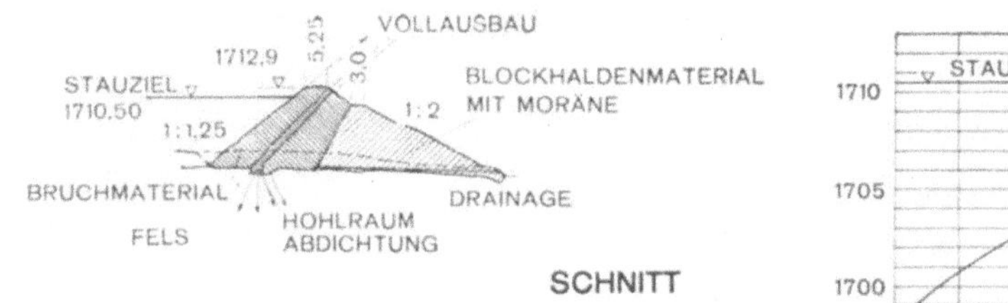

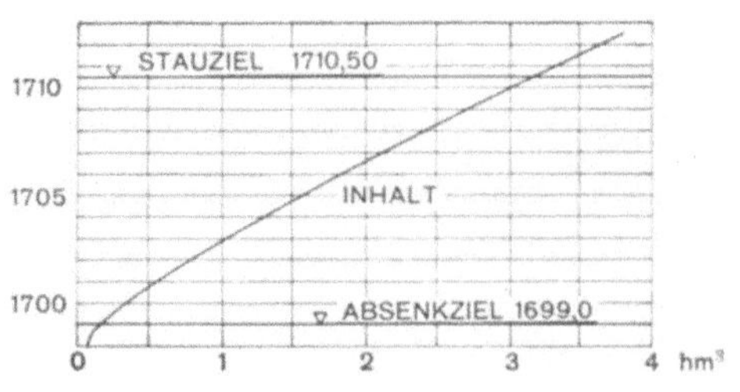

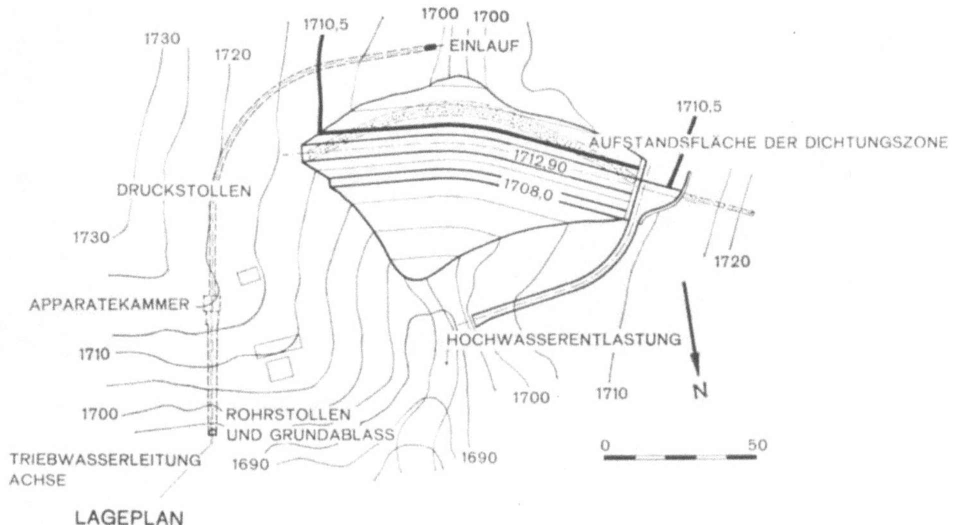

28 Sperre Rotgüldensee

18. *Beobachtungsergebnisse:* keine meßbaren Setzungen des Dammgefüges.

20. *Baukosten:*
Damm .... 2,3 Millionen S (1956/57)
Wasserfassung .... 0,56 Millionen S (1955)

21. *Schrifttum:*
Posch — Wintersteiger: Die Steindamm-Talsperre am Rotgüldensee. Österreichische Ingenieur-Zeitschrift 1959/2, S. 64.

29 Sperre Großer Mühldorfersee

1. *Unmittelbar angeschlossene Kraftstufe:* Speicherstufe Reißeck, Krafthaus Kolbnitz.

2. *Bau- und Betriebsherr:* Österreichische Draukraftwerke Aktiengesellschaft, Klagenfurt, Baumbachplatz.

3. *Geographische Koordinaten:* 46⁰ 55' N, 13⁰ 23' O.

4. *Typ:* Gewichtsmauer mit Hohlgang über der Felssohle, gekrümmter Kronenverlauf (G_b).

29 Sperre Großer Mühldorfersee. Im Hintergrund links Sperre Kleiner Mühldorfersee

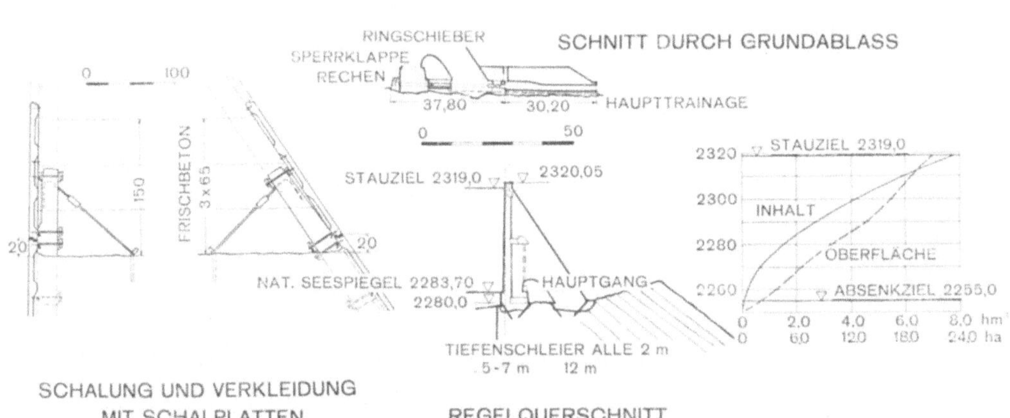

29 Sperre Großer Mühldorfersee

5. *Baujahre:* 1954—57.

6. *Datum des ersten Vollstaus:* 31. August 1958.

7. *Geometrie des Stauraums:* Stauziel 2319,00 m; Absenkziel 2255,00 m; Nutzinhalt 7,72 hm³; Speicherschwerpunkt 2295,63 m.

8. *Zufluß im Regeljahr:* ursprüngliches natürliches Einzugsgebiet von 2,51 km² mit 3,91 hm³ Jahreszufluß. Seit Ausbau der rund 60 m höher in der gleichen Talfurche gelegenen Talsperre beim Kleinen Mühldorfersee und dessen getrennter Ableitung Verkleinerung des Einzugsgebietes auf 1,08 km² mit 1,68 hm³ Jahreszufluß.

136

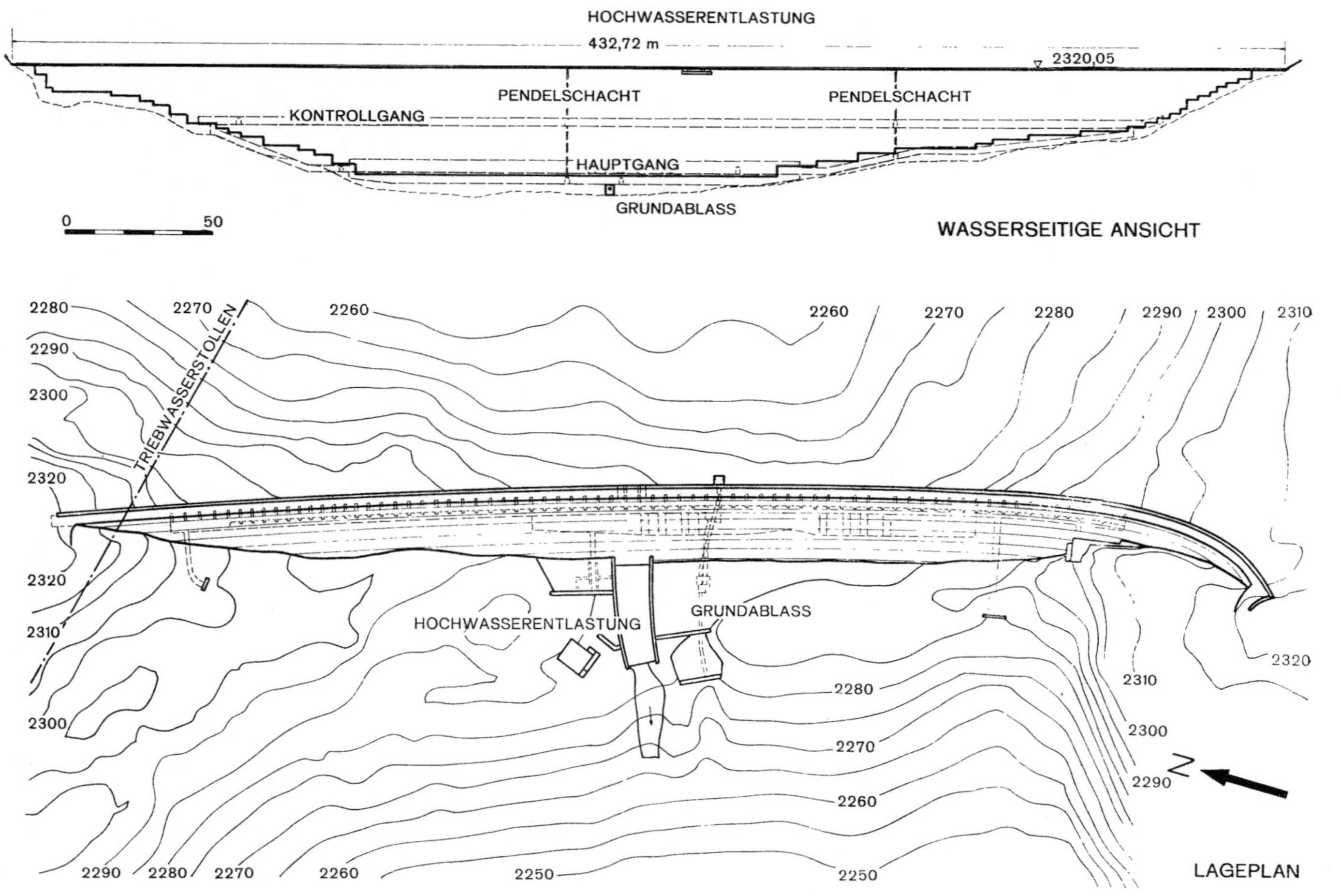

29 Sperre Großer Mühldorfersee

Zur Füllung zusätzliche Pumpspeicherung von 6,3 hm³ (vom Horizont 1110,0 m aus mit Zulaufhöhe 100—150 m, jedoch Abarbeitung über volle Stufenhöhe bis ins Mölltal).

9. *Energieinhalt des Speichers*, bezogen auf
    a) Meeresspiegel: .... 48,6 GWh
    b) Krafthaus Kolbnitz: .... 30,2 GWh

10. *Wirtschaftliche Zielsetzung:* Größter von vier in festes Grundgebirge eingebetteten Karseen, die nach entsprechendem Aufstau eine günstige Gelegenheit für die Anlage einer (pump-)speicherfähigen Hochdruckstufe im Rahmen des Winterspeicherwerks Reißeck-Kreuzeck boten. Die Abarbeitung zum Krafthaus Kolbnitz im tiefeingeschnittenen Mölltal nutzt die derzeit größte Rohfallhöhe der Welt (1771,30 m ab Kleinem, 1712,90 m ab Großem Mühldorfsee) für 73 GWh Winterspitzenenergie (siehe Übersicht 6).

11. *Gründungsgestein:* Seeriegel einheitlich aus Hochalmgneis (Orthogneis mit größeren Feldspataugen); regelmäßiges Einfallen der Schieferungsflächen gegen Südwesten, Ausbeißen einiger Schichten im Ostteil des schmalen Riegels. Der Seeriegel sperrt den Kleinen und Großen Mühldorfersee gemeinsam ab; Querstörungen bedingen Einschartungen, deren flachste und tiefste den Ausfluß des Großen Mühldorfersees ermöglichte und durch die Sperre geschlossen wird. An weniger tiefen Einschnitten zwei niedrige Dämme mit Betonkern.

12. *Nennbelastung:* 157.000 t.

13. *Hauptbaumaße:*
    a) Aushub ohne Nebenanlagen: 47.500 m³
    b) Rauminhalt der Hauptsperre: 152.900 m³ Beton
                    Nebendamm I: Betonkern 64 m³, Steindamm 240 m³
                    Nebendamm II: Betonkern 345 m³, Steinschüttung 1400 m³
    c) Höhe über alles: 46,50 m
    d) Kronenlänge: 432,70 m
    e) Kronenradius: 2630 m. Einbindung an der linken Flanke über Korbbogen, R = 600 m, 150 m, 50 m.

14. *Kräftespiel im Tragkörper, Baustoffe, Ausführung:*
Langgestreckter und dabei schmaler Seebord bedingt Gewichtsmauer (33 Blöcke mit 10—14 m Länge), mit großem Hohlgang über der Felssohle (durchgehend durch 11 Blöcke; Vermeidung von Schwind-Längsrissen, Entlastung von Sohlwasserdruck, Einsparung von 10 % Betonkubatur). Oberer Kontrollgang ebenfalls außergewöhnlich groß.
Berechnung durch spannungsoptische Versuche überprüft (TH München und Tauernkraftwerke AG Kaprun), für verschiedene Lastfälle und Modulverhältnisse Beton/Fels (0; 1; 1,5). Sohlwasserdruck nur am wasserseitigen Fundamentkörper angenommen, vom halben statischen Wasserdruck linear auf Null abnehmend. Keine Zugspannungen an der schrägelliptischen, den Spannungstrajektorien angepaßten Gewölbeleibung. Stärker aufgelockerter Fels erzwang bei einzelnen Mauerblöcken Tiefergründung und Stelzung der Mauerfüße sowie Anordnung von je 2 Querrippen (b = 2,5 m) je Block zur Gewährleistung der Gleitsicherheit. Luftseitige Druckspannungsspitzen bis 53 kg/cm². Lieckfeldtnachweis in Höhe 2283,0 (2288,30) m gibt 23,5 (10,2) kg/cm² Druck und 27,3 (11,6) kg/cm² Schubspannung.
Mangels geeigneter baustellennaher Vorkommen Zuschlagstoff 65 km weit von der Schotterflur der Drau bei Föderlach. Sonderzement PZ 225 mit 8 % Schlakkenbeigabe; 0,4 % des Zementgewichts Frioplast zum Anmachwasser. Sieblinie

nach Versuchen der Technischen Versuchs- und Forschungsanstalt Kaprun, fünf Korngruppen bis 130 mm. Laufende Kontrolle im Baustellenlabor.

Bindemittelzusatz:

225 kg/m³ Fertigbeton in den Fundamenten bis zur Plattenverkleidung.

180 kg/m³ Fertigbeton in den Stützkörpern bis 0,7 m über Hohlgangscheitel und in der Krone.

148 kg/m³ Fertigbeton von Verkleidung zu Verkleidung über Hohlgang bis 2 m unter die Krone.

Einbringung mit zwei Kabelkranen in gerüttelten Schichten von je 1,5 m Höhe. Verzahnte Blockfugen; in den höher gelegenen Mauerflanken Verdübelung aus blechgeschalten Kugelsegmenten.

Vorgefertigte, innen kassettierte 6 bis 10 cm starke Betonplatten (2,0 × 1,5 m) als verlorene Schalung und Oberflächenschutz. Herstellung mit 350 kg PZ 450 pro m³ im Vakuumverfahren, Wasserzementfaktor 0,51 vor und 0,4 nach dem Absaugen. Mit Betonstegen und Zugankern befestigt.

Fugenverschluß an der Wasserseite mit Igaskitt auf Igolanstrich, Zugabe von Asbestfasern. Blockfugen erhalten an der Innenseite zusätzlich noch 1 cm starken, 10 cm breiten bitumengetränkten Schaumgummistreifen.

Schäden durch Eisbildung, besonders an den Blockfugen. Nachträgliches Schließen von Nestern durch Einpressen von Zementmilch mit Sika-Zusatz, Ausstemmen der Fugen mit Asbeststrick und Neuverkittung. Zusätzlicher Schutz bei 13 Blockfugen durch Aufkleben von Opanolfolie und bombiertes, verzinktes Stahlblech. Versuche mit 3 cm Torkret und Übersprühen mit dem Kunstharz Palatal.

15. *Entnahmebauwerk:* Entnahme durch Seeanstichstollen 96 m seewärts von der Mauer, 5 m über Seegrund am Fuße einer steilen Böschung (Schwelle 33 m unter früherem natürlichem Spiegel, 68 m unter Stauziel). Feinrechen aus Flacheisen 5/70 mm, l = 5 m, h = 1,9 m, e = 2 cm. Darüber 90 cm breite Grobrechenblende aus Schienenprofil 100/20, e = 16,8 cm, als Schutz vor abstürzenden Fels- und Eismassen.

    118,50 m langer Druckstollen ($\emptyset$ 1,90 m) zu 7,5 m langem Beton-Abschlußpfropfen mit 2 m Übergangstrompete zur Stahlrohrleitung im anschließenden begehbaren Rohrstollen. Absperrung im Zug der Stahlrohrleitung: nach Betonpfropfen Drosselklappe NW 1200 mm, in der Schieberkammer Reißeck Ringschieber NW 1100 mm. Qa = 4,5 m³/s. Bei vollständiger Absenkung Abfuhr des natürlichen Seezuflusses über 300 mm Rohr im Stollen.

16. *Entlastungsanlagen:*
    a) Grundablaß: Einlauftrompete als Betonblock der Mauer vorgesetzt. Grobrechen aus Schienenprofil 100/20 (e = 17,8 cm, 2 × 2,7 m schräge Länge) und Feinrechen aus Flacheisen 5/60 mm (e = 2 cm, 1,6 × 1,4 m), Grundablaßrohr $\emptyset$ 900 mm, t = 5 mm. Im Hohlgang Sperrklappe NW 900 mm und Mannloch, am luftseitigen Sperrenfuß Ringschieber NW 600 mm mit Zulaufkonus und Ausbauflansch. Anschließend kammerartige Erweiterung des Auslaufkanals, der mit 37 m Gesamtlänge (1,5 × 2,0 m Höhe) durch einen Felseinschnitt mit nachträglicher Verfüllung ins Freie führt. Unterhalb Sammelrohr der Mauerdrainage $\emptyset$ 60 cm. Entleerung in 31 Tagen, Q_{max} = 4,2 m³/s, v_{max} = 14,7 m/s.
    b) Hochwasserüberfall: für rechnungsmäßigen Höchstabfluß 12,6 m³/s. Dreifeldriger freier Überfall über die Krone von Block XVII (l = 8,4 m, 74 cm Überstau). An der Krone 27 cm Sprungkante, am Mauerfuß Leitmauerwerk (Bruchsteine) und Steinschlichtung aus 1 m starken Gneisblöcken.

17. *Abdichtungsmaßnahmen:* Kontaktinjektionen alle 2 m von der Luft- und Wasserseite und vom Hohlgang aus, mindestens 1 m in den Fels. Einpreßdruck 5 — 6 atü.

635 Bohrungen mit 3764 lfm, davon 1788 lfm Fels. Zementverbrauch 83,3 t (47 kg/lfm).
Tiefenschleier: 1 m vor dem Mauerfundament, alle 2 m abwechselnd 6 und 12 m tief (8, 6, 3 atü); 2017 lfm Bohrungen, 81 t Zement (40 kg/lfm). Nach den ersten Injektionen Zugabe von 1 % Intraplast, später auch 20 % gemahlene Flugasche.

18. *Beobachtungseinrichtungen und deren Ergebnisse:* Meßeinrichtungen konzentriert in Block XIV (in der Längsmitte des Hohlgangs) und Block XXII (voller Querschnitt in der aufsteigenden Flanke), Temperaturmessungen mit elektrischen Widerstandsthermometern.
Sohlwasserdruckmessungen.
Messungen der Mauerbewegungen nach drei zueinander senkrechten Richtungen mit Pendellot, Dehnungsmessern bei den Blockfugen und Präzisionsnivellement.
Messung der Betondehnung mit Galileo-Meßstrecken.
Wasserstandsmessungen durch statischen Druck in der Rohrleitung.
Meteorologische Station in der Reißeckhütte.
Meßergebnisse: siehe Steinböck, Heft 10 der Reihe „Die Talsperren Österreichs".

19. *Besondere Charakterisierung des Bauwerkes und seiner äußeren Erscheinung:* Knapper Aufstand des Baukörpers auf schmalem Felsriegel bei unmittelbar abfallendem Steilhang.

20. *Baukosten* ohne Triebwasserfassung, samt Anteil an den Kosten für gemeinsame Baustelleneinrichtung, Planung und Verwaltung:
129 Millionen Schilling (1959).

21. *Schrifttum:*
1. Stini: Einiges über Gesteinsklüfte und Geländeformen in der Reißeckgruppe. Zeitschrift für Geomorphologie, Leipzig 1926, S. 254—275.
2. Schwinner: Die Zentralzone der Ostalpen. In „Schaffer, Geologie von Österreich", Wien 1951, Franz Deuticke.
3. Österreichische Draukraftwerke: Das Winterspeicherwerk Reißeck-Kreuzeck.
4. Steinböck: Planung und Bau des Winterspeicherwerks Reißeck-Kreuzeck. Österr. Wasserwirtschaft 1953, Heft 5/6.
5. Stini: Die baugeologischen Verhältnisse der österreichischen Talsperren. Heft 5 der Reihe: „Die Talsperren Österreichs".
6. Steinböck: Die Staumauer am Großen Mühldorfersee. Heft 10 der Reihe „Die Talsperren Österreichs".
7. Sonderheft der Österreichischen Zeitschrift für Elektrizitätswirtschaft, 1960, Heft 6.

30 Sperre Kleiner Mühldorfersee

1. *Unmittelbar angeschlossene Kraftstufe:* Speicherstufe Reißeck, Krafthaus Kolbnitz.

2. *Bau- und Betriebsherr:* Österreichische Draukraftwerke Aktiengesellschaft, Klagenfurt, Baumbachplatz.

3. *Geographische Koordinaten:* 46⁰ 55' N, 13⁰ 22,5' O.

4. *Typ:* gerade Gewichtsmauer mit Hohlgang über der Felssohle (G_g).

5. *Baujahre:* 1956—58.

6. *Datum des ersten Vollstaus:* 11. 8. 1959.

7. *Geometrie des Stauraums:* Stauziel 2379,0 m, Absenkziel 2335,0 m, natürlicher Spiegel 2346,0 m; Nutzinhalt 2,77 hm³, davon 2,40 durch Aufstau. Höhenlage des Speicherschwerpunkts 2362,60 m.

8. *Zufluß im Regeljahr:*
   a) natürliches Einzugsgebiet 1,43 km² .... 2,23 hm³
   b) Beileitung .... 0,78 hm³
   c) Pumpspeicherung .... 0,07 hm³
                                                                 3,08 hm³

Der Zufluß durch Beileitungen kann auf Grund der Betriebsverhältnisse nicht streng einzelnen Speichern zugeordnet werden, da der Abfluß des Kessele-, Schwarz- und Quarzsees über das vorhandene Rohrleitungssystem in die beiden ausgespiegelten Speicherseen Kleiner Mühldorfersee und Hochalmsee eingeleitet wird. Gesamteinzugsgebiet der Beileitung zusammen 1,90 km²; die angegebene Aufteilung wurde auf Grund der Betriebsverhältnisse geschätzt.

9. *Energieinhalt des Speichers,* bezogen auf
   a) Meeresspiegel .... 17,8 GWh
   b) Kolbnitz .... 11,2 GWh

10. *Wirtschaftliche Zielsetzung:* siehe unter Sperre Großer Mühldorfersee (Nr. 29).

11. *Gründungsgestein:* Tektonisch vorgezeichnete, glazial überarbeitete Karwanne. Heller Biotit-Augengneis der Zentralgneismasse des Reißecks. Als Folge der tektonischen Arbeit unter der Geröllüberlagerung im Talgrund 2 Störungen erkennbar (jeweils mehrere im wesentlichen talparallele, steilstehende Mylonitstreifen), getrennt durch Felskopf in Talmitte.

12. *Nennbelastung:* 77.460 t.

13. *Hauptbaumaße:*
    a) Aushub ohne Nebenanlagen: 31.400 m³
    b) Rauminhalt des Hauptkörpers ohne Nebenanlagen: 60.400 m³
    c) Höhe über alles: 41 m
    d) Kronenlänge: 158,5 m
    e) Krone gerade; Knick im Block II.

14. *Kräftespiel im Tragkörper, Baustoffe, Ausführung:*
    Streichen der steilen Plattenschüsse talauswärts fliehend, daher keine Bogenmauer. Gewählt: Gewichtsmauer mit Hohlgang über der Aufstandsfläche (über 7 Blöcke, 96 m lang, der Höhe nach gestaffelt) und großem oberem Kontrollgang ganz ähnlich der Mauer am Großen Mühldorfersee. Statische Beanspruchung und Betontechnologie siehe dort.
    Steiler, plattiger Fels an der linken Flanke dachschindelartig aufgelockert, in Kronennähe überhängend über offener Kluft und am Hangfuß wegen örtlich weichen Gesteins beim Aushub unterschnitten. Sicherung gegen Absturzgefahr durch Nagelung der ganzen Flanke (Perfo-Anker ϕ 22, l = 2,5 m). Zur Vermeidung größerer Hanganschnitte Randblöcke bei minimalem Felsaushub auf steile Aufstandsfläche gesetzt und gegen den ersten größeren Talblock II abgestützt, außerdem unter dem oberen Kontrollgang der Blöcke 0 — IV rechteckige Druckflächen zur Übertragung achsparalleler Kräfte durch Auspressung hergestellt. Mauer am linken Ende ab Block II seewärts abgewinkelt, da die Aufstandsfläche dort sonst talauswärts geneigt wäre.
    Verkleidung mit Fertigbetonplatten wie bei der Sperre am Großen Mühldorfersee, jedoch verbesserte Fugendichtung; statt Verkittung hier mit Mörtel verfugt (Lossier-Quellzement, Fugenspritzmaschine). Blockfugendichtung mit Blech, Opanol-BA-Folie, XO-Fugenfüllung, igolgetränktem Asbeststrick und Igaskitt.
    Senkrechte Wasserseite zur Minderung des Eisdrucks beim Absenken.

15. *Entnahmebauwerk:* Von der Sperre abgerückt am Seegrund, Schwelle auf 2331,00 Meter. Einlauftrompete mit Feinrechen (e = 2 cm, B = 4,90 m Gesamtbreite,

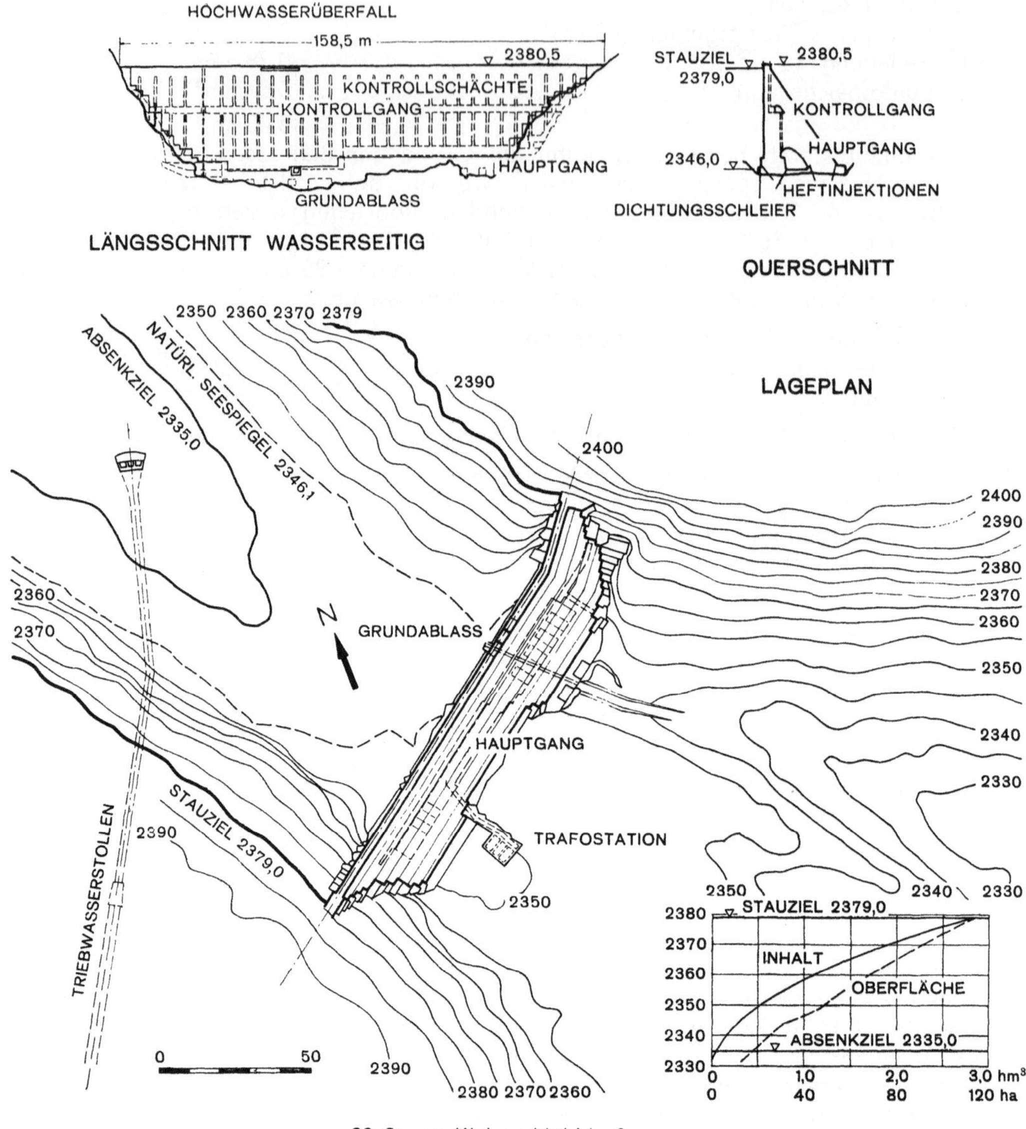

30 Sperre Kleiner Mühldorfersee

Höhe schräg 1,70 m), schräg darüber Grobrechenblende aus Schienenprofil als Schutz. Im Falle vollständiger Seeabsenkung Abfuhr des natürlichen Zuflusses über 300 mm Rohr im Stollen.

16. *Entlastungsanlagen:*
   a) Hochwasserüberfall: über die Krone, dreifeldig, 10 m breit. Am Mauerfuß Leitmauerwerk und Steinschlichtung.
   b) Grundablaß: ähnlich dem am Großen Mühldorfersee, jedoch nur $\varnothing$ 600 mm, Ringschieber 500/400 mm samt Sperrenklappe im Hohlgang eingebaut.

17. *Abdichtungsmaßnahmen:* Kontaktinjektionen und Tiefenschleier wie bei der Sperre Großer Mühldorfersee.

142

30 Sperre Kleiner Mühldorfersee

18. *Beobachtungseinrichtungen:* Pendellot im Stützblock II, verschiedene Dehnmeß-
strecken.

20. *Baukosten* ohne Triebwasserfassung, samt Anteil an den Kosten für gemeinsame
Baustelleneinrichtung, Planung und Verwaltung:
54,6 Millionen Schilling (1955).

21. *Schrifttum:* siehe Sperre Großer Mühldorfersee.

31 Sperre Hochalmsee

1. *Unmittelbar angeschlossene Kraftstufe:* Speicherstufe Reißeck, Krafthaus Kolbnitz.

2. *Bau- und Betriebsherr:* Österreichische Draukraftwerke Aktiengesellschaft, Klagenfurt, Baumbachplatz.

3. *Geographische Koordinaten:* 46° 57' N, 13° 20,5' O.

4. *Typ:* Gewichtsmauer mit Hohlgang über der Felssohle und gekrümmter Krone;
anschließender Steinschüttdamm mit Betonkern (G_b+D).

5. *Baujahre:* 1957—58.

6. *Datum des ersten Vollstaus:* 8. 7. 1959.

143

31 Sperre Hochalmsee

7. *Geometrie des Stauraums:* Stauziel 2379,0 m, Absenkziel 2330,0 m; Speichernutzinhalt 4,11 hm³; Höhenlage des Speicherschwerpunktes 2360,88 m.

8. *Zufluß im Regeljahr:*
   a) natürliches Einzugsgebiet: 1,52 km² .... 2,37 hm³
   b) Beileitung .... 2,18 hm³
   c) Pumpspeicherung .... 0,02 hm³
                                                                4,57 hm³

   Der Zufluß durch Beileitungen kann auf Grund der Betriebsverhältnisse nicht streng einzelnen Speichern zugeordnet werden, da der Abfluß des Kessele-, Schwarz- und Quarzsees über das vorhandene Rohrleitungssystem in die beiden ausgespiegelten Speicherseen Kleiner Mühldorfersee und Hochalmsee eingeleitet wird. Gesamteinzugsgebiet der Beileitung 1,9 km²; die angegebene Aufteilung wurde auf Grund der Betriebsverhältnisse geschätzt.

9. *Energieinhalt des Speichers,* bezogen auf
   a) Meeresspiegel .... 26,5 GWh
   b) Kolbnitz .... 16,7 GWh

10. *Wirtschaftliche Zielsetzung:* Aufstau eines natürlichen Karsees um 18,7 m, im Rahmen des Winterspeicherwerks Reißeck-Kreuzeck. Siehe Sperre Großer Mühldorfersee und Übersicht 6.

11. *Gründungsgestein:* Bändergneisserie in der Zentralgneismasse des Reißecks. Kleine Störung quer zur Dammachse am NW-Ende des Seebords, teilweise beträchtliche Gesteinsauflockerung und Durchlässigkeit.

12. *Nennbelastung:* 41.200 t.

144

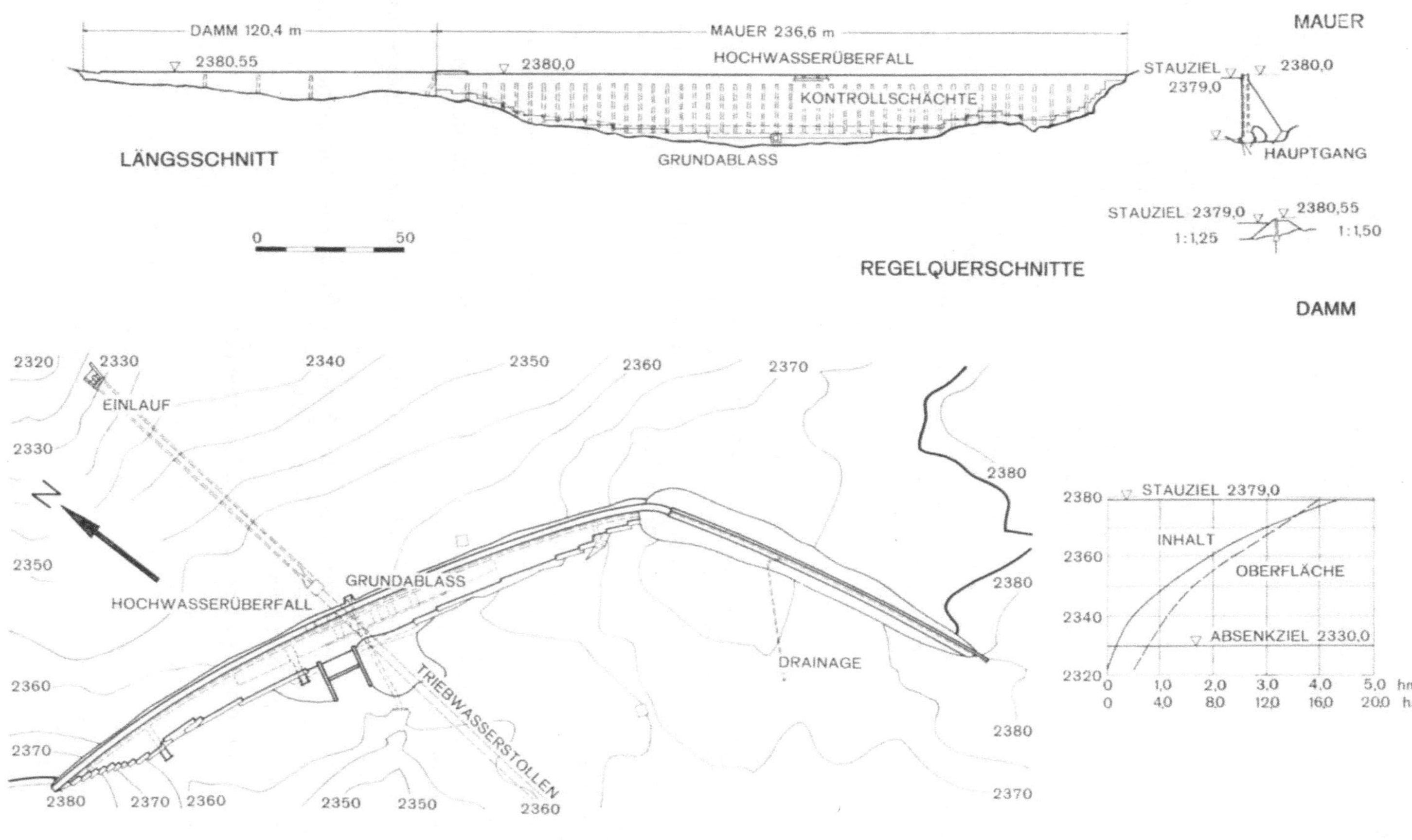

31 Sperre Hochalmsee

13. *Hauptbaumaße:*

	Mauer:	Damm:
a) Aushub ohne Nebenanlagen: .. 10.300 m³.		
b) Rauminhalt ohne Nebenanlagen: 28.900 m³.		Kernbeton 285 m³
		Fundament-beton 340 m³
		Damm-schüttung 4.360 m³
		Summe: 33.885 m³
c) Höhe über alles: .... 24,5 m		8,8 m
d) Kronenlänge: .... 236,6 m		120,5 m
e) Kronenradius: Korbbogen zur Anpassung an den Seeriegel.		

14. *Kräftespiel im Tragkörper, Baustoffe, Ausführung:* Gewichtsmauer vom gleichen Typ wie die Sperren am Großen und Kleinen Mühldorfersee. Hohlgang über der Sohle 98 m lang (6 Blöcke). An Stelle einer Verkleidung mit Fertigbetonplatten Vorsatzbeton (Luftseite 1,60 m, Wasserseite 2,00 m; Größtkorn 80 mm, 240 kg Zement pro m³ Fertigbeton).
    Blockfugendichtung: an den wasserseitigen Kanten Winkeleisen, verbunden mit bitumisierten Stahlfedern, 50 cm dahinter Kupferblech.
    Anschließend Steinschüttdamm mit Betonkern (19 Felder, je 6 m lang). Schüttmaterial aus Staumaueraushub, Ausführung wie Damm am Radlsee.

15. *Entnahmebauwerk:* Von der Sperre abgerückt, Schwelle auf 2326,00 m. Einlauftrompete mit Feinrechen (e = 2 cm), anschließend Druckstollen $\varnothing$ 1,70 m zur Schieberkammer. Im Falle vollständiger Seeabsenkung Abfuhr des natürlichen Seezuflusses über 300 mm Rohr im Stollen.

16. *Entlastungsanlagen:*
    a) Hochwasserüberfall dreifeldig über die Krone (10,0 m), am Mauerfuß Leitmauerwerk und Steinschlichtung.
    b) Grundablaß: $\varnothing$ 600 mm, Sperrklappe und Ringschieber 500/400 mm im Hohlgang.

17. *Abdichtungsmaßnahmen:* Kontaktinjektionen und Tiefenschleier ähnlich wie bei der Sperre am Großen Mühldorfersee.

18. *Beobachtungseinrichtungen:* je Block drei Kontrollschächte wie bei der Sperre am Großen Mühldorfersee.

20. *Baukosten* ohne Triebwasserfassung, samt Anteil an den Kosten für gemeinsame Baustelleneinrichtung, Planung und Verwaltung:
    40,4 Millionen Schilling (1955).

21. *Schrifttum:* siehe Sperre Großer Mühldorfersee (29).

32 Sperre Radlsee

1. *Unmittelbar angeschlossene Kraftstufe:* Speicherstufe Reißeck, Krafthaus Kolbnitz.

2. *Bau- und Betriebsherr:* Österreichische Draukraftwerke Aktiengesellschaft, Klagenfurt, Baumbachplatz.

3. *Geographische Koordinaten:* 46° 56' N, 13° 23' O.

4. *Typ:* Steinschüttdamm mit Betonkern (D).

5. *Baujahre:* 1957—58.

6. *Datum des ersten Vollstaus:* 31. 7. 1959.

7. *Geometrie des Stauraums:* Stauziel 2399,0 m, Absenkziel 2354,0 m, natürlicher Seespiegel auf 2388,5 m; Nutzinhalt 2,54 hm³. Speicherschwerpunkt auf 2382,79 m.

8. *Zufluß im Regeljahr:* 2,61 hm³. Natürliches Einzugsgebiet 1,68 km².

9. *Energieinhalt des Speichers,* bezogen auf
   a) Meeresspiegel .... 16,35 GWh
   b) Kolbnitz .... 10,60 GWh

10. *Wirtschaftliche Zielsetzung:* Aufstau eines natürlichen Karsees um 10,5 m, im Rahmen des Winterspeicherwerks Reißeck—Kreuzeck. Siehe Sperre Großer Mühldorfersee (Nr. 29) und Übersicht 6.

11. *Gründungsgestein:* Augengneis der Zentralgneiszone des Reißecks; einige Störungsstreifen quer zur Dammachse.

12. *Nennbelastung:* 8.100 t.

13. *Hauptbaumaße:*
    a) Rauminhalt: Betonkern ....   880 m³
                   Fundamentbeton ..   800 m³
                   Dammschüttung .. 20.310 m³
                                     ─────────
                                     21.990 m³
    b) Höhe über alles: 16,7 m
    c) Kronenlänge: 211,7 m
    d) Kronenradius: 500 m.

14. *Tragkörper, Baustoffe, Ausführung:*
    Steinschüttdamm; Schüttgut von umliegenden Blockhalden. Erdbaustatische Untersuchungen an der T. H. Wien: Reibungswinkel des verdichteten Schüttmaterials $\varphi = 42^0$, Reibungswinkel für Gleiten der Steine auf Fels $tg\varrho_1 = 0,6$, für Gleiten des Kontaktmaterials auf Fels $tg\varrho_2 = 0,7$.
    Betonkern wasserseitig der Krone angeordnet, in den Fels eingebunden. Kronenstärke des Kerns 40 cm, jeweils 6 m lange Abschnitte. Gelenkige Horizontalfugen alle 4 m, mit Bitumenstreifen im äußeren Drittel und Sika-Fugenbändern. Bewehrung mit Baustahlgewebe, an den Fugen Verbindung mit Rundstahl ϕ 12 bis ϕ 16 . Luftseitig des Kerns Filterschicht und Drainage; Kontrollschächte in jeder 2. Fuge. Wasserseitig 80 cm Steinwurf und Vorschüttung.

15. *Entnahmebauwerk:* von der Sperre weit abgerückt, Schwelle auf 2350,0 m. Einlauftrompete mit Feinrechen, anschließend Druckstollen ϕ 1,70 m zur Apparatekammer.

16. *Entlastungsanlagen:*
    a) Hochwasserüberfall an der linken Flanke anschließend an den Damm, b = 10 m.

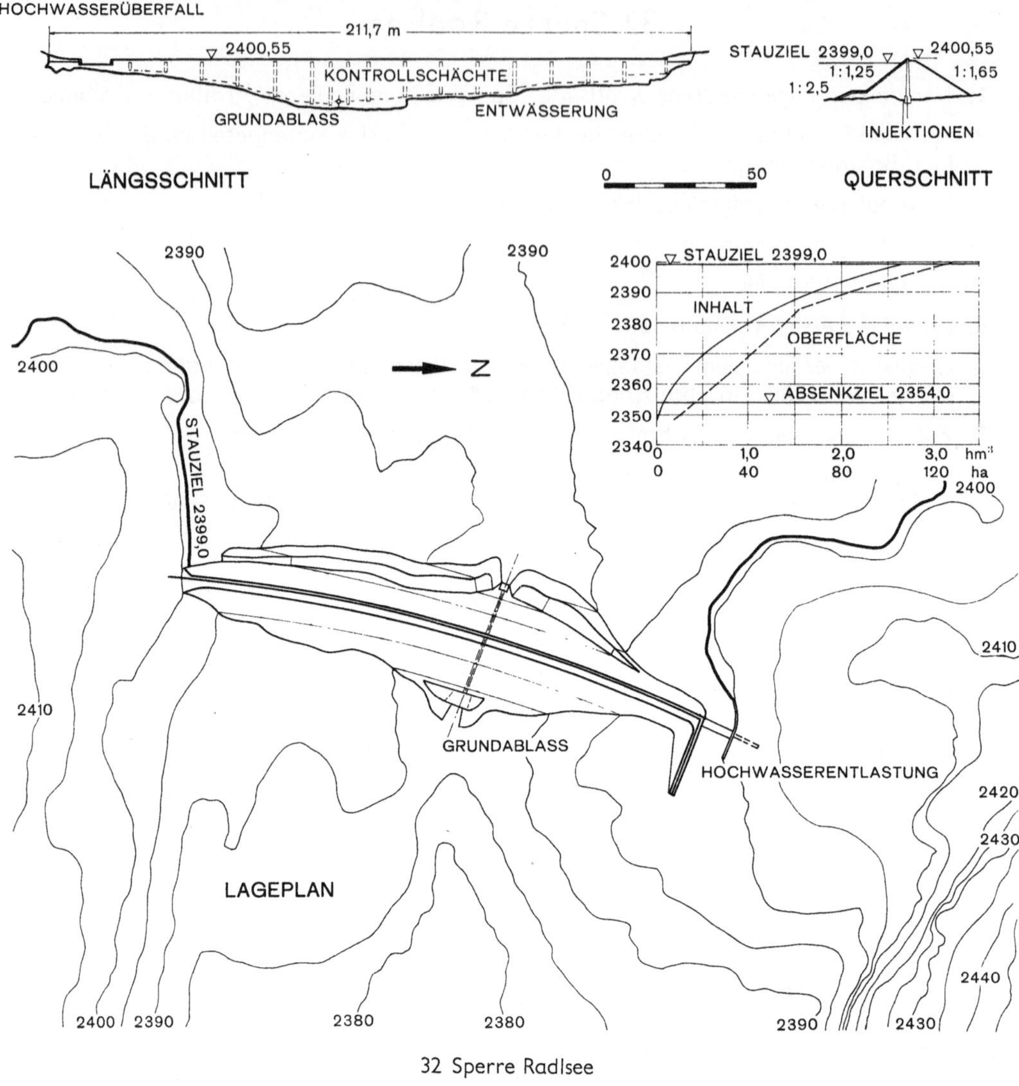

32 Sperre Radlsee

b) Grundablaß: ⌀ 600 mm, Apparatekammer im Dammkörper mit Sperrklappe und Ringschieber 500/400 mm. Entleerung in 25 Tagen, bei Triebwasserentnahme in 14 Tagen.

17. *Abdichtungsmaßnahmen:* Dichtungsinjektionen.

19. *Besondere Charakterisierung des Bauwerkes und seiner äußeren Erscheinung:* Höchstgelegene Talsperre Österreichs in eisfreier Hochgebirgslandschaft.

20. *Baukosten* ohne Triebwasserfassung, samt Anteil an den Kosten für gemeinsame Baustelleneinrichtung, Planung und Verwaltung:
12,9 Millionen Schilling (1955).

21. *Schrifttum:*

siehe unter Sperre Großer Mühldorfersee, bes. Sonderheft der Österreichischen Zeitschrift für Elektrizitätswirtschaft, 1960, Heft 6.

32 Sperre Radlsee

33 Lünersee-Sperre

1. *Unmittelbar angeschlossene Kraftstufe:* Lünerseewerk.

2. *Bau- und Betriebsherr:* Vorarlberger Illwerke Aktiengesellschaft, Bregenz, Josef-Huter-Straße 35.

3. *Geographische Koordinaten:* 47⁰ 03,5' N, 9⁰ 45' O.

4. *Typ:* Betongewichtsmauer mit atmenden Fugen und mehrfach gekrümmter Krone. (G).

5. *Baujahre:* Vorarbeiten für Absenkung und Abdichtung seit 1920, 1954 Baustelleneinrichtung, 1955 neuerliche Absenkung, 1956 Injektionen.
Vorarbeiten für die Staumauer selbst 1955, Fundamentaushub seit August 1956, Betonierbeginn Juni 1957, Fertigstellung Ende 1958.

6. *Datum des ersten Vollstaus:* 17. 9. 1959.

7. *Geometrie des Stauraums:* Stauziel 1970,00 m, Absenkziel 1897,00 m. Speicherschwerpunkt 1938,83 m; Nutzinhalt 76 hm³, davon 40 hm³ durch Aufstau.

8. *Zufluß im Regeljahr:*
a) natürliches Einzugsgebiet, 8,8 km² .... 11,0 hm³
b) Beileitung vom Brandner Gletscher, 3,2 km² .... 6,0 hm³

33 Lünerseesperre

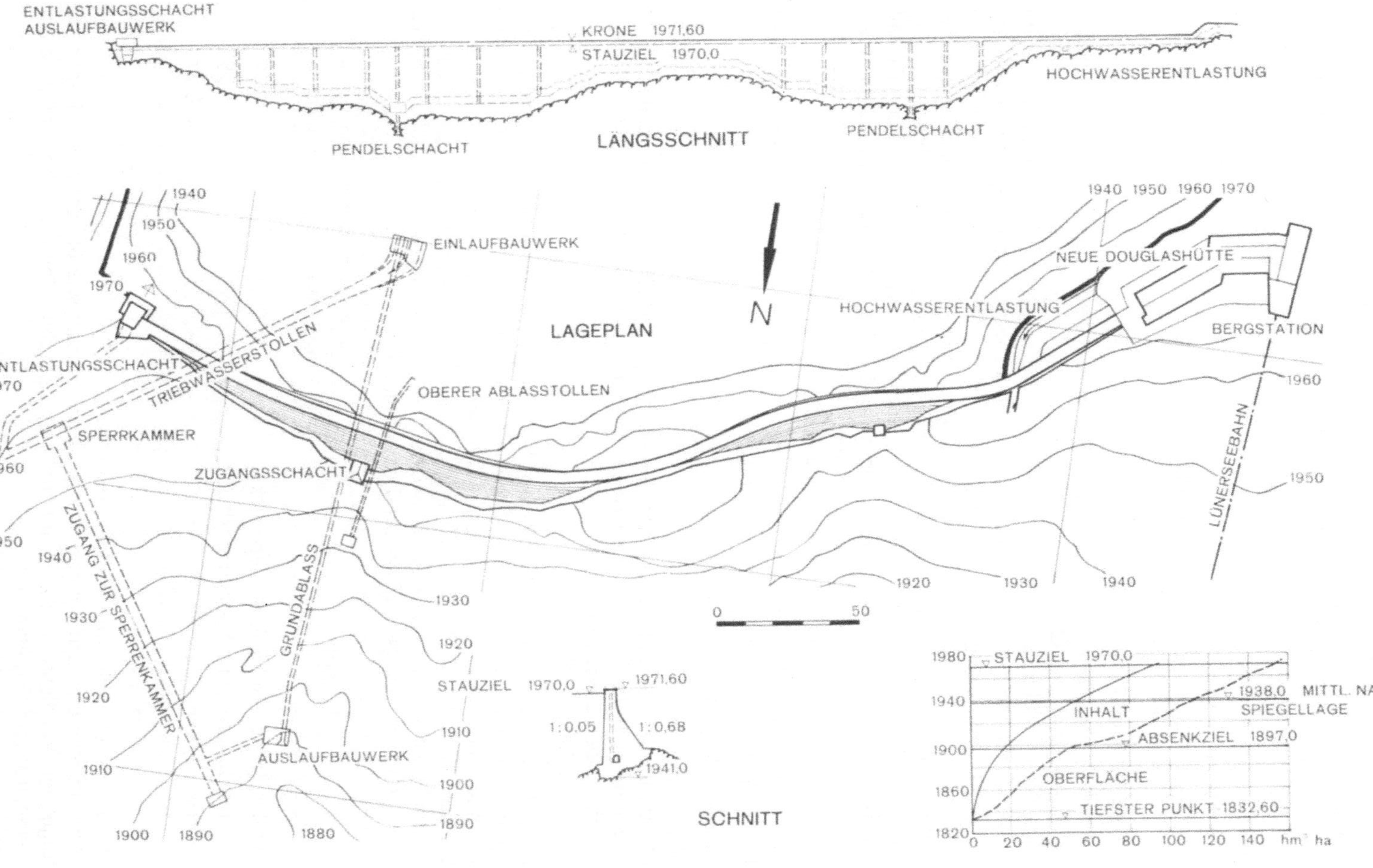

33 Lünerseeperre

c) Saison-Pumpspeicherung Anfang Mai bis Ende August
(nachts und am Wochenende) aus 7 Seitenbächen
zwischen Partenen und Latschau ....   59,0 hm³

Summe ....   76,0 hm³

9. *Energieinhalt des Speichers*, bezogen auf
   a) Meeresspiegel.................................... 401,0 GWh
   b) Lünerseewerk: ab Umspannanlage Bürs .... 152,0 GWh
   c) Rodundwerk: ab Umspannanlage Bürs .... 57,0 GWh

   Summe b + c....................................... 209,0 GWh

10. *Wirtschaftliche Zielsetzung:* Aufstau eines der bedeutendsten natürlichen Hochgebirgsspeicher der Ostalpen und Eingliederung in die bestehende Werksgruppe an der oberen Ill als Spitzenspeicher; Einsatz wegen geringen natürlichen Zuflusses primär für Jahrespumpspeicherung und im Wälzbetrieb. Spitzenenergieerzeugung im Winter des Regeljahres 330 GWh, davon 57 GWh durch zusätzliche Abarbeitung im Rodundwerk; im Sommer 80 GWh durch Wälzbetrieb. Zusammenarbeit mit den Stein- und Braunkohlenwerken des westdeutschen Netzes. Besondere ausgleichende Funktion im Verbundbetrieb durch Leistungsspanne von 470 MW (Turbinenbetrieb 217 MW, Pumpenbetrieb 253 MW), die beim Umschalten von Turbinen- auf Pumpbetrieb in 6 Minuten, beim Umschalten von Pump- auf Turbinenbetrieb in 3 Minuten zur Verfügung steht.

11. *Gründungsgestein:* Schlanker, gletschergeschliffener Hauptdolomitriegel der Seebarre mit talwärts fallenden Schichten.

12. *Nennbelastung:* 51.800 t.

13. *Hauptbaumaße:*
    a) Aushub des Hauptkörpers ohne Nebenanlagen: 15.000 m³ Felsausbruch
    b) Rauminhalt des Hauptkörpers ohne Nebenanlagen: 41.000 m³
    c) Höhe über alles: 28 m
    d) Kronenlänge: 380 m.

14. *Baustoff und Ausführung der Sperrmauer, Statik:* Gründung auf dem schmalen Rücken der natürlichen Seebarre, daher mehrfache leichte Krümmung der Mauerachse. Grunddreieck mit 1 : 0,05 geneigter Wasser- und 1 : 0,68 geneigter Luftseite. Statische Berechnung für den höchsten Mauerblock. Lastannahmen: Betongewicht 2,5 t/m³ (wirklicher Wert 2,6), Sohlwasserdruck an der Wasserseite 0,85 des hydrostatischen Druckes, geradlinig auf 0 abnehmend.

Lastfall	Größte Normalspannungen kg/cm²	
	Wasserseite	Luftseite
Volles Becken mit Sohlwasserdruck	— 0,38	+ 5,29
Volles Becken ohne Sohlwasserdruck	+ 1,96	+ 5,29
Leeres Becken	+ 6,79	+ 0,27

Katastrophen-Sicherheitsnachweis für Gleiten und Kippen (Annahme eines Horizontalrisses über die ganze Blocklänge).
Mauerkörper aus Großsteinbeton bis 30 cm. Einbau wie üblich in je 2 Lagen mit folgender Verdichtung durch Innenrüttler. Zuschlagstoffe aus baustellennahem Steinbruch und Schuttkegel.
Unterteilung der Mauer in 9 bis 21 m lange Blöcke. Dichtung der Blockfugen durch Z-förmige Kupferbleche und durch Bitumenausguß der wasserseitigen run-

den Schächte. Hinter den Blechen in den hohen Blöcken Kontrollschächte. Luftseits ebenfalls Kupferbleche.

15. *Triebwasserfassung:* Einlaufbauwerk in der Steilwand der Seebarre, 2 Öffnungen je 4,0/6,4 m, Schwelle 6 m unter dem Absenkziel. Grob- und Feinrechen, dazwischen bei Bedarf Dammbalkenverschluß.

16. *Entlastungsanlagen:*
   a) Am Westende der Mauer Entlastungskanal mit 50 m langem Überfall auf Kote 1970,00 m durch die Mauer in luftseitige Erosionsrinne geleitet. Förderfähigkeit bei 25 cm genehmigtem Überstau: 12 m³/s.
   b) Grundablaß: 1200 mm Stahlrohr, im ehemaligen Ablaßstollen seeseitig einbetoniert, luftseitig frei verlegt. Einlaufsohle 9 m unter Absenkziel, Verschluß durch Drosselklappe und Ringschieber. Förderfähigkeit 15 m³/s.
   c) Oberer Ablaßstollen (aus dem Jahre 1934): Stahlrohrleitung $\emptyset$ 1 m mit doppeltem luftseitigem Verschluß (600 mm, Keilschieber). Förderfähigkeit 5 m³/s. Gesamtförderfähigkeit der Entlastungsanlagen: 32 m³/s.

17. *Abdichtungsmaßnahmen:* Im Naturzustand nur unterirdische Abflüsse des Sees durch die Felsbarre, die das Seebecken gegen das Brandner Tal abriegelt; Austritt einer Reihe von Quellen an der steilen Luftseite. Nach Absenkung, Färbversuchen und Fassung einiger Quellen systematische Abdichtung 1926—27 sowie 1930—31; Verluststellen in den Fels verfolgt, mit Zementmörtel verfüllt und verpreßt; Nachbarbereich der Felswand durch 6 m tiefe Bohrlöcher injiziert. Abschluß der Dichtungsarbeiten beim Bau der Mauer: Beseitigung von Ablagerungen und gelockertem Gestein, Ausräumen und Auswaschen von Spalten, Klüften und Verwerfungen, Verschließen und Injizieren aller Risse, Spalten und Klüfte auf möglichst große Tiefe; Betonplomben und bedarfsweise Torkretbewurf. Kontaktinjektionen des Staumauerfundamentes. Kontrollgang über Staumauersohle, im Bereich der hohen Blöcke vergrößerter Querschnitt für nachträgliche Injektionen.

18. *Beobachtungseinrichtungen und deren Ergebnisse:* Messung der Mauerverformungen durch zwei Kontrollschächte mit Pendelloten, weiteres Pendellot zur Messung von Deformationen der Seebarre bis 80 m unter Stauziel. Temperatur-, Sickerwasser- und Sohldruckmessungen. Geodätische Überwachung durch Kronenalignement, Einmessung einer allfälligen Bewegung des Mittelkopfes bzw. einer Relativbewegung zwischen Staumauer und Mittelkopf, Feinnivellements der Mauerkrone und der Mauerquergänge und Messung der Fugenweite zwischen den einzelnen Mauerblöcken.

19. *Besondere Charakterisierung des Bauwerkes und seiner äußeren Erscheinung:* Strengste Einpassung des Baukörpers in die Geländeformen der Seebarre bei insgesamt ausgesetzter Lage. Ein anderer Sperrentyp als die Gewichtsmauer wäre unmöglich gewesen.

20. *Baukosten einschließlich Wasserfassung:* 65 Millionen Schilling.

21. *Literatur:*

   1. Ammann: Die Vorarlberger Illwerke und der Bau des Lünerseewerks. Wasser- u. Energiewirtschaft, Schweiz, 1956/Febr.
   2. Ammann: Das Lünerseewerk. Wasser- u. Energiewirtschaft, Schweiz, 1958/Dez.
   3. Partl: Das Lünerseewerk. Österr. Zeitschrift für Elektrizitätswirtschaft, 1958/Sept.
   4. Vorarlberger Illwerke A. G.: Lünerseewerk. Broschüre, Bregenz 1958.
   5. Neukircher: Das Lünerseekraftwerk. Österr. Ingenieurzeitschrift 1959/8.
   6. Neukircher: Das Lünerseekraftwerk. Schweiz. Bauzeitung 1960/45 u. 46.
   7. Large Scale Pumped Storage. Water Power 1959/August.
   8. Falger: Die Wasser- u. Energiewirtschaft des Lünerseewerks. Österr. Wasserwirtschaft 1960/Dez.
   9. Ganser: Lünerseewerk — der Lünersee und das Projekt der Staumauer. Österr. Wasserwirtschaft 1961/Febr.

34 Salzplattensperre

1. *Unmittelbar angeschlossene Kraftstufe:* Überleitung zum Speicher Weißsee, erstmalige Abarbeitung in der Stufe Tauernmoossee—Enzinger Boden.

2. *Bau- und Betriebsherr:* Österreichische Bundesbahnen, Generaldirektion Wien IV, Prinz-Eugen-Straße 68.

3. *Geographische Koordinaten:* 47° 09' N, 12° 34' O.

4. *Typ:* Gewichtsmauer mit gerader Krone und atmenden Blockfugen (G_g).

5. *Baujahre:* 1955 bis 1958.

6. *Datum des ersten Vollstaus:* September 1958.

7. *Geometrie des Stauraums:* Stauziel 2298,50 m, Absenkziel 2262,00 m. Speicherschwerpunkt 2289,00 m. Nutzinhalt 1,10 hm³. Inhaltslinie siehe Blatt Weißseesperre (Nr. 24).

8. *Zufluß im Regeljahr:* 1,40 hm³, natürliches Einzugsgebiet 0,51 km².

9. *Energieinhalt des Speichers,* bezogen auf

    a) Meeresspiegel . . . . 6,9 GWh
    b) Fernspeicherwirkung auf Werk Enzingerboden . . . . 1,3 GWh
    c) Fernspeicherwirkung auf Werk Schneiderau . . . . 1,1 GWh
    d) Fernspeicherwirkung auf Werk Uttendorf . . . . 0,6 GWh
    e) Fernspeicherwirkung auf Werk Schwarzach . . . . 0,4 GWh

    Summe b bis e . . . . 3,4 GWh

10. *Wirtschaftliche Zielsetzung:* Überleitung von Wasser des aufgestauten Salzplattensees zum Weißsee zwecks Aufbesserung des Winterzuflusses der Kraftwerksgruppe Stubachtal der ÖBB. Siehe auch Weißseesperre (Nr. 24) und Tauernmoossperre (Nr. 8) sowie Übersicht 1.

11. *Gründungsgestein:* Granitgneis der Granatspitzgruppe. In der Westflanke stark gebankt, die Schichtfugen zum Teil mit Kluftletten bis zur Stärke von einigen cm erfüllt.

13. *Hauptbaumaße:*
    a) Aushub ohne Nebenanlagen: 3400 m³ (fast ausschließlich Fels)
    b) Rauminhalt des Hauptkörpers: 5300 m³
    c) größte Höhe über alles: 16,5 m
    d) Kronenlänge: 88 m (Blocklängen 12+9+5×12+7 m).

14. *Kräftespiel im Tragkörper, Baustoffe, Bauausführung:*
    Berechnungsannahmen: für klassischen Spannungsnachweis Wasserspiegel auf Höhe der Sperrenkrone, Sohlwasserdruck von 0,85 des statischen Wasserdrucks auf Null geradlinig abnehmend. Betongewicht 2,39 t/m³. Außerdem Nachweis der Katastrophensicherheit nach Liekfeldt.
    Betonzusammensetzung: Baggergut aus dem Weißsee, in der Körnung über 7 mm durch gebrochenes Material angereichert. Sieblinie: 30% von 0 bis 3 mm, 13% von 3 bis 7 mm, 57% von 30 bis 70 mm, dabei Feinsand von 0 bis 0,2 mm maximal 5%. 300 kg/m³ Portlandzement 225; 0,4% Frioplast. Wasserzementfaktor 0,45. Verdichtung durch Wacker-Hochleistungstauchrüttler.
    Fugenausbildung: Glatte Fugen ohne Verzahnung. Hauptdichtung durch 900 mm breites Z-förmiges Kupferblech 0,5 m hinter der Wasserseite, mit Fugendeckblech verbundene Kantenschutzwinkel an der Wasserseite, im Bereich der Überfallkrone dazwischen zusätzliche ¡gaskittfüllung.

15. *Wasserentnahme:* durch Rohrleitung ϕ 300—350 mm, Einlauf in Horizont 2261,2 m, zum Amerstollen. Haupt-(Ring-)Schieber örtlich und fernsteuerbar, Revisions-(Keil-)Schieber.

16. *Entlastungsanlagen:*
    a) Hochwasserüberfall auf Kote 2298,50 m, der über eine Rohrleitung ϕ 400 mm ohne Absperrorgan in den Stollen einspeist, da auch nach erreichtem Vollstau der Zulauf dem Weißsee zugeleitet werden soll. Seeseitig mit Dammbalken verschließbar.
    b) Sperrenkrone auf 69 m Länge, d. h. mit Ausnahme der beiden Randblöcke, als Hochwasserüberfall ausgebildet, um bei erforderlicher Begehung den Öd- und Amerstollen leerzuhalten. Krone 20 cm höher als a).

17. *Abdichtungsmaßnahmen:* Dichtungsschleier und Kontaktinjektionen, Gesamtaufwand 1737 lfm Bohrloch und 283 t Zement. Einpreßdruck jeweils 1,5facher Staudruck.

18. *Beobachtungseinrichtungen:* kein Kontrollstollen, aber Fernanzeige des Seestandes, als Warnmeldung einstellbar.

35 Amersperre

1. *Unmittelbar angeschlossene Kraftstufe:* Überleitung zum Speicher Weißsee, erstmalige Abarbeitung in der Stufe Tauernmoossee—Enzingerboden.

2. *Bau- und Betriebsherr:* Österreichische Bundesbahnen, Generaldirektion Wien IV, Prinz-Eugen-Straße 68.

3. *Geographische Koordinaten:* 47° 08,5' N, 12° 33' O.

4. *Typ:* Gewichtsmauer mit gekrümmter Achse und atmenden Fugen (G_b).

5. *Baujahre:* 1956—58.

6. *Datum des ersten Vollstaus:* August 1959.

7. *Geometrie des Stauraums:* Stauziel 2279,50 m, Absenkziel 2257,20 m, Abpumpziel 2247,00 m. Nutzinhalt durch Absenken 4,3 hm³ und durch Abpumpen weitere 1,2 hm³. Speicherschwerpunkt 2268,40 m. Inhaltslinie siehe Blatt Weißseesperre (Nr. 24).

8. *Zufluß im Regeljahr:* 6,2 hm³, natürliches Einzugsgebiet 2,34 km².

9. *Energieinhalt des Speichers,* bezogen auf
    a) Meeresspiegel . . . . 45,8 GWh
    b) Fernspeicherwirkung auf Werk Enzingerboden . . . . 6,0 GWh
    c) Fernspeicherwirkung auf Werk Schneiderau . . . . 4,7 GWh
    d) Fernspeicherwirkung auf Werk Uttendorf . . . . 2,6 GWh
    e) Fernspeicherwirkung auf Werk Schwarzach . . . . 1,8 GWh

    Summe b bis e . . . . 15,1 GWh

10. *Wirtschaftliche Zielsetzung:* Überleitung von Wasser des aufgestauten Amersees zum Weißsee zwecks Aufbesserung des Winterzuflusses der Kraftwerksgruppe Stubachtal der Österreichischen Bundesbahnen. Siehe auch Weißseesperre (Nr. 24) und Tauernmoossperre (Nr. 8).

35 Amersperre

11. *Gründungsgestein:* Massiger Granitgneis, lediglich im Bereich der westlichen Sperrenhälfte stark geklüftet.

13. *Hauptbaumaße:*
 a) Aushub ohne Nebenanlagen: 4100 m³ Abraum und Blockwerk
  6300 m³ Felsausbruch
 b) Rauminhalt des Hauptkörpers ohne Nebenanlagen: 20.300 m³
 c) größte Höhe über alles: 30 m
 d) Kronenlänge: 162 m
 e) Kronenradius: 150 m.

14. *Kräftespiel im Tragkörper, Baustoffe, Bauausführung:*
 Berechnungsannahmen: für klassischen Spannungsnachweis Wasserspiegel auf Höhe der Sperrenkrone, Sohlwasserdruck von 0,85 des statischen Wasserdrucks geradlinig zur Luftseite auf Null abnehmend. $\gamma_B = 2,47$ t/m³. Für den Nachweis der Katastrophensicherheit nach Liekfeldt Sohlwasserdruck von 0,9 des statischen Wasserdrucks (mit Rücksicht auf die Bogenwirkung) auf Null linear abnehmend. Eisdruck oder dynamische Beanspruchungen nicht berücksichtigt. Betonzusammensetzung: 40% Großsteineinlagen mit 15—60 cm Kantenlänge aus örtlich gebrochenem Gestein und 60% Mittelbeton (Zuschlagstoffe aus dem Weißsee, Körnung über 7 mm durch Brechgut angereichert; Sieblinie: 35% 0—3 mm, 12% 3—7 mm, 53% 7—30 mm). 300 kg Zement je m³ Mittelbeton; 0,4% Frioplastzusatz. Wasserzementfaktor 0,5. Verdichtung mit Wacker-Hochleistungstauchrüttlern. Fugenausbildung: Glatte Radialfugen ohne Verzahnung. Hauptabdichtung durch Z-förmige Kupferbleche 0,5 m hinter der Wasserseite und 0,25 m hinter der Luftseite. Wasserseitig zusätzliche Kantenschutzwinkel, mit Fugen-Deckblech verbunden.

156

15. *Wasserfassung:* Entnahmestollen seitlich mit Rohrleitung $\varnothing$ 800 mm, Achse auf
2257,20 m; ferngesteuerter Ringschieber. 2 Pumpensätze, in eigener Kammer im
Sperrenkörper untergebracht und durch Kontrollgang zugänglich, Förderleistung
300 l/s.

16. *Entlastungsanlagen:*
a) Grundablaß: Rohrleitung $\varnothing$ 450 mm durch den Sperrenkörper, Haupt- und
Revisionsschieber in der Pumpenkammer.
b) Hochwasserüberfall: in einer Mulde 50 m westlich der Sperre.

17. *Abdichtungsmaßnahmen:* Doppelter Dichtungsschleier (ca. 15 m unter Gründungssohle in Sperrenachse) und Kontaktinjektionen. Gesamtaufwand 3229 lfm Bohrloch und 673 t Zement. Einpreßdruck jeweils 1,5 facher Staudruck.

18. *Beobachtungseinrichtungen:* Kontrollstollen, Fernmeldung des Seestandes (Rittmeier-
waage).

36 Lutz-Sperre

1. *Name der unmittelbar angeschlossenen Kraftstufe:* Kraftwerk Lutzmündung.

2. *Bau- und Betriebsherr:* Vorarlberger Kraftwerke Aktiengesellschaft, Bregenz,
Weidachgasse 6.

3. *Geographische Koordinaten:* 47° 12,5' N, 9° 48' O.

4. *Typ:* Gewichtsmauer mit gerader Krone (G_g).

5. *Baujahre:* 1958—59.

6. *Datum des ersten Vollstaus:* 15. 7. 1959.

7. *Geometrie des Stauraums:* Stauziel 585 m, Absenkziel 580 m, Speicherschwerpunkt
583,30 m. Nutzinhalt 68.000 m³ (vor Verlandung des Stauraums 103.000 m³).

8. *Zufluß im Regeljahr:* 332 hm³ (davon 87 im Winter) aus einem Einzugsgebiet von
180 km².

9. *Energieinhalt des Speichers,* bezogen auf
a) Meeresspiegel . . . . 0,108 GWh
b) Lutzmündungskraftwerk: nach Fertigstellung . . . . 0,017 GWh
nach Stauraumverlandung .. 0,011 GWh

10. *Wirtschaftliche Zielsetzung:* Tagesspeicher für die vorläufig allein ausgebaute
Unterstufe des zweistufig geplanten Ausbaues der Lutz-Wasserkräfte. Werks-
Ausbauleistung 8,5 MW, Arbeitsvermögen im Regeljahr 40 GWh, davon 13 im
Winter.

11. *Gründungsgestein:* Mergeliger Kalksandstein der Flyschzone mit Tonschiefer-
Zwischenschichten; rechtes Ufer gebräch und stark klüftig. An der Sohle in Bach-
schotter gelagertes Blockwerk.

12. *Nennbelastung:* 1400 t.

13. *Hauptbaumaße:*
a) Aushub mit Grundablaß und Einlaufbauwerk, aber ohne Tosbecken: 2200 m³
b) Rauminhalt des Hauptkörpers: 4160 m³
c) Höhe über alles: 19 m
d) Kronenlänge: 40 m.

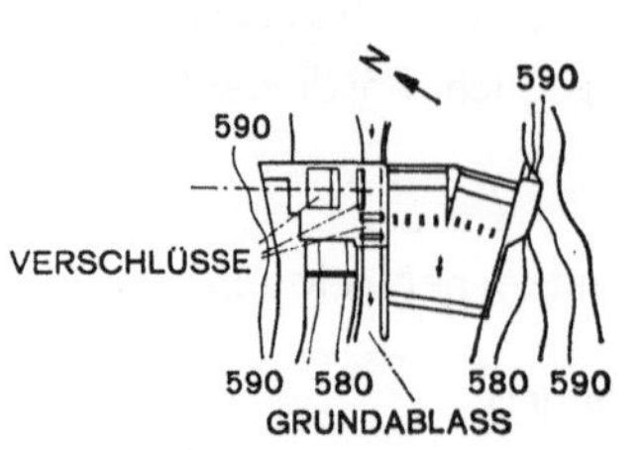

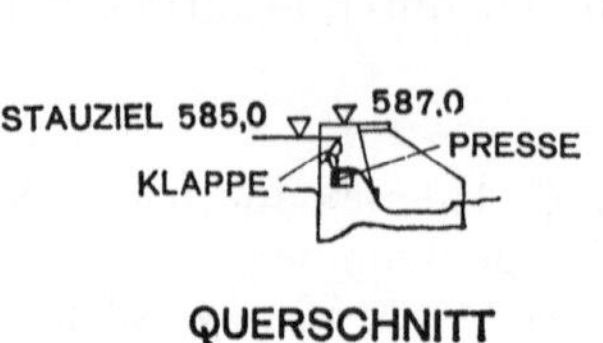

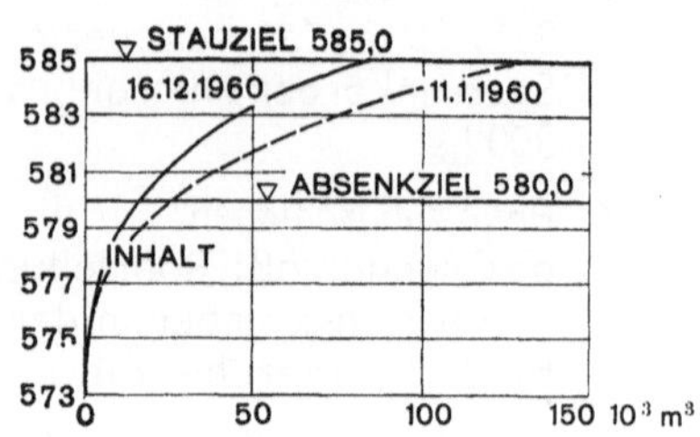

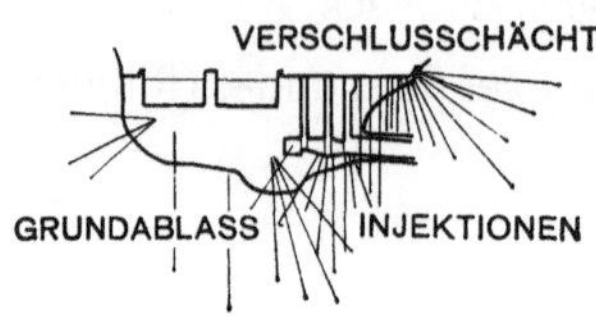

36 Lutzsperre

14. *Baustoffe, Bauausführung:*
Grobbeton mit 100 mm maximaler Korngröße.
Zusammensetzung der Zuschlagstoffe aus drei Korngruppen:
0— 7 mm   31 Gewichtsprozente
7— 30 mm   26 Gewichtsprozente
30—100 mm   43 Gewichtsprozente.
Bindemittelgehalt für B 200: 220 kg pro m³ Fertigbeton, davon 84% PZ 225, 15% Traß und 1% Plastiment.
Oberflächenschutz: Sohle und Wände des Grundablasses bis 1 m Höhe mit Granitverkleidung. Betonflächen mit Purigo 3 getränkt und mit Conservado P einmal gestrichen.
Bauausführung in zwei Abschnitten:
a) Herstellen des Einlaufbauwerks und des Grundablasses.
b) Umleitung der Lutz durch den Grundablaß und Herstellung des eigentlichen Sperrenkörpers mit den aufgesetzten Stauklappen. Anschlußfuge an den Grundablaßblock als Dehnfuge ausgebildet und durch ein Sika-Fugenband abgedichtet.
Aushub für den Grundablaßblock wegen beengter Platzverhältnisse mit Getriebezimmerung. Fundament dieses Blockes ebenso wie der eigentliche Sperrenkörper in einzelnen Blöcken bis zu 200 m³ betoniert. Arbeitsfugen verleimt und mit Steckeisen gedeckt.

15. *Triebwasserfassung:* Einlaufbauwerk als rechtsufrige Einbindung der Sperre ausgebildet. Einlauf zweigeteilt, mit rechtwinkeliger Abzweigung vom Grundablaß 1 m über dessen Sohle. Grobrechen mit 100 mm lichtem Stababstand und anschließender Dammbalkennut. Dahinter Feinrechen mit 30 mm lichtem Stababstand, Freihaltung durch automatische Rechenreinigungsmaschine. Schnellschluß durch freifallende Rollkeilschützen mit hydraulischer Hubeinrichtung. Sämtliche Verschlüsse und Rechen in Naßschächten. Einlaufquerschnitte: bei den Grobrechen zweimal 3,0/2,0 m, bei den Feinrechen zweimal 3,0/3,0 m, bei den Schützen zweimal 2,0/2,0 m.

16. *Entlastungsanlagen:*
a) Zwei automatisch gesteuerte Fischbauchklappen mit hydraulischem Antrieb. Durchflußbreite je 10 m, Stauhöhe der Klappen 3,5 m. Hochwasserabfuhr bei

158

vollständig umgelegten Klappen bei Einhaltung des Stauziels 312 m³/s, bei 1 m Überstau (KHQ) 475 m³/s.

b) Grundablaß 3,0/3,0 m, Förderfähigkeit bei Vollstau 96 m³/s. Rollschütze, Dammbalken.

17. *Abdichtungsmaßnahmen:* In der stark klüftigen Flyschzone an der rechten Hangeinbindung und unter dem Einlaufbauwerk einfacher Dichtungsschleier. Injektionsgut: Mischung aus Wasser, Zement, Ton (Opalit) und Geloton. Im Bereich besonders starker Klüftigkeit Feinsand bis 1 mm zugesetzt.

20. *Baukosten:* rund 10 Millionen Schilling (1959).

37 Freibachdamm

1. *Unmittelbar angeschlossene Kraftstufe:* Freibachwerk.

2. *Bau- und Betriebsherr:* Kärntner Elektrizitäts-Aktiengesellschaft Klagenfurt, Völkermarkterring 29.

3. *Geographische Koordinaten:* 46° 31,5' N, 14° 27,7' O.

4. *Typ:* Geschütteter Damm mit senkrechtem Innenkern (D).

37 Freibachdamm

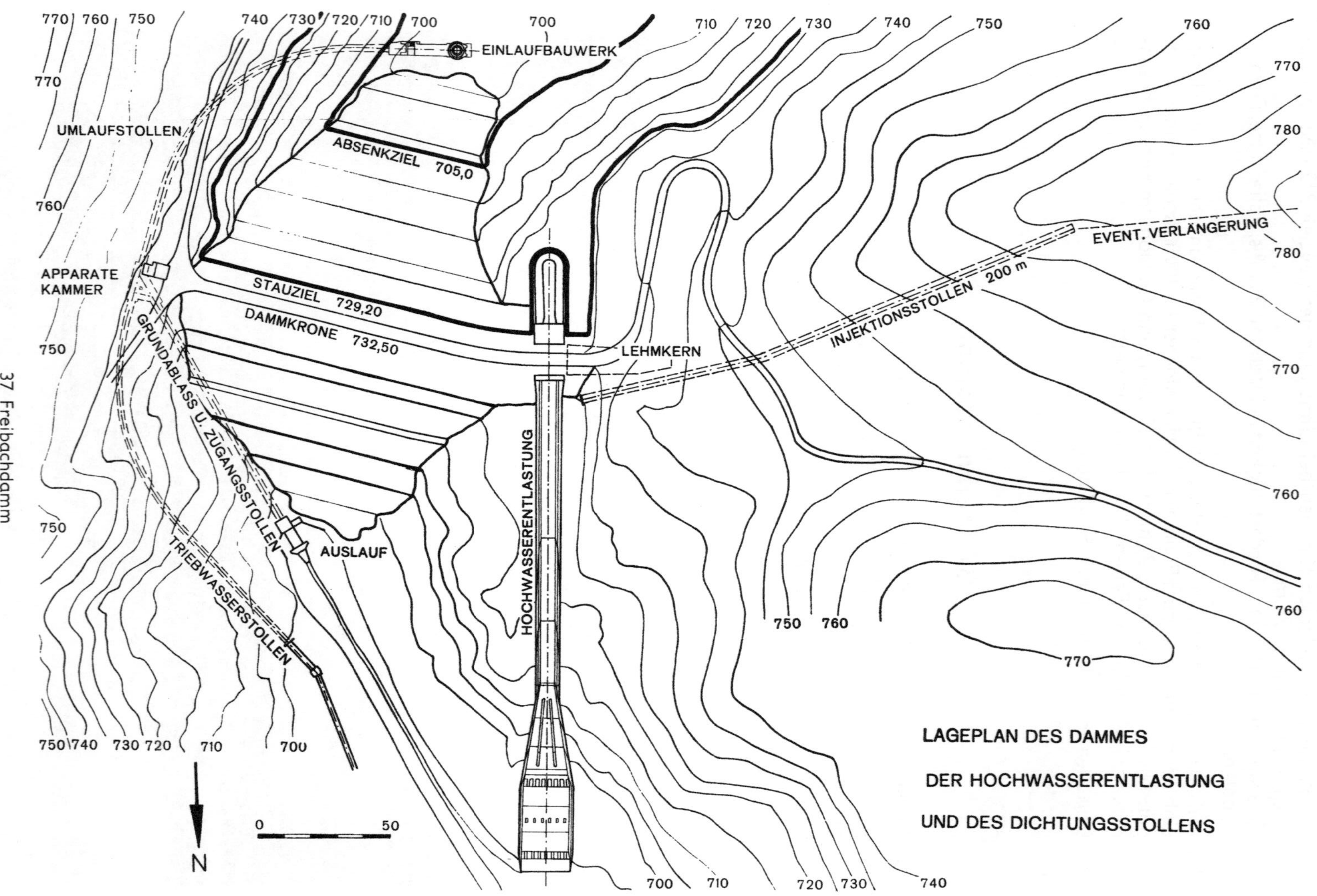

37 Freibachdamm

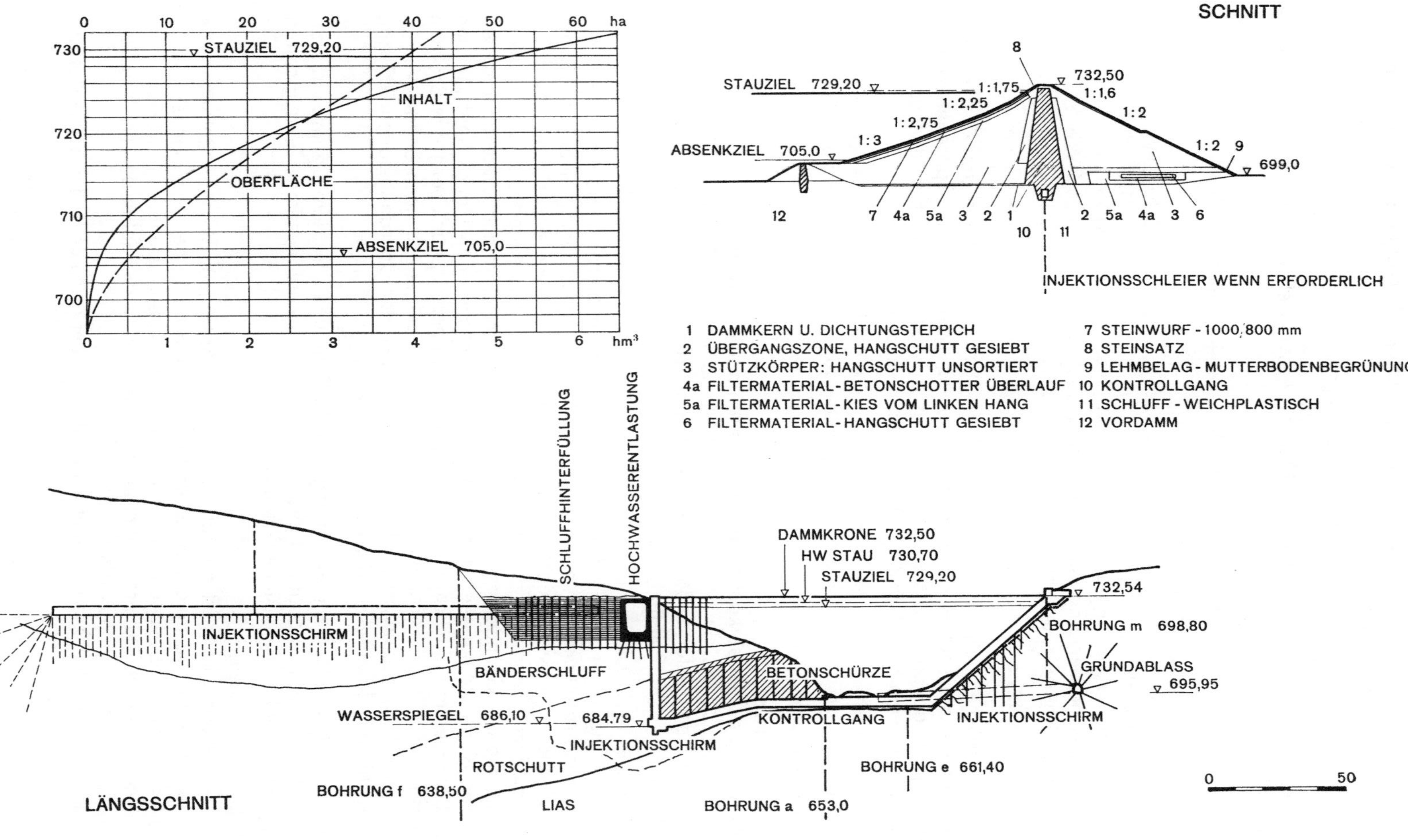

SCHNITT
STAUZIEL 729,20
732,50
1:1,75
1:1,6
1:2,25
1:2
1:2,75
1:3
1:2 9
ABSENKZIEL 705,0
699,0
12
7 4a 5a 3 2 1
10 11
2 5a 4a 3 6
8
INJEKTIONSSCHLEIER WENN ERFORDERLICH
1 DAMMKERN U. DICHTUNGSTEPPICH
2 ÜBERGANGSZONE, HANGSCHUTT GESIEBT
3 STÜTZKÖRPER: HANGSCHUTT UNSORTIERT
4a FILTERMATERIAL-BETONSCHOTTER ÜBERLAUF
5a FILTERMATERIAL-KIES VOM LINKEN HANG
6 FILTERMATERIAL-HANGSCHUTT GESIEBT
7 STEINWURF - 1000/800 mm
8 STEINSATZ
9 LEHMBELAG - MUTTERBODENBEGRÜNUNG
10 KONTROLLGANG
11 SCHLUFF - WEICHPLASTISCH
12 VORDAMM
0 10 20 30 40 50 60 ha
730
STAUZIEL 729,20
INHALT
720
OBERFLÄCHE
710
ABSENKZIEL 705,0
700
0 1 2 3 4 5 6 hm³
SCHLUFFHINTERFÜLLUNG
HOCHWASSERENTLASTUNG
DAMMKRONE 732,50
HW STAU 730,70
STAUZIEL 729,20
732,54
BOHRUNG m 698,80
GRUNDABLASS
695,95
INJEKTIONSSCHIRM
BÄNDERSCHLUFF
BETONSCHÜRZE
WASSERSPIEGEL 686,10
684.79
KONTROLLGANG
INJEKTIONSSCHIRM
INJEKTIONSSCHIRM
ROTSCHUTT
BOHRUNG f 638,50
LIAS
BOHRUNG a 653,0
BOHRUNG e 661,40
LÄNGSSCHNITT
0 50
37 Freibachdamm

5. *Baujahre:* Baubeginn 1. Juli 1957, Dammschüttung 10. Mai bis Ende Oktober 1958, Probebetrieb 22. Dezember 1958.

6. *Datum des ersten Vollstaus:* 15. Dezember 1960.

7. *Geometrie des Stauraums:* Stauziel 729,20 m, Absenkziel 705,00 m, Speicherschwerpunkt 721,50 m; Nutzinhalt 5,3 hm³.

8. *Zufluß im Regeljahr:* 54,5 hm³, natürliches Einzugsgebiet 44,4 km².

9. *Energieinhalt des Speichers,* bezogen auf
   a) Meeresspiegel .... 10,40 GWh
   b) Freibachwerk .... 3,81 GWh
   c) Fernspeicherwirkung auf Edling (Drau) .... 0,25 GWh
   d) Fernspeicherwirkung auf Schwabeck .... 0,25 GWh
   e) Fernspeicherwirkung auf Lavamünd .... 0,10 GWh

   Summe b bis e .... 4,41 GWh

10. *Wirtschaftliche Zielsetzung:* Nutzung einer günstigen Kraftstufe im Zentrum des Kärntner Landesnetzes zur Erzeugung von 40 GWh wertvoller Spitzenenergie im Regeljahr, davon 22 GWh im Winter. In Bauvorbereitung befindlicher Pumpspeicherbetrieb bringt weitere 13 GWh Jahresarbeit.

11. *Gründungsgestein:* Talsohle und rechte Talseite dunkle Malmkalke. Linke Talseite mit rotem Ton angefüllter Bergsturz (Trias—Jura), Schluff und Schotterterrassen.

12. *Nennbelastung:* 36.300 t.

13. *Hauptbaumaße:*
   a) Aushub des Hauptkörpers ohne Nebenanlagen: 37.600 m³
   b) Rauminhalt des Hauptkörpers ohne Nebenanlagen: 235.000 m³
   c) Höhe über Gelände 36 m, über Gründung 41 m
   d) Kronenlänge: 150 m, gerade.

14. *Kräftespiel im Tragkörper und Baustoffe:*
   Berechnung nach Krey, Bishop und Fröhlich; mittlerer Neigungswinkel der Spannungsresultierenden erreicht Reibungswinkel von Schüttmaterial und Dammunterlage mit Abstand nicht. Geologische Gründe maßgebend für den Abschluß durch einen Damm und die Anordnung der Hochwasserentlastung auf der linken Seite, die des Grundablasses aber auf der rechten. Dammbaustoffe in unmittelbarer Nähe vorhanden (gemischtkörniger, grobstückiger Hangschnitt); in den Außenzonen in natürlicher Zusammensetzung eingebaut, nur übergroße Brocken aussortiert. Für den Kern Körnung über 30 mm ausgesiebt, nach Bedarf Vergütung mit 2% jugoslawischem Bentonit. Größtkorn der Übergangszonen 100 mm. Einbaukontrolle durch Labor auf der Baustelle.

15. *Triebwasserfassung:* Einlaufturm ungefähr in Talmitte hinter dem Damm, mit Notverschluß. Triebwassereinlauf und Grundablaß teilweise identisch, Teilung erst in der Apparatekammer (siehe Grundriß).

16. *Entlastungsanlagen:*
   a) U-förmiger Überlauftrog mit fester Krone. Anschließend steiles Betongerinne zum Tos- und Beruhigungsbecken (Modellversuche an der T. H. Graz).
   b) Grundablaß: teilweise identisch mit der Triebwasserfassung.
      1 Stahlrohr $\varnothing$ 700 mm, einbetoniert ab Einlauf in der Sohle des Triebwasser- und des Zugangsstollens;
      1 Stahlrohr $\varnothing$ 700 mm, einbetoniert ab Schieberkammer in der Sohle des Zugangsstollens.

17. *Abdichtungsmaßnahmen:* Kontrollgang unter dem Dichtungskern. Abdichtung der mit rotem Lehm dicht angefüllten Bergsturzmasse am linken Ufer durch eine Betonschürze (t = 1,50 m), Abdichtung des darüber liegenden Schotters mittels Schluffüllung und zweireihiger Ton-Gel-Injektion. Bei Einstau der Schotterschicht links zusätzlicher Injektionsstollen notwendig geworden und ausgeführt. Am rechten Ufer Felsinjektionen; Dichtung der Kontaktschichten zwischen den Doggerkalken und dem schwarzen Lias vom Kontrollgang aus. Verbleibendes Sickerwasser wird rückgepumpt.

18. *Beobachtungsergebnisse:* Genaue fortlaufende Beobachtung der Grundwasserstände im linken Geländeflügel.

19. *Besondere Charakterisierung des Bauwerkes und seiner äußeren Erscheinung:* Sorgfältige Einpassung in die Landschaft. Geländewunden durch Entnahme von Schüttmaterial und Betongut.

20. *Baukosten einschließlich Wasserfassung:* April 1959: rund 36 Millionen Schilling.

21. *Schrifttum:*

    1. Kärntner Elektrizitäts-Aktiengesellschaft: Das Kraftwerk Freibach. Österreichische Zeitschrift für Elektrizitätswirtschaft, April 1959.

    2. Kärntner Elektrizitäts-Aktiengesellschaft: Das Kraftwerk Freibach. Sonderdruck, Klagenfurt.

38 Sperre Kops

1. *Unmittelbar angeschlossene Kraftstufe:* Kopswerk (in Planung).

2. *Bau- und Betriebsherr:* Vorarlberger Illwerke, Aktiengesellschaft, Bregenz, Josef-Huter-Straße 35.

3. *Geographische Koordinaten:* 46° 58,5' N, 10° 07' O.

4. *Typ:* Gleichwinkelmauer mit anschließender Seitenmauer als Gewichtsmauer mit geknickter Krone ($Gw_j + G_b$).

5. *Baujahre:* Baubeginn 1961, erster Einstau voraussichtlich 1965.

6. *Datum des ersten Vollstaus:* voraussichtlich Herbst 1966.

7. *Geometrie des Stauraums:* Stauziel 1809,00 m, Absenkziel 1720,00 m, Schwerpunkt des Nutzinhalts 1777,66 m; Nutzinhalt 44 hm³, Gesamtinhalt 44,5 hm³.

8. *Zufluß im Regeljahr:*
Natürlicher Zufluß . . . . 11 hm³ aus   7,3 km² Einzugsgebiet
Überleitungen
    bestehende . . . . .146 hm³ aus 103,3 km² Einzugsgebiet
    geplante . . . . 79 hm³ aus 63,2 km² Einzugsgebiet

    Gesamtzufluß . . . . .236 hm³ aus 173,8 km² Gesamteinzugsgebiet

9. *Energieinhalt des Speichers,* bezogen auf
    a) Meeresspiegel . . . . .213,14 GWh
    b) Kopswerk . . . . 72,60 GWh (derzeit noch Vermunt-
                                         Partenen 66,00 GWh)
    c) Fernspeicherwirkung auf
       Latschau . . . . 1,76 GWh
    d) Fernspeicherwirkung auf Rodund 33,00 GWh

       Summe b bis d . . . . .107,36 GWh (derzeit noch 100,76)

10. *Wirtschaftliche Zielsetzung:* Zusätzlicher Langzeitspeicher für die bestehenden Werke Vermunt, Latschau und Rodund zur Entlastung ihrer Betriebsstundenzahl im Sommer und Zuflußaufbesserung im Winter. Später unmittelbare Abarbeitung im geplanten Kopswerk bei Partenen. Siehe auch Übersicht Nr. 3, Illgruppe.

11. *Gründungsgestein:* Sperrenstelle und weitere Umgebung im Kristallin der Silvretta-decke. Untergrund der nördlichen Talflanke aus festem Aplitgneis mit einzelnen Amphiboliteinlagen. Im Talgrund sowie im südlich davon anschließenden Rücken Amphibolite mit zwischengeschalteten Aplitgneisen vorherrschend. Untergeordnet Quarzite, quarzitische Schiefer, Glimmerschiefer, Glimmer-Quarzite und Schiefergneise. Streichen im allgemeinen ONO bis WSW, Fallen 60—70° gegen Norden. An den Talflanken geringe Überlagerung, teilweise anstehender Fels; nur im Talboden und in der tiefliegenden rechten Flanke 10—20 m mächtige Aufschüttung.

12. *Nennbelastung:* 850.000 t.

13. *Hauptbaumaße:*
    a) Aushub für Gewölbemauer, künstliches Widerlager und Seitenmauer: rund 105.000 m³ Überlagerung und rund 114.000 m³ Felsausbruch

    b) Rauminhalt des Hauptkörpers ohne Nebenanlagen:
    Gewölbemauer .... 415.000 m³
    künstliches Widerlager .... 70.000 m³
    Seitenmauer .... 50.000 m³

        insgesamt .... 535.000 m³ Beton
    c) Höhe über alles: Gewölbemauer ca. 120 m, Seitenmauer ca. 43 m
    d) Kronenlänge: Gewölbemauer ca. 420 m, Seitenmauer ca. 195 m
    e) Kronenradius: Mauerleibungen aus horizontalen Parabelbogen; Radius des Scheitelkreises an der Wasserseite des Kronenbogens 171 m.

14. *Kräftespiel im Tragkörper, Baustoffe:*
    Glazial überformter Abschlußquerschnitt erfordert zwei durch einen Felsrücken, dessen Kuppe noch unterhalb des vorgesehenen Stauziels liegt, getrennte Sperren: Gewölbemauer im rechten, flach V-förmigen Haupttal, Gewichtsmauer im linken, seichteren Seitental.
    a) Gewölbemauer: doppelt gekrümmt, mit parabelförmigen Bogenlamellen, die gegen die Kämpfer hin leichte Verbreiterungen aufweisen. Mauerstärken zwischen 6,00 m an der Krone und 30,00 m am Fuß. Abschlußquerschnitt bedingt künstliches Widerlager an der linken Flanke zur Ableitung von ca. 43.000 t Horizontalschub.
    Statische Vorberechnung nach Lastaufteilungsverfahren für 8 Bogenlamellen und 5 Kragträger, Radialausgleich für 29, Tangantialausgleich für 12 Kreuzungspunkte. Berücksichtigt 4 Hauptlastfälle und mehrere Ergänzungslastfälle mit zugehöriger Temperatureinwirkung und Fundamentverformung. Modulverhältnis Fels/Beton mit 0,8 angenommen, nur im Bereich besonders guter Felsbeschaffenheit mit 1,0. Überprüfung durch Modellversuch 1 : 500 im Labor der Tauernkraftwerke in Kaprun.
    Maximale rechnerische Druckspannung 65 kg/cm².
    b) Seitenmauer: massive Gewichtsmauer mit atmenden Blockfugen. Grunddreieck wasserseitig 1 : 0,05, luftseitig 1 : 0,68 geneigt, Spitze 1,65 m über Stauziel. Kronenbreite 6 m.
    Betonzusammensetzung derzeit noch Gegenstand umfangreicher Versuche.
    Auch über Ausführungsdetails noch keine Angaben möglich.

15. *Triebwasserfassung:* Einlauf zum künftigen Kopswerk rund 50 m oberhalb der Sperre am rechten Ufer. Abmessungen liegen noch nicht fest.

Additional material from *Die Talsperren Österreichs*,
ISBN 978-3-7091-5547-9 (978-3-7091-5547-9_OSFO4),
is available at http://extras.springer.com

16. *Entlastungsanlagen:*
   a) Hochwasserüberlauf mit fester Krone in der Gewichtsmauer, vier Felder mit zusammen 30 m Länge. Größte Förderfähigkeit bei 70 cm Überstau rund 36 m³/s.
   b) Grundablaß: unterfährt die Hauptmauer im Fels tief unterhalb der Gründungssohle an der linken Talseite. Einlaufbauwerk mit Grobrechen, Fallschacht mit Betonauskleidung, anschließend gepanzerter Stollen ϕ 1,60 m. Grundablaßkammer mit zwei Tiefschützen, durch Zugangsschacht erreichbar. Ablauf durch Freispiegelstollen in die Schlucht unterhalb der Sperre. Förderfähigkeit 15 m³/s.
   c) Zwischenablaß: Im Fels unter dem südlichen Flügel der Seitenmauer. Einlaufbauwerk mit Grobrechen. Bis Dichtungsschleier unter der Sperre Stollen ϕ 2,40 m mit Betonauskleidung, dann bis zur Schützenkammer am Auslauf gepanzerter Stollen ϕ 2,00 m. Zwei Tiefschützen als Abschlußorgane. Förderfähigkeit maximal 41 m³/s.

17. *Abdichtungsmaßnahmen:* Dichtungsschirm an der Wasserseite der Sperre. Tiefe und Dichte des Schleiers sowie die Richtungen der Bohrlöcher werden den örtlichen Gegebenheiten angepaßt.

18. *Beobachtungseinrichtungen:* vorgesehen sind
   a) Trigonometrische Meßeinrichtung (Beobachtungspfeiler und Mauerzielmarken)
   b) Alignementmeßeinrichtung (Beobachtungspfeiler und Zielmarken)
   c) Nivellements
   d) Pendellotmeßeinrichtung (7 Pendelschächte mit zahlreichen Meßstellen in der Gewölbemauer, im künstlichen Widerlager und in der Gewichtsmauer)
   e) Temperaturmeßeinrichtung
   f) Einrichtung zur Messung der Fugenweite zwischen den Mauerblöcken.

19. *Besondere Charakterisierung des Bauwerkes und seiner äußeren Erscheinung:* Größte Betonsperre Österreichs. Zweiteiliges Bauwerk mit getrenntem Kräftespiel. Gesteuerter Wasserzulauf, daher keine Hochwassergefahr. Da die Bauausführung erst begonnen hat, sind kleinere Änderungen noch zu erwarten.

39 Gepatsch-Damm

1. *Unmittelbar angeschlossene Kraftstufe:* Kaunertalkraftwerk.

2. *Bau- und Betriebsherr:* Tiroler Wasserkraftwerke Aktiengesellschaft, Innsbruck, Landhausplatz 2.

3. *Geographische Koordinaten:* 46⁰ 57,5' N, 10⁰ 44,6' O.

4. *Typ:* Steinschüttdamm mit zentralem Dichtungskern (D).

5. *Baujahre:* Baubeginn Mai 1961, Dammschüttung von Mai 1962 bis 1965, erster Aufstau bis 1690 m geplant für 1. 10. 1964.

6. *Datum des ersten Vollstaus:* geplant 1. 10. 1966.

7. *Geometrie des Stauraums:* Stauziel 1767,0 m, Absenkziel 1665,0 m, Speicherschwerebene 1733,0 m, Nutzinhalt 140 hm³.

8. *Zufluß im Regeljahr:*

natürliches Einzugsgebiet	107,3 km²	124,6 hm³
Beileitungen	171,4 km²	177,6 hm³
Zusammen	278,7 km²	302,2 hm³

9. *Energieinhalt des Speichers*, bezogen auf
   a) Meeresspiegel .... 658,0 GWh
   b) Kaunertalkraftwerk .... 265,0 GWh
   c) Fernspeicherwirkung auf Prutz-Imst .... 35,0 GWh
   d) Fernspeicherwirkung auf Kirchbichl .... 2,6 GWh

   Summe b bis d .... 302,6 GWh

10. *Wirtschaftliche Zielsetzung:* Langzeitspeicher für das Kaunertalkraftwerk (325 MW;
    Arbeitsvermögen im Regeljahr 570 GWh, davon 335 GWh im Winter). Hochwertige Spitzenenergie für Export und Tiroler Bedarf. Aufbesserung des Winterzuflusses der Innstufen.

11. *Gründungsgestein:* Felsschwelle aus gutem Augengneis des Ötztaler Kristallins,
    bildet Endschwelle des ehemaligen Gletschertroges, größtenteils überlagert von
    Hangschutt, umgelagerter Moräne und Bachablagerungen bis zu 60 m Mächtigkeit. Dichtungskern durchwegs auf Fels gegründet.

12. *Nennbelastung:* 1,870.000 t.

13. *Hauptbaumaße:*
    a) Aushub des Hauptkörpers ohne Nebenanlagen: rund 1,000.000 m³
    b) Rauminhalt des Hauptkörpers ohne Nebenanlagen: rund 7,500.000 m³
    c) Höhe über Gelände rund 130 m, über Gründung rund 150 m
    d) Kronenlänge rund 600 m, zur Wasserseite konkav gekrümmt (Korbbogen,
       R = 3000 m bzw. 500 m).

14. *Kräftespiel im Tragkörper und Baustoffe:*
    Verfahren der Standsicherheitsnachweise: Gegen Gleiten auf kreiszylindrischen
    Flächen nach Bishop und Fröhlich; gegen Abscheren im Dammkörper auf konvex
    gekrümmten Flächen nach Nonveiller, auf ebenen Flächen im Untergrund nach
    US Bureau of Reclamation. Der behördlich vorgeschriebene Sicherheitsfaktor
    konnte bei allen Lastfällen nachgewiesen werden. Wahl eines Steinschüttdamms
    aus wirtschaftlichen Gründen. Für den Kern wird ein gemischtkörniger Hangschutt 600 m talseitig unter Absiebung bei Korn 80 mm gewonnen. Der wasserseitige Kernbereich wird mit 1% Betonit vergütet. Das Überkorn kommt nach
    weiterer Trennung in die Fraktionen 80—200 mm und größer als 200 mm in den
    Stützkörperzonen zum Einbau. Für die Übergangszonen sind die natürlichen Kiesablagerungen im Stauraum, für die Stützkörper 1 km talseitig steinbruchmäßig
    gewonnener Augengneis vorgesehen. Einbaukontrolle und Betreuung der Staudamm-Meßeinrichtungen durch Baustellenlaboratorium.

15. *Triebwasserfassung:* Haupteinlauf mit 109 m² Rechenfläche am linken Hang,
    Schwellenhöhe 1658,0 m; Dammbalken-Notverschluß. Im anstehenden Fels 35 m
    darüber Nebeneinlauf mit 30 m² Rechenfläche, Schwellenhöhe 1693,0 m; mündet
    über einen Schacht (∅ 3,0 m, l = 36 m) in den Triebwasserstollen ein (∅ 4,0 m,
    l = 13.178 m). Nach 300 m Schieberkammer, über Zugangsstollen erreichbar,
    mit 2 Drosselklappen ∅ 3,50.

16. *Entlastungsanlagen:*
    a) Trichterüberfall ∅ 13,3 m mit fester Schwelle. Anschließend Schrägschacht zum
       Baustellenumlaufstollen, dem späteren Grundablaß (∅ 3,40 m, zusammen
       1145 m lang). Freie Ausmündung in Felsschlucht 700 m talseitig des Dammes.
       Modellversuche an der T. H. Graz.
    b) Grundablaß teilweise mit der Hochwasserentlastung identisch, bis zur Vereinigung 420 m Stollen ∅ 3,40 m. Nach 310 m Schieberkaverne mit 2 Talsperrenschiebern von 1,5 m² Abschlußfläche. Am Grundablaß-Einlauf Regulierschütz

Additional material from *Die Talsperren Österreichs,*
ISBN 978-3-7091-5547-9 (978-3-7091-5547-9_OSFO5),
is available at http://extras.springer.com

von 14 m² Abschlußfläche für tiefliegende Spülöffnung; Betätigung nur unter Absenkziel möglich. Auf Absenkziel Grundablaßeinlauf von 35 m² Rechenfläche.

17. *Abdichtungsmaßnahmen:* Dichtungsschürze im Fels unter der Kernaufstandsfläche, 7—10 m wasserseitig der Dammachse. Einpressungen von der Oberfläche und vom Injektionsstollen aus mit Zement-Flugasche-Mischungen. Schürzentiefe rund $^1/_2$ der Stauhöhe.

18. *Beobachtungseinrichtungen:* geplant sind laufende Beobachtungen der Porenwasserdrücke im Kern, der Setzungen und Verschiebungen des Dammuntergrundes und der Dammzonen, der Sickerwassermengen durch den Damm und den Felsuntergrund.

19. *Besondere Charakterisierung des Bauwerkes und seiner äußeren Erscheinung:* Erster großer Steinbrockendamm Österreichs.

20. *Baukosten einschließlich Betriebseinrichtungen:* auf Preisbasis 1. 1. 1961 rund 635 Millionen Schilling veranschlagt.

21. *Schrifttum:*

Lauffer und Schober: Investigations for the earth core of the Gepatsch rockfill dam with a height of 150 m. Bericht R 92 des 7. Talsperrenkongresses in Rom 1961.

Der Achensee

Die vorliegende Statistik der österreichischen Talsperren ist zwangsläufig auch zu einer Statistik der Speicherräume geworden. So erscheint es durchaus angebracht, hier auch den einzigen bedeutenden Langzeitspeicher Österreichs aufzunehmen, dessen Vorhandensein nicht mit einer Talsperre verknüpft ist, sondern der als natürlicher See nur durch Anzapfung und eine als Bauwerk höchst bescheidene Absperrung seines bisherigen Abflusses genutzt wird.

1. *Unmittelbar angeschlossene Kraftstufe:* Achenseekraftwerk bei Jenbach.

2. *Bau- und Betriebsherr:* Tiroler Wasserkraftwerke A. G., Innsbruck, Landhausplatz 2, zu deren Gründung die Achenseenutzung den Anlaß gab.

3. *Geographische Koordinaten:* 47⁰ 25,5' N, 11⁰ 43,5' O. (Einlaufbauwerk).

5. *Baujahre:* 1. Ausbau 1924/27, Ampelsbachzuleitung 1928, Pumpwerk Achenkirch 1929, Dürrachüberleitung 1950/51.

7. *Geometrie des Stauraums:* Normalstauziel (Pegelstand 0) auf 928,85 m; Länge rund 10 km, Breite rund 1 km, größte Tiefe 133 m, Oberfläche 6,8 km². Zugelassener Überstau 929,60 m. Nutzinhalt bei Absenkung auf 918,85 m 72 hm³.

8. *Zufluß im Regeljahr:* Natürliches Einzugsgebiet 106 km², zwecks Erhöhung des Winterarbeitsvermögens und Sicherstellung der aus Fremdenverkehrsgründen geforderten rechtzeitigen Wiederauffüllung des Sees durch Beileitungen auf 218 km² erweitert. Gesamtwasserfracht des Regeljahres 265 hm³ (76 hm³ im Winter), davon

natürlicher Zufluß . . . . 100 hm³
Ampelsbachzuleitung (Fassung mit Tiroler Wehr, anschlie-
ßend 7,2 km Freispiegelstollen bzw. offener oder über-
schütteter Betonkanal). . . . . 41 hm³
Pumpwerk Achenkirch (Fassung starker Quellen und Ein-
leitung in den Ampelsbach) . . . . 44 hm³
Dürrachüberleitung (siehe auch Bächentalsperre, Nr. 20) 70 hm³

9. *Energieinhalt*, bezogen auf 72 hm³ Nutzinhalt und

a) Meeresspiegel 181   GWh
b) Achenseewerk 56   GWh
c) Kirchbichl .... 1,3 GWh

    Summe b + c .... 57,3 GWh

10. *Wirtschaftliche Zielsetzung:* Nutzung des Achensees durch Abarbeitung zum Inntal über 356 m mittlere Nutzfallhöhe. 5 Maschinensätze mit zusammen 80 MW für Export an die Bayernwerk-Aktiengesellschaft München und Allgemeinversorgung im Tiwag-Netz, 3 Maschinensätze mit zusammen 15 MW für Bahnstrom der ÖBB. Gesamtarbeitsvermögen im Regeljahr 200 GWh, davon 131 GWh im Winterhalbjahr.

11. *Geologie:* Gutensteinerkalke und Rauhwacke der Unteren, Wettersteinkalke der Oberen Trias, überlagert von Seeschlamm, Moräne und Innschotter.
Achenseetal ursprünglich nach Süden zum Inn entwässert. In der letzten Zwischeneiszeit gewaltige Talverbiegung im Raum Kufstein-Landeck, Zuschüttung des Inntals und seiner Seitentäler bis über die Höhe des heutigen Achenseespiegels. In der folgenden letzten Eiszeit Vorstoß des Inntalgletschers mit einem Seitenarm durchs Achenseetal ins Alpenvorland, schürfte dabei das Seebecken aus und dichtete es ab; Tal erhielt nun Gefälle nach Norden. Nach Ausklang der Eiszeit Füllung des Sees, neue Wasserscheide gebildet durch interglaziale Aufschüttung am Südende. Teilweiser Abtrag der früheren Aufschüttung im Inntal schuf die heute vom Kraftwerk genutzte Steilstufe.
Absperrung der Seeache: Betonschwelle mit neun einsetzbaren Dammbalken (je 2 m breit) und zwei hölzernen Schützen (je 3 m); Schwellenhöhe auf 928,85 m. Gesamtlänge 24,5 m, Gründung auf Pfählen im Schotter.

15. *Einlaufbauwerk:* am Südende des Sees; steiler Uferverlauf mit geringer Schuttüberlagerung. Stollenröhre $\varnothing$ 2,6 m aus Stahlbeton auf 8 stählernen Druckluftsenkkästen, Gesamtlänge 127 m, Einlaufsohle 915,45 m. Am seeseitig vordersten Caisson Einlauftrichter mit Feinrechen und Einlaufschütze (Antrieb vom Stahlturm aus über Wasser), am uferseitig letzten Schieberschacht mit 2 elektrisch und händisch angetriebenen Stollenabsperrschützen. Anschließend 35 m Schildvortrieb und Übergang in den eigentlichen Druckstollen ($\varnothing$ 2,75 m, Q = 28 m³/s).

16. *Entlastung:* über die Seesperre in das bisherige Gerinne der Seeache.

21. *Schrifttum:*
1. Ornig: Österreichs Energiewirtschaft, Springer-Wien 1927.
2. Mühlhofer-Reindl: Das Achenseekraftwerk; Wasserkraft und Wasserwirtschaft 1928, Heft 19.
3. TIWAG: 25 Jahre Tiroler Wasserkraftwerke A.G., Innsbruck 1949.
   Siehe auch Literaturangaben zur Bächentalsperre (Nr. 20).

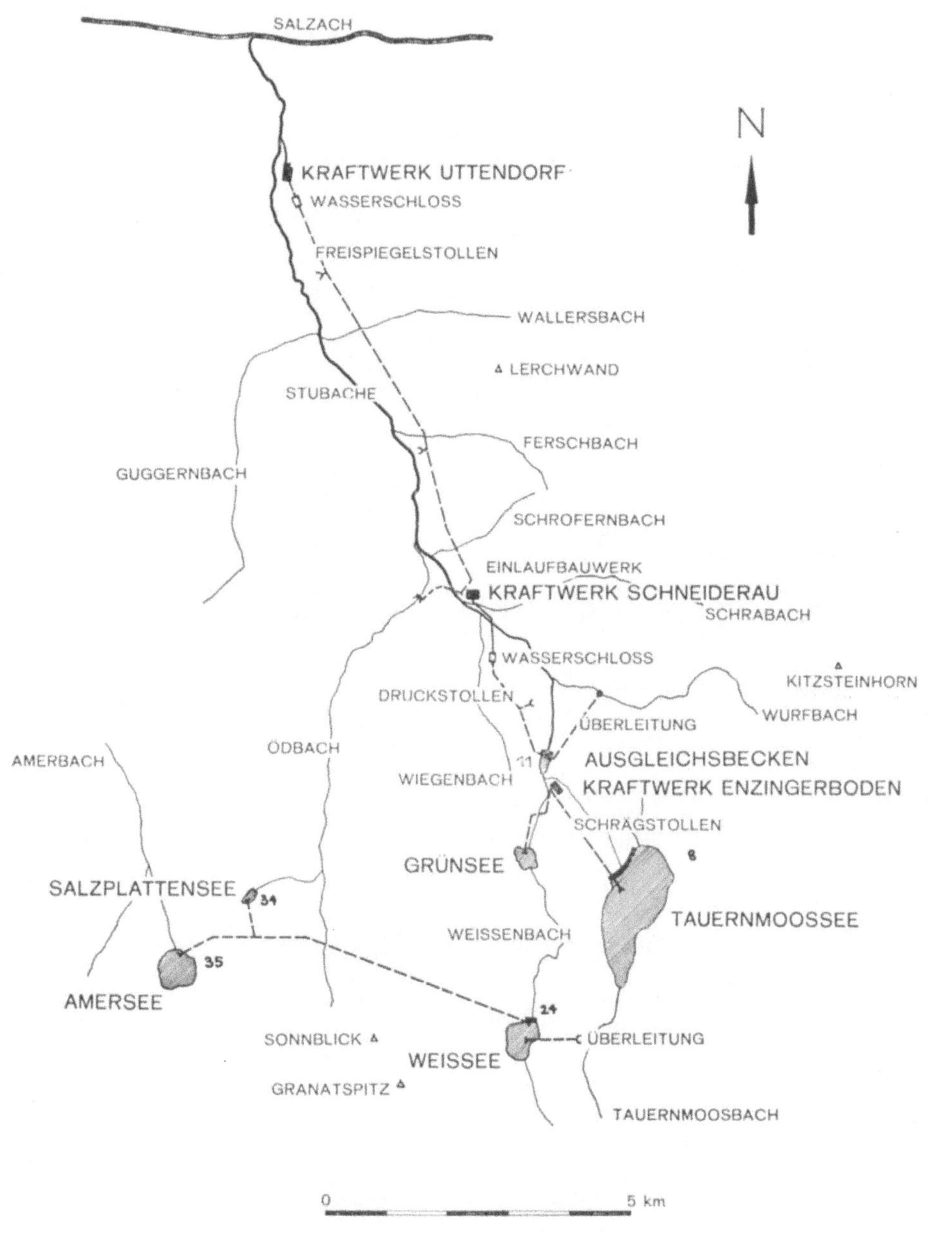

Übersicht 1   Stubachgruppe

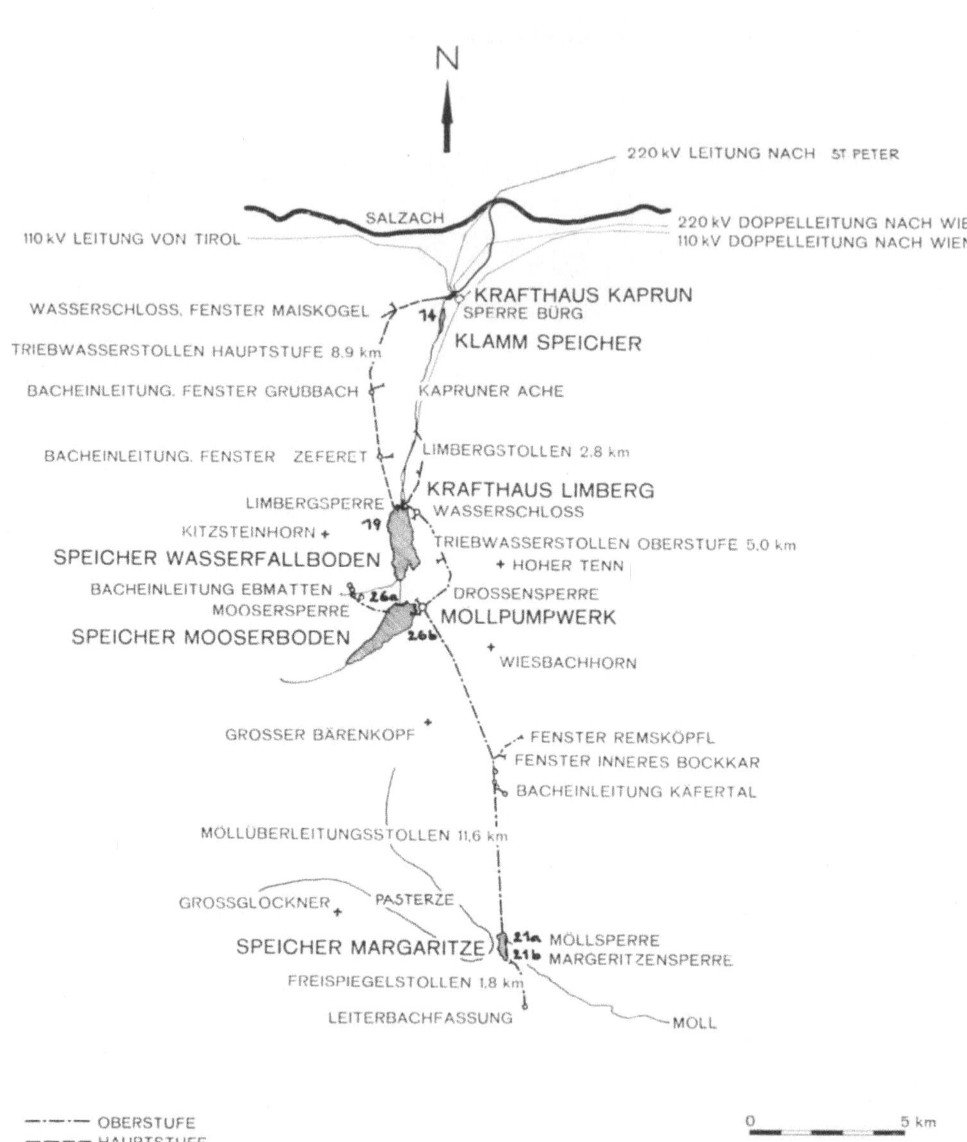

Übersicht 2   Gruppe Glockner-Kaprun

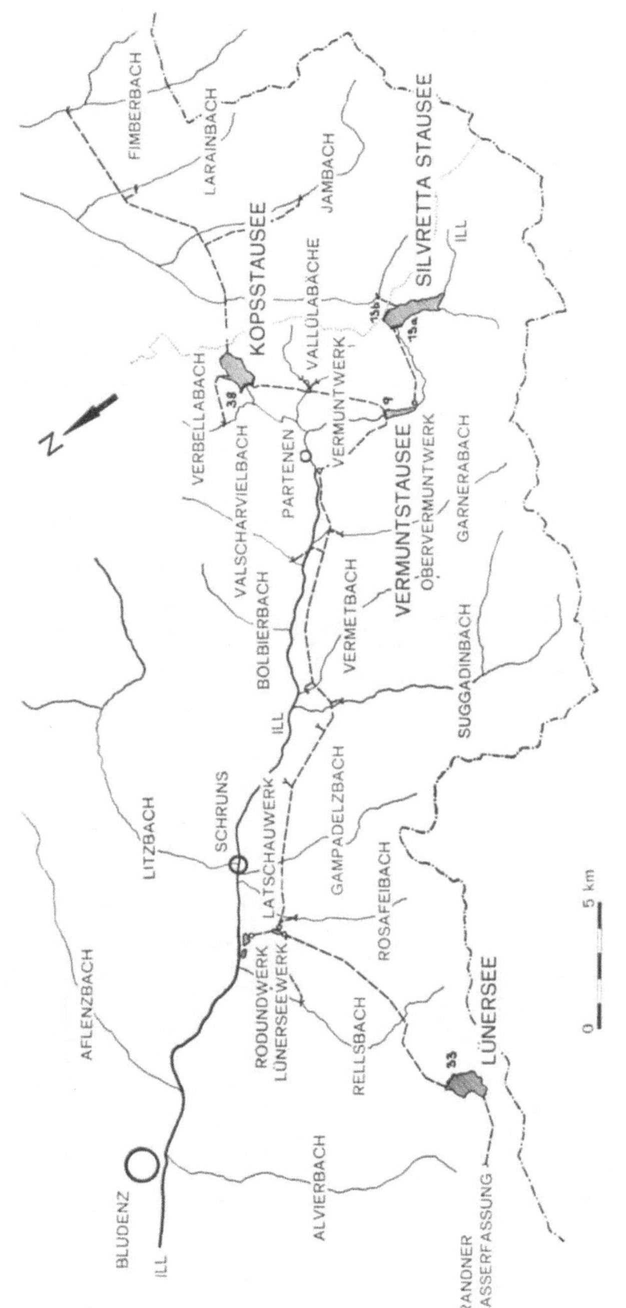

Übersicht 3   Illgruppe

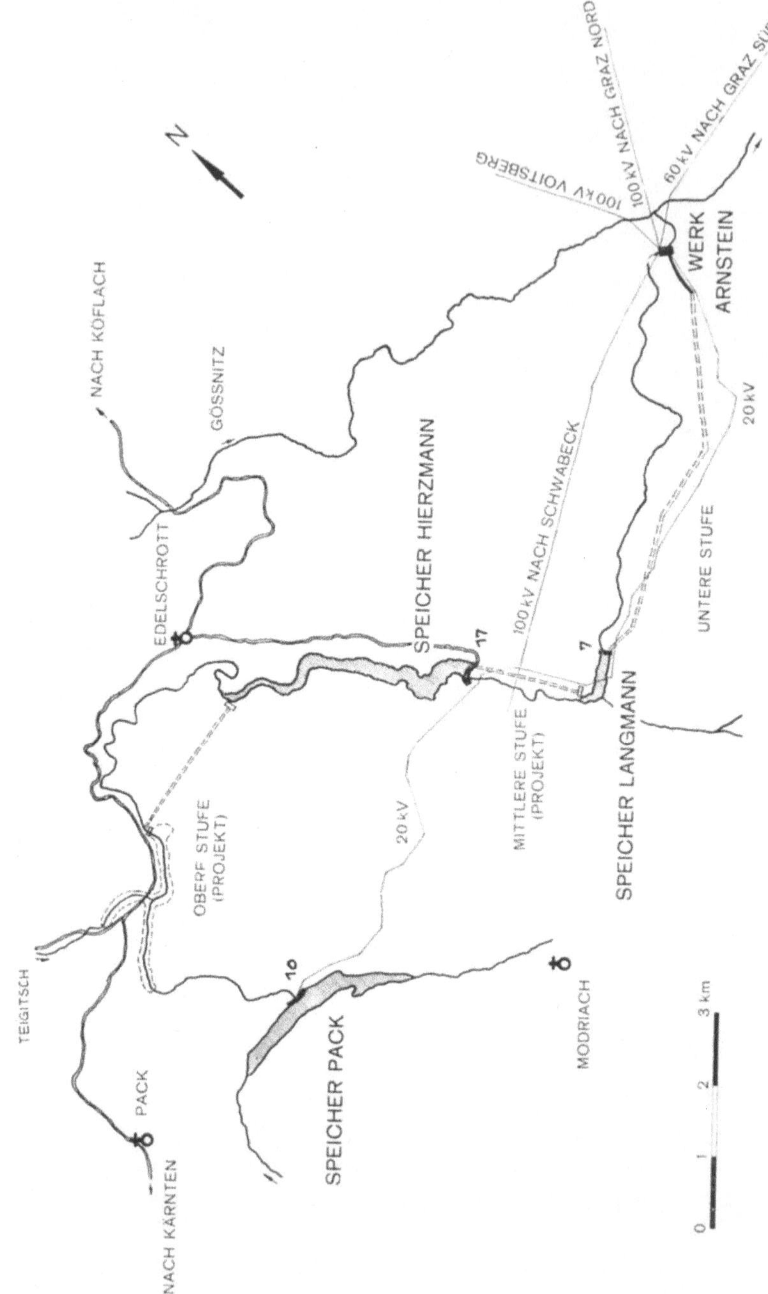

Übersicht 4   Teigitschgruppe

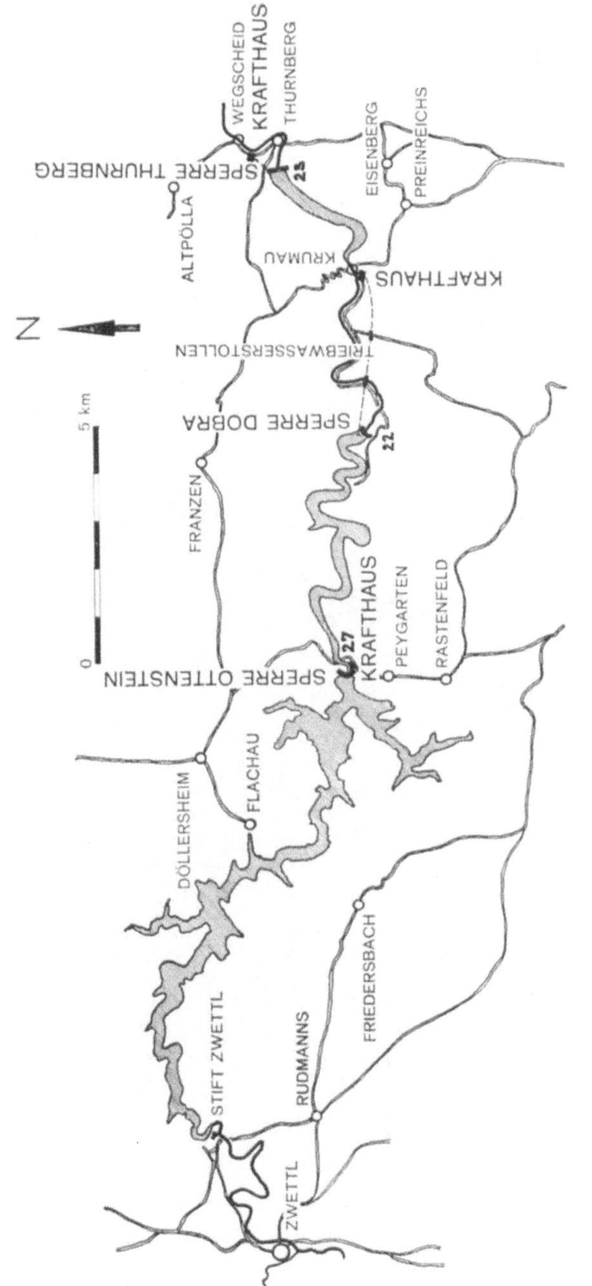

Übersicht 5   Kampgruppe

173

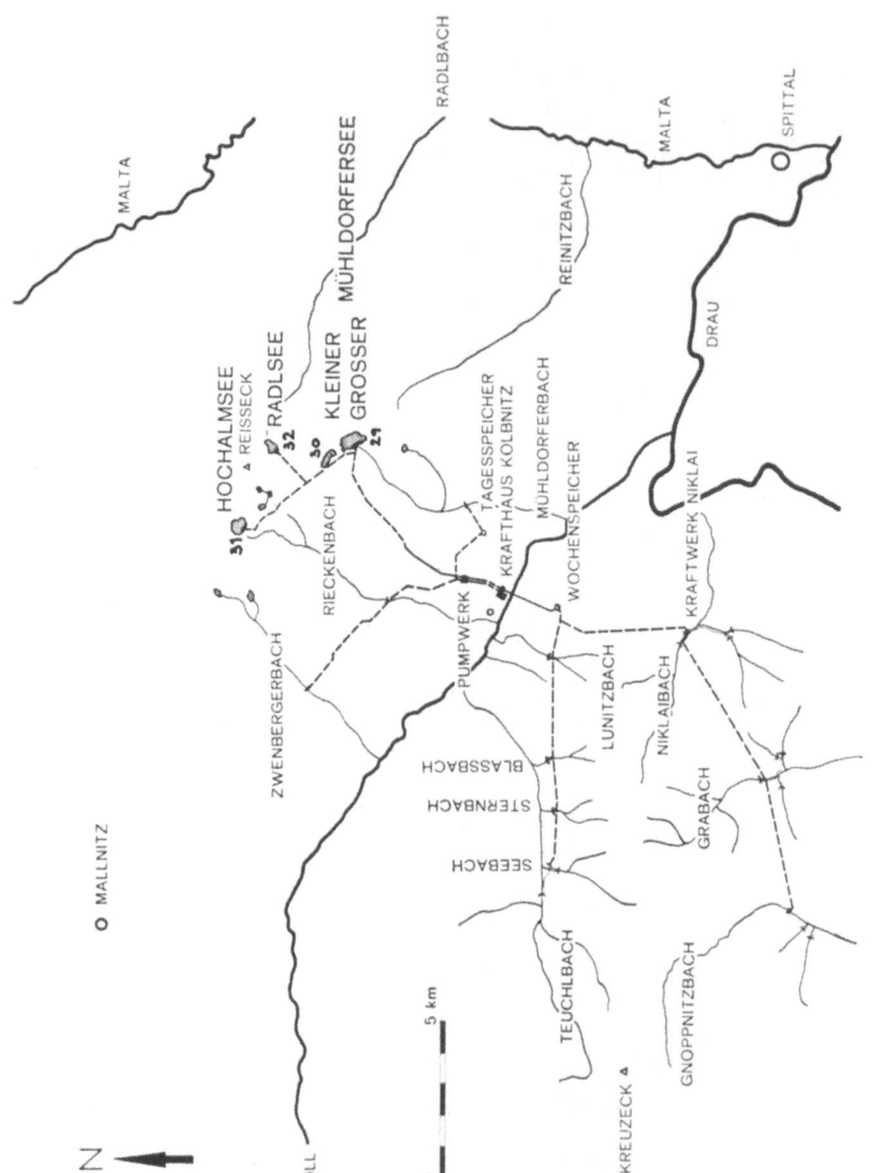

Übersicht 6 Winterspeichergruppe Reißeck-Kreuzeck

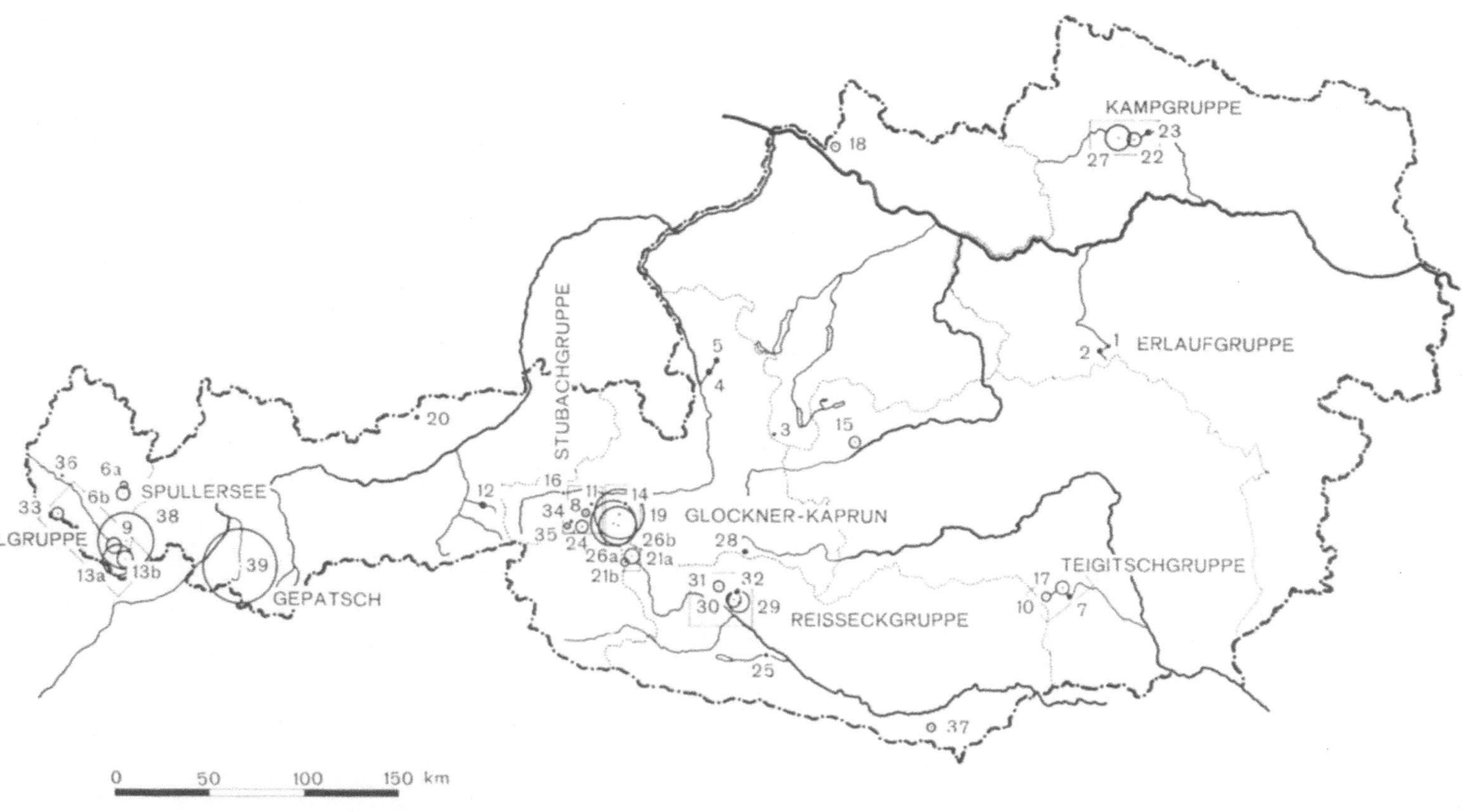

Übersichtskarte der Talsperren Österreichs mit eingetragenen Ordnungszahlen und Angabe der Lage der 6 Detailübersichten

Inhaltsverzeichnis

Bisher erschienene Hefte der Schriftenreihe „Die Talsperren Österreichs".

Zu beziehen durch den Springer-Verlag, Wien I, Mölkerbastei 5.

Additional material from *Die Talsperren Österreichs,*
ISBN 978-3-7091-5547-9 (978-3-7091-5547-9_OSFO6),
is available at http://extras.springer.com